신화로 남은 영웅

롬멜

Rommel : Leadership Lessons from the Desert Fox

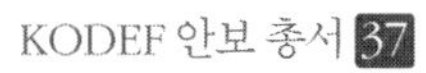

신화로 남은 영웅

롬멜

그의 드라마틱한 삶과
카리스마 넘치는 창조적 리더십

찰스 메신저 지음 | **한상석** 옮김

"용감하게 행동해라. 불운하다면 불운에 맞서라."

1940년 여름 프랑스에서. 기사십자훈장과 푸르 르 메리트 훈장을 달고 있다. [사진 출처 : 미 국립문서기록관리청(National Archives and Records Administration)]

"공사 양면에서 부하들에게 모범이 돼라. 피로와 궁핍을 견디면서 부하들 앞에서 몸을 아끼지 않는 모습을 보여라."

1941년 토브룩 포위작전 중 이탈리아군 아리에테사단을 방문한 롬멜. 사진 속의 전차는 M13/40전차다.
[사진 출처 : 오스트레일리아 전쟁기념관(Australian War Memorial), 음화번호 04932].

"태풍을 휘어잡으려면
태풍의 눈 속까지 들어가지 않으면 안 된다."

1941년 리비아에 도착한 뒤 이탈리아군 장성들과 협의하고 있는 롬멜. (사진 출처 : 미 국립문서기록관리청)

"땀을 흘리면 피를 구할 수 있다. 피를 흘리면 생명을 구할 수 있다.
머리를 쓰면 둘 다를 구할 수 있다."

1941년 2월 트리폴리에서. (사진 출처 : 오스트레일리아 전쟁기념관, 음화번호 PO 3998-002)

"당신의 의무를 수행 중이건 개인적인 삶에서건
결코 너 자신을 낭비하지 말라."

1944년 봄 프랑스 시찰여행 중인 롬멜. (사진 출처 : 미 국립문서기록관리청)

"세상이 널 버렸다고 생각하지 마라. 세상은 널 가진 적이 없다."

아주 드문 일이기는 하지만 술을 마시고 있는 롬멜. (사진 출처 : 오스트레일리아 전쟁기념관, 음화번호 P0090-86)

롬멜, 카리스마 넘치는 대담한 리더십의 표본

외국 장군 중에서 에르빈 롬멜Erwin Rommel 원수만큼 전 세계인들에게 열정과 호기심, 그리고 존경심을 불러일으킨 장군은 없을 것이다. 1차 세계대전 중 롬멜이 이룬 업적들은 진지한 연구 주제가 되었고, 2차 세계대전 당시 추축국의 북아프리카 전역에서 그가 발휘한 리더십은 거의 전설이 되었으며, 히틀러 암살 음모가 실패한 뒤 연루설에 휘말려 청산가리 정제를 먹고 스스로 목숨을 끊은 그의 죽음은 인간 비극의 정수로 간주되고 있다. 그가 사망하고 수십 년이 지난 뒤, 당시 독일 슈투트가르트Stuttgart 시의 시장이었던 그의 아들, 만프레트 롬멜Manfred Rommel도 독일에 주둔하던 미군과 그 지휘관들에게 최고의 흠모와 존경을 받았다.

찰스 메신저의 이 책은 빠른 속도로 이야기를 전개해나가면서 롬멜의 인격과 군복무, 군사적 업적들을 진지하게 다루고 있다. 그에 관한 전시 기록의 신화들이 벗겨졌음에도 불구하고 롬멜은 여전히 현대 군사 연구의 전 분야에 그림자를 드리우고 있다.

1891년 독일 남부 지역의 평범한 중산층 가정에서 태어난 롬멜은 일찍부터 수학에 재능을 보였으며 야외활동에 관심이 많았다. 당시 시대를 지배하고 있던 강한 민족주의적 감정을 고려하면, 군에 입대하여 장교가 되는 것은 자연스러운 일이었을 것이다. 그의 아버지 역시 롬멜이 이 길을 가도록 부추겼다. 1차 세계대전 직전 청년 장교였던 그는 전투부대에 복무할 수 있는 기회를 노리다가 곧 그 기회를 맞게 되었다. 소대장에서 출발해 빠른 속도로 자신의 지휘 영역을 확장시켜 대대 규모의 병력을 지휘하는 위치에 오른 그는 프랑스 공격 작전에 참여한 뒤, 루마니아를 공격하기 위한 독일과 오스트리아 연합작전에 참여했고 그 다음에는 이탈리아 공격 연합작전에도 참여했다.

롬멜은 곧 자신이 카리스마를 지닌 매우 효율적인 리더임을 증명했다. 그는 예하부대 장병들과 어려움을 함께 나눔으로써 공감대를 형성하고 존경을 받았으며, 기관총과 속사포가 전투에 투입된 결과 나타난 새로운 전술과 전기戰技를 부지런히 연구했다. 1차 세계대전이 후반부에 접어들 무렵, 그는 정밀조준에 의한 집중포화를 퍼붓고, 적의 거점은 우회하며, 최전방에서 지휘하면서 최신 정보를 입수하고 평가함으로써 공격 전문가임을 스스로 입증해 보였다. 그는 젊고 강인한 데다가 운도 좋았다. 1917년 크리스마스 무렵에는 프로이센 최고 무공훈장인 푸르 르 메리트Pour le Mérite를 받았다.

이런 경험들은 군사교육 활동과 그의 저서 『보병 전술Infanterie greift an』

의 기반이 되었다. 1930년대에 쓴 이 책은 2차 세계대전 이전의 독일 군사교육과 심지어는 1990년대 미군의 군사사상에도 많은 영향을 주었다. 정밀한 집중포화를 퍼부어 적의 병력을 제압 및 분산시키는 롬멜의 화력통합combination of fire, 그리고 그와 같은 화력지원을 효과적으로 이용한 대담한 기동은 베트남전 이후 미군의 군사사상 부흥에 상당한 기반을 제공했다. 대부분의 독일군 및 연합군 장교들이 서부전선에서 있었던 참호전의 위험과 어려움을 극복하고 살아남는 것에 치중한 반면, 롬멜은 기동전술의 핵심을 가르쳤던 것이다.

실제로 역사가들이 2차 세계대전 중 독일군이 그들의 적인 미군과 1대1로 싸울 때 얼마나 훨씬 더 효과적이었는가를 논평하고 나서 수십 년이 지난 뒤에야 미군은 과거로 돌아가서 롬멜이 남긴 교훈들을 진지하게 연구했다. 최전방에서 병사들을 인솔하고, 소규모 지휘부와 함께 전방 깊숙이 진출하여 작전하며, 전투를 직접 지휘하는 원칙들은 캘리포니아 남부의 모하비 사막Mojave Desert에 위치한 미육군훈련센터U. S. Army's National Training Center에서 거듭 반복되는 훈련을 통해 미군 장교단에 깊이 자리를 잡았다.

1930년대 롬멜이 중년의 나이에 전직 대대장으로서 전역했다면, 우리는 그가 남긴 소중한 교훈들에 결코 관심을 보이지 않았을 것이다. 그러나 그는 전역하지 않았다. 오히려 기술과 인격, 자기홍보를 통해 독일의 새로운 지도자 히틀러의 관심을 사로잡았다. 또한 프로이센 귀족 출신도 아니고 참모본부의 일원도 아니었으나, 자신의 능력과 개인적 인맥을 통해 승진하여 더 큰 책임을 맡은 지휘자가 되었다.

그는 1939년 독일이 폴란드를 공격한 전격전Blitzkrieg에서 제외되었으나, 그 결과를 지켜보았다. 풍부한 개인적 경험과 전투에 대한 날카로운 통찰력을 갖고 있던 그에게 가장 어려운 과제는 독일 지휘부가 그를 인정하게 만드는 것이었다. 그런데 그와 히틀러의 관계가 마술을 부렸다. 그는 곧 유명해질 운명인 제7기갑사단을 맡게 되었고, 1940년에 그들을 이끌고 프랑스 전선을 돌파했다. 여기서 그는 자기 부대 바로 앞에서 이루어지는 독일 급강하폭격기 슈투카Stuka의 근접항공지원의 장점을 재빨리 파악하고 부하와 장비들을 한계점까지 몰아붙였다. 그 결과 자신의 두 번째 전쟁에서 그는 또다시 공격 전문가로서 확고한 명성과 함께 대중의 숭배까지 얻게 되었다.

그는 이에 대한 포상으로 북아프리카에서 더 큰 부대를 지휘하게 되었지만 히틀러와 멀리 떨어진 지역에서 이탈리아군과 함께 작전을 펼치는 어려운 지휘 환경에 놓이게 되었다. 이곳에서 그는 '사막의 여우'라는 엄청난 명성을 얻으며 두려움의 대상이 되기도 했지만, 자신의 강력한 곧은 지휘 방식의 한계들도 깨닫게 되었다.

롬멜은 제한적인 병참지원 때문에 방해를 받고, 시기와 의심 많은 상급자들을 다루어야 하고, 제공권도 확보되지 않고 근접항공지원도 별로 없는 상황에서 자신이 공격하는 용감한 사자라는 것을 다시 증명했으나, 중년의 나이에 몸을 아끼지 않고 밀어붙이는 지휘 방식은 그의 건강과 인격에 영향을 미쳤다. 또한 대부분이 추측하는 것처럼, 전쟁에서 역경은 공격부대를 몰아붙이는 것과는 완전히 다른 종류의 리더십을 요구한다는 사실을 깨닫기도 했다.

북아프리카에서 그는 영국군을 거의 나일Nile 강까지 몰아냄으로써 대중과 전문가 사이에서 그의 명성을 한층 더 높였다. 그러나 결국 그의 부대는 3,200킬로미터나 후퇴해야 했고, 그가 자랑하는 독일아프리카군단Deutsches Afrika Korps은 마침내 1943년 튀니지에서 영국과 미국의 연합군에게 철저하게 패배했다.

마지막 중대한 임무를 두고 육군 원수가 된 롬멜은 서부전선에서 두 번째로 높은 지휘관이 되어 영국 해협과 프랑스의 해안선을 따라 독일의 '대서양 방벽Atlantic Wall'을 구축하는 작업을 감독했으나, 노르망디 상륙작전이 진행되는 동안 관용차를 타고 이동하던 중 심각한 부상을 당했다. 그는 나치당과 밀접한 관계를 맺고 있었으며, 독일 국방군Wehrmacht의 다른 사람들과 마찬가지로 히틀러에게 개인적인 충성을 맹세했다. 그러나 나중에 히틀러 암살 음모 사건에 연루되었다는 의혹을 받고 재판 아니면 자살을 선택해야 하는 상황이 되자 청산가리 정제를 먹음으로써 가족이 공개재판을 받는 수모를 당하지 않게 했다.

그러나 군인으로서 롬멜의 명성은 계속 살아남아서 대부분의 장교들, 특히 과거 그의 적이었던 군대의 새로운 지휘자들이 갈망하는 카리스마 넘치는 대담한 리더십의 표본이 되고 있다.

웨슬리 K. 클라크Wesley K. Clark* 장군

* 40년 동안 미 육군에서 복무했고, 나토(NATO) 총사령관으로서 4성 장군에 올랐다.

인간 롬멜, 리더십, 그리고 그의 딜레마

1941년 3월 초 1939년의 폴란드 전투에 참가했던 역전의 용사 하인츠 베르너 슈미트Heinz Wernher Schmidt 소위가 트리폴리에 있는 에르빈 롬멜 원수 휘하의 독일아프리카군단 사령부에 보고를 했다. 1차 세계대전 중에는 정예 산악군단Alpenkorps의 지휘자로 이름을 날렸고 1940년에는 프랑스에 배치된 기갑사단의 지휘관으로 유명해져서 이미 두 번이나 전설이 된 롬멜을 보고 슈미트 소위가 받은 첫인상은 이러했다.

> 롬멜 장군님이 내 앞에 서 계셨습니다. 그분은 몸은 다부졌지만 키가 작았습니다. 내 키도 중간 키 정도밖에 되지 않는데도 장군님의 키는 나보다 더 작았습니다. 장군님은 짧지만 힘 있게 나와 악수를 했습니다. 푸른빛이 도는 회색 눈동자가 차분하게 내 눈을 들여다보았습니다. 장군님의 얼굴에

는 눈 가장자리에서부터 아래로 광대뼈 바깥쪽까지 잔잔한 주름들이 나 있었습니다. 그분의 입과 턱은 잘생기고 강인해 보여서 활기 넘치는 정력적인 분이라는 생각이 더욱 강하게 들었습니다.

롬멜은 에리트레아Eritrea에서 방금 도착한 슈미트 소위에게 그곳의 상황을 물어보았다. 희망이 없다는 말을 듣고 롬멜은 이렇게 응수했다.

"소위, 도대체 귀관이 그 상황에 대해 아는 것이 무엇인가? 우리는 나일 강까지 진격한 뒤 곧바로 우회하여 모든 것을 다시 되돌려놓아야 하네."[1]

이것이 전성기의 롬멜이었다. 롬멜은 역동적이고 긍정적이었으며, 자기가 달성하고자 하는 바에 대해서는 절대적으로 간단명료했다. 슈미트는 어느 정도의 조급성도 감지했다. 롬멜은 한가롭게 뒷짐을 지고 서서 다른 사람을 기다리는 인물이 아니었다. 며칠 후 롬멜은 영국군이 주둔하고 있는 리비아 동부 키레나이카Cyrenaica로 이동하여 그가 갈망하던 작전을 펼쳤다.

물론 롬멜이 그의 이름을 날린 곳은 북아프리카였다. 격렬한 사막전은 장군으로서 그가 지닌 역량을 모두 발휘할 수 있는 이상적인 무대였다. 사막전은 독일뿐 아니라 적들 사이에서도 그의 이름을 모르는 사람이 없게 만들었다. 그러나 독일에게 북아프리카전선은 1941년 이후 수많은 독일군이 투입된 동부전선에 비하면 별로 중요하지 않은 부차적인 전선에 불과했다는 점은 반드시 짚고 넘어갈 필요가 있다. 그렇더라도 롬멜이 사막에서 보여준 지휘 방식은 빠른 속도로 진행되는 전투를 지휘하는 법을 분명히 보여주었으며, 그 교훈들은 1991년과

2003년의 걸프전에서도 울려 퍼졌다. 마찬가지로 1차 세계대전 중 루마니아와 이탈리아 북부의 산악지대에서 그가 전투병으로서 기술을 갈고 닦으며 얻은 경험들도 아프가니스탄의 험난한 지형에서 벌어지는 현대전을 위한 교훈을 제공해준다.

또한 그는 카리스마 넘치는 지휘자이기도 했다. 그는 장교는 최전방에서 지휘해야 한다고 믿었고, 휘하의 일반 사병과 장교들에게 자신감을 심어주었다. 사실 그는 자기가 할 수 없는 일을 부하들이 할 수 있을 것이라고 기대하지 않았다. 그러나 "사단 이상의 부대를 지휘할 때 장교가 최전방에서 지휘하는 것이 반드시 올바른 작전지휘법인가?" 하는 문제에 대해서는 논쟁의 여지가 있다. 또한 그가 자신을 너무 혹사하여 건강을 해친 것도 문제로 지적되고 있다. 1942년 리비아와 이집트에서 전투를 벌이는 동안 그런 일이 발생했다는 것은 분명한 사실이다.

또한 다른 지휘관들과 롬멜의 관계에 대해서도 문제가 제기되고 있다. 1801년 코펜하겐 전투Battle of Copenhagen 중 호레이쇼 넬슨Horatio Nelson 제독이 영국 함대의 기함에서 보낸 신호를 무시한 것처럼 롬멜도 군 경력 초기에 상관들의 지시를 무시했다는 증거가 있다. 넬슨과 마찬가지로 롬멜도 전투 현장 가까이 있었기 때문에 상관들은 알 수 없는 것들을 볼 수 있는 기회가 많아서 상황을 훨씬 더 분명하게 파악하고 있었다. 그러나 이러한 그의 태도는 독일의 다른 고위 장성들 사이에서 반감을 불러일으켰다. 그 결과 동부전선에서 실전 경험이 전혀 없는 그가 단지 나치당원이라는 이유만으로 벼락출세하여 최고 계급까지 승진했다는 말이 나돌게 되었다. 또한 북아프리카에서 그는 이탈리아 동맹군을 다루면서 다국적군 연합전투의 문제점들을 경험하기도 했다. 그는 노먼 슈워츠코프Norman Schwarzkopf 장군이 1991년 걸프전이 진행되는 동안 다국적군을 형성하고 있는 이질적인 부대들을 다뤄야 했던 것과 똑같은 방식으로 이탈리아군에게 자신의 계획에 동의하도록 만들기 위해 외교술과 재치를 발휘했다.

또한 롬멜의 이야기는 역사 전반에 걸쳐 군인들이 직면해왔던 중대한 딜레마를 반영하기도 한다. 이러한 딜레마는 자기가 봉사하는 정권이 조국을 재앙으로 인도하고 있다는 사실이 분명하게 드러날 때 발생한다. 그의 동료인 다른 독일군 지휘자들과 마찬가지로 롬멜도 히틀러에게 충성을 맹세했는데, 이 맹세는 자존심 강한 독일 장교라면 깨뜨릴 수 없는 것이었다. 사실 롬멜은 1930년대 말에 히틀러와 가까워지게 되었으나, 전쟁이 중반에 이를 무렵 전쟁과 관련된 히틀러의 행동에 환멸을 느끼기 시작했다. 1944년 6월 연합군이 프랑스 노르망디Normandie에 상륙한 뒤 독일의 패배는 확실한 것처럼 보였고, 그의 고민은 점점 더 커져만 갔다. 히틀러를 제거하여 전쟁을 끝내려 하는 사람들의 암살 음모에 가담해야 하는가? 하지만 그의 예하부대들이 연합군의 노르망디 돌파를 저지하려고 필사적으로 고군분투하고 있는데 어떻게 그들을 저버릴 수 있단 말인가? 다음 달 히틀러 암살 시도는 실패로 끝이 났고, 이는 결국 롬멜의 운명을 결정했다. 롬멜의 딜레마는 최근 이라크 전투에서, 특히 바그다드 아부그라이브Abu Ghraib 감옥에서 죄수들을 고문하고 학대한 사실과 쿠바의 관타나모Guantanamo 미군 수용소에서 정책적으로 수감자들에게 진정한 민주주의가 지지한다고 자부하는 권리들을 인정하지 않았다는 사실이 백일하에 드러났을 때 미군이 직면한 딜레마와 비슷하지만, 그보다 더 훨씬 큰 딜레마였다.

에르빈 롬멜 원수는 매력적인 인물이며 앞으로도 계속 그러한 존재로 남을 것이다. 2차 세계대전 발발 70주년을 눈앞에 둔 현 시점(이 글은 2008년에 씌어진 것이다—옮긴이)에서 카리스마 넘치는 롬멜을 다시 살펴보면서 미래를 위해 그의 특별한 리더십을 배우는 것은 의미 있는 일이 아닐 수 없다.

2008년 8월, 런던에서

찰스 메신저Charles Messenger

차례

■ 일러두기

1 본문에 삽입된 상자의 글은 저자의 글이 아니라 독자의 이해를 돕기 위해 편집 과정에서 편집자가 인터넷 백과사전인 위키피디아의 글을 정리하여 실은 것이다. 출처를 밝힌 몇몇 글은 글쓴이의 동의를 얻어 실었음을 밝힌다.

2 4쪽~9쪽에 실린 사진 이외에 본문에 사용된 사진들의 출처는 이 책 뒤에 따로 정리해 실었다.

1장

독일 군부 내의 아웃사이더

부하들을 배려하고 어려움을 함께하는 공감 리더십

"부하들의 신뢰를 얻는 일은 지휘관에게 많은 것을 요구한다. 신중해야 하고, 부하들을 배려하고 보살펴야 하며, 그들과 어려움을 함께해야 하고, 무엇보다도 자기수양에 힘써야 한다. 그러나 일단 부하들의 신뢰를 얻으면, 그들은 물불을 안 가리고 지휘관을 따르게 되어 있다."

"롬멜은 적어도 전장에서 철저하게 스파르타인이었다. 부하들과 똑같이 식사를 하는 것에 만족했고, 사치에 대해서는 거의 관심이 없었다. 이런 점들 때문에 롬멜의 부하들은 그가 자신들 가운데 한 명이라는 연대감을 갖게 되었다."

:: 포병이 되고 싶었으나 인맥이 없어 보병이 되다

서방 연합군에게 가장 존경받는 독일 장군이 1891년 11월 15일 독일 남부에 있는 뷔르템베르크Württemberg 주 울름Ulm 부근의 하이덴하임Heidenheim에서 태어났다. 그가 바로 에르빈 롬멜Erwin Rommel이다. 롬멜의 아버지는 학교 교사였고, 그의 가족은 중산층에 속했다. 19세기 말 독일은 프로이센 왕을 중심으로 통일되어 20년째 하나의 국가를 형성하고 있었지만, 주들은 정도에 있어서는 차이가 있었지만 그들 나름대로 자치권을 계속 누리고 있었다. 국제무대에서 독일은 특히 1870년 프랑스를 격파하고 오스트리아-헝가리 제국Austro-Hungarian Empire과 동맹을 맺은 이후 강대국으로 자리 잡고 있었다.

롬멜은 눈에 띄는 소년도, 학구파도 아니었지만, 10대 시절에 아버지와 할머니가 모두 재능을 보였던 수학 과목에 깊은 관심을 보였다.

또한 야외활동, 특히 자전거와 스키를 매우 좋아했다. 그 또래의 다른 소년들과 마찬가지로 그 역시 '하늘을 나는' 생각에 빠져 있었기 때문에, 뷔르템베르크에 있는 콘스탄츠 호수Konstanz Lake 부근 프리드리히스하펜Friedrichshafen에서 페르디난트 폰 체펠린Ferdinand von Zeppelin 백작이 운영하는 비행선 공장에 취업하는 일을 진지하게 고려했다. 그러나 그의 아버지는 그를 위해 다른 계획들을 세워놓고 있었다. 포병 장교 출신이었던 롬멜의 아버지는 아들에게 직업군인이 될 것을 권유했다.

롬멜이 17세가 되어 입대할 나이가 되었을 무렵, 독일에서 장교로 임관할 수 있는 널리 인정된 방법은 장교 후보생으로 지원하는 것이었다. 장교 후보생으로 지원하면 우선 사병으로 복무한 뒤 장교들의 추천을 받아야 사관후보생학교에 입교할 수 있었다. 롬멜은 아버지의 말에 따라 포병이 되고 싶었으나, 이 병과의 사회적 인기는 기병에 이어 2위를 차지할 만큼 높았고 그의 가족에게는 포병이 되는 데 필요한 연줄이 없었다. 따라서 그는 공병이 되려고 했지만 이마저 실패하여 보병에 지원했다. 그는 현지 주둔 연대인 제124보병연대(제6뷔르템베르크연대)에 배속되어 1910년 7월에 입대했다. 롬멜은 곧 상관들의 눈에 띄어 그 해에 병장으로 진급했다. 필요한 추천서들을 갖춘 그는 다음 해 3월 단치히Danzig(오늘날 폴란드의 그단스크Gdansk)에 있는 황립 육군사관후보생학교에 입학했다. 8개월 과정을 마치고 1912년 1월 에르빈 롬멜 소위는 제124보병연대로 복귀했다.

롬멜, 독일 군부 내의 아웃사이더

1871년 독일 제국 성립 후 독일의 중심은 프로이센이었고, 이 점은 군부 또한 마찬가지였다. 그 자체가 또 하나의 권력 집단이었던 프로이센 군부는 전면에 나서서 독일의 통일을 완성한 전위대였고, 제국 탄생의 공신들답게 제국군의 핵심으로 자리 잡으면서 거대한 인맥을 구축했다. 비록 1차 세계대전 패전 후 위세가 많이 줄어들었지만, 이런 경향은 제3제국 당시에도 마찬가지였다. 군인으로서 입신양명을 원했던 롬멜에게 이런 타고난 제약은 보이지 않는 장벽이었다. 그는 대다수의 독일군 엘리트들이 거치는 참모 교육을 받지 못했고, 참모로 근무한 적이 없는 독일 군부 내의 아웃사이더였다.

〈출처 : 『히틀러의 장군들』, 남도현〉

보이지 않는 장벽 롬멜은 2차 세계대전 당시 임명된 독일 육군 원수 중 유일하게 참모 출신이 아니었을 만큼 보통의 출세 코스와는 전혀 다른 길을 걸어갔기 때문에, 많은 차별과 견제를 받을 수밖에 없었다.

:: 2급 철십자훈장을 받다

유럽 전역에 전운이 감돌고 있는 상황에서 롬멜은 유능한 위관장교가 되려고 열심히 노력했다. 그는 자신의 군사교육의 폭을 넓히기 위해 포병대에 파견을 나가기도 했다. 1914년 8월에 전쟁이 벌어졌을 때도 그는 여전히 파견 중이었으나 곧 연대로 복귀했다. 그가 소속된 연대는 프랑스와 벨기에 공격에 배정된 7개 군 가운데 하나인 독일 제5군의 예하부대로 동원되었다. 북쪽의 우익을 담당한 군들로 하여금 벨기에와 룩셈부르크를 돌파하게 하려는 계획이었다. 그 후 우익은 파리의 서쪽으로 돌아 파리를 포위하여 연합군의 측면을 공격하기로 되어 있었다.

제5군과 남쪽의 인접 부대인 제6군은 방어군으로 남아, 프랑스군이 1870년 독일에 빼앗긴 프랑스 영토인 알자스Alsace와 로렌Lorraine을 되찾기 위해 벌일 것으로 예상되는 반격에 대비했다. 독일군의 예상대로 프랑스군이 공격해왔으나, 프랑스군은 일명 '국경지대 전투Battle of the Frontiers'에서 참혹한 패배를 당했다. 서부전선의 전반적인 작전지휘권을 행사하던 참모총장 헬무트 폰 몰트케Helmuth von Moltke는 제5군과 제6군이 이 승리의 여세를 몰아 공세를 취할 수 있게 해야 한다는 권고를 받아들였다. 그러나 이것은 그가 파리 포위 작전에서 결정적인 역할을 맡은 우익 부대를 이제는 강화할 수 없다는 것을 의미했다.

롬멜의 연대는 막간을 이용하여 국경 부근에서 훈련을 하며 시간을 보냈는데, 이때 롬멜은 자주 체해서 애를 먹었다. 그는 매일 먹는 기름기가 많은 음식과 갓 구운 빵을 탓했지만, 몇 주 동안 수시로 고통을 겪었다. 그러나 속이 불편하다고 해서 임무 수행을 소홀히 한 적은 없었다. 8월 18일 진격을 시작한 독일군은 국경을 넘어 룩셈부르크로 진입했다. 다음날 롬멜의 연대가 프랑스 롱위Longwy 요새 인근을 통과할 때 그는 맹렬한 포격 소리를 처음 들었다. 그는 주로 정찰에 투입되어 전령 임무를 수행하고 있었으나, 그의 임무는 곧 바뀌었다. 마침내 8월 22일 롬멜은 최초로 전투에 참가하여 소대를 이끌고 벨기에 동남쪽 가

헬무트 요한 루트비히 폰 몰트케 Helmuth Johann Ludwig von Moltke (1848~1916)

1차 세계대전 당시 독일군 참모총장으로 전쟁 초반을 이끌었던 독일의 군인이다. 그의 삼촌 헬무트 칼 베른하르트 폰 몰트케Helmuth Karl Bernhard von Moltke와 구분하기 위해, 그의 삼촌을 대大몰트케, 그를 소小몰트케라고 부르기도 한다. 1905년 알프레트 그라프 폰 슐리펜Alfred Graf von Schlieffen(1833~1913) 퇴임 후 독일군 참모본부의 참모총장으로 취임하여 1914년까지 재직했다. 1차 세계대전 초전인 1차 마른 전투 패배 후에 직위 해임되었다. 그는 전임자인 슐리펜 참모총장이 프랑스 및 러시아와의 전쟁을 가정하고 수립한 슐리펜 계획을 보급상의 문제로 수정한 것으로 유명하다.

슐리펜 계획 Schlieffen Plan

알프레트 그라프 폰 슐리펜

슐리펜 계획은 1905년 12월 프로이센의 육군 참모총장 알프레트 그라프 폰 슐리펜이 수립한 프랑스에 대한 작전계획이다. 종래의 러시아, 프랑스 양면작전의 원칙을 크게 개정하여 독일군의 전력을 서쪽으로 집중, 프랑스군을 급습해서 섬멸시킨다는 내용이다. 독일군의 좌익은 보주에서 지키고, 우익에 주력을 집중, 진격시켜 파리를 포함한 프랑스군을 포위하는 것으로, 벨기에의 중립을 침범한다는 것이 처음부터 계획되어 있었다. 슐리펜 계획은 러시아가 러 · 일 전쟁의 패배와 1차 혁명으로 약화된 것을 전제로 작성된 것이었다. 그러던 중 슐리펜의 후임 헬무트 폰 몰트케(소몰트케)가 우익의 주력을 줄여 다른 곳을 보강하도록 하고, 프랑스군을 알자스 · 로렌 지역으로 끌어내는 계획을 취소하는 등 슐리펜 계획을 수정했다.

> 롬멜은 자신의 임무가 무엇인지 잘 알고 있었으므로 홀로 고립되어 있을 때조차도 임무에서 이탈하는 것을 결코 용납하지 않았다.

장 끝에 있는 블레Bleid 마을을 공격했다. 전투는 안개 속에서 벌어졌고, 그의 소대는 곧 대대의 나머지 부대로부터 분리되었다. 그러나 롬멜은 포기하지 않고 계속 공격하여 마을을 점령했다. 주도권을 잡으려는 그의 용기와 열성이 잘 드러난 전투였다. 그는 자신의 임무가 무엇인지 잘 알고 있었으므로 홀로 고립되어 있을 때조차도 임무에서 이탈하는 것을 결코 용납하지 않았다.

롬멜의 연대가 소속되어 있는 제27사단은 이제 뫼즈Meuse 강을 건너 프랑스군을 서쪽 후방으로 몰아내기 시작했다. 몇 번의 전투를 통해 롬멜은 프랑스 포병 특히 발사 속도가 매우 빠른 75밀리미터 야포에 대한 존경심을 갖게 되었고, 적과 근접한 상태에서는 정지해 있을 때마다 참호를 파는 것이 중요하다는 사실을 깨닫게 되었다. 9월 초 그는 대대 부관으로 임명되어 대대장의 오른팔이 되었다. 이 보직 덕분에 롬멜은 그의 독창성을 더욱 폭넓게 발휘할 수 있게 되었다. 정찰 임무를 수행하지 않거나 연락장교로 활동하지 않을 때는 대체로 일선 중대와 함께 있었다. 다음 몇 주 동안 숲 속에서 많은 전투를 치른 그는 그런 환경에서는 지휘와 통제가 어렵다는 것을 깨달았다. 9월 24일 베르됭Verdun 북서쪽 24킬로미터 지점 바렌Varennes 부근에서 그러한 전투가 벌어지는 동안 마침내 롬멜의 운도 다해가고 있었다. 그는 모두 20명 정도 되는 2개 분대(이러한 유형의 전투에서 그가 생각하는 통제 가능한 최대 단위)를 이끌고 프랑스군의 맹렬한 포화를 뚫고 전진하려고 시도하고 있었다. 한순간 그는 18미터 정도 떨어진 곳에서 5명의 프랑스군과 대치하게 되었다. 그는 소총을 발사해 2명을 사살했으나 탄창이 비었다는 사실을 깨달았다. 총알을 다시 장전할 여유가 없는 상황에서 그는 결국 대퇴부에 총알을 맞고 말았다. 그는 몸을 굴려 간신히 오크나무 뒤로 피했고, 잠시 후 부하들이 그를 구출하는 데 성공했다.

롬멜은 독일로 후송되었고, 얼마 후 자신에게 2급 철십자훈장Iron Cross Second Class이 수여되었다는 사실을 알게 되었다. 1914년 크리스마스 직전 그는 상처가 다 아물기도 전에 퇴원했다. 그는 부상이나 질병에서 회복 중에 있는 병사들을 전선에 배치할 때까지 보살피고 신병들을 교육하는 일을 맡고 있는 보충대대에 배속되기로 되어 있었다. 이것은 활동적인 롬멜에게는 전혀 매력적이지 않았기 때문에, 그는 1915년 1월 산과 숲이 많은 프랑스 아르곤Argonne 지역에 주둔해 있는 그의 연대로 복귀했다.

:: 지휘력을 인정받아 1급 철십자훈장을 받다

그곳의 상황은 롬멜이 전에 경험했던 야전과는 매우 달랐다. 양쪽 진영이 모두 참호를 파고 들어앉는 바람에 전쟁은 교착상태에 빠지고 말았다. 롬멜은 그가 전에 있던 대대의 한 중대를 지휘하라는 명령을 받고 몹시 기뻐했다. 그는 나중에 이렇게 말했다.

철십자훈장 Iron Cross

철십자훈장은 과거 독일군에게 수여되었던 철십자 모양의 훈장이다. 이 훈장은 전쟁 기간에만 수여되었는데, 구체적으로 나폴레옹 전쟁, 프로이센-프랑스 전쟁, 1차 세계대전, 2차 세계대전 때만 수여되었다. 1945년 이후 수여제도가 폐지되었지만, 현재 철십자는 독일 연방군의 상징이다. 원칙적으로는 군사 훈장이었으나, 군 실험기를 테스트했던 여성 조종사였던 한나 라이치Hanna Reitsch 등 군사 임무에 대한 공로로 시민들에게도 수여된 사례가 있으며 다른 국가의 군인에게도 수여가 가능했다.
철십자훈장은 전쟁으로 구분되어 각기 제정된 대로 1813년형, 1870년형, 1914년형, 1939년형 철십자훈장으로 나뉜다.

1813년형 철십자훈장

1914년형(1차 세계대전)
2급 철십자훈장

1870년형 철십자훈장

1939년형(2차 세계대전)
1급 철십자훈장

1939년형(2차 세계대전)
2급 철십자훈장

> 부하들의 신뢰를 얻는 일은 지휘관에게 많은 것을 요구한다. 신중해야 하고, 부하들을 배려하고 보살펴야 하며, 그들과 어려움을 함께해야 하고, 무엇보다도 자제력을 발휘해야 한다. 그러나 일단 부하들의 신뢰를 얻으면, 설령 지옥을 간다 하더라도 그들은 지휘관을 따르게 되어 있다.

"23세 장교에게 중대장직보다 더 어울리는 직책은 없다. 부하들의 신뢰를 얻는 일은 지휘관에게 많은 것을 요구한다. 신중해야 하고, 부하들을 배려하고 보살펴야 하며, 그들과 어려움을 함께해야 하고, 무엇보다도 자제력을 발휘해야 한다. 그러나 일단 부하들의 신뢰를 얻으면, 설령 지옥을 간다 하더라도 그들은 지휘관을 따르게 되어 있다."[1]

그의 첫 임무는 일부 침수되어 있는 참호들을 보수하고 잦은 포격에 대비하여 대피호들을 더욱 안전하게 만드는 일이었다. 프랑스군 대포의 충격이 훨씬 더 클 수밖에 없었던 이유는 독일군 지원 포대들이 당시 포탄이 부족하여 어려움을 겪고 있었기 때문이었다. 1월 29일 공세 기회가 찾아오자, 제27사단은 프랑스군 전선에 대한 대규모 공격을 실시하라는 명령을 받았다. 롬멜은 매우 열정적으로 중대를 지휘했으나 다른 중대들보다 앞서갔기 때문에 고립될 위험에 처하게 되었다. 그의 중대는 싸우면서 어느 정도 뒤로 물러서야 했으나, 그가 점령한 지역은 지형상 약간의 이점이 있었다. 롬멜이 점령한 참호들은 독일 본진의 전선보다 높은 곳에 있어서 침수 피해가 적었다. 그는 이번 공격에서 그가 보여준 지휘력을 인정받아 1급 철십자훈장을 받았다.

그는 공격을 성공시키기 위해 부하들이 그들의 임무를 완벽하게 이해할 수 있도록 몇 차례 리허설을 실시하는 등 세밀하게 준비했다.

다음 몇 달 동안 롬멜의 연대는 프랑스군 전선에 겨우 몇 발자국 더 접근했을 뿐이었다. 특히 프랑스군의 맹렬한 포격 때문에 사상자 수는 계속 늘어났다. 롬멜은 자기 부대원들, 특히 심한 중상을 입은 부하들의 고통을 몸으로 느꼈다. 1915년 5월 전투 경험이 전혀 없는 선임 중위가 롬멜의 중대를 인계받았다. 대대장은 롬멜을 다른 중대에 배치하고 싶었으나, 롬멜은 가까워진 부하들과 계속 함께 있겠다고 고집을 부렸다. 대단한 훈장도 받고 전투 경험도 풍부한 장교를 거느린다는 것은 새로운 중대장에게 틀림없이 어려운 일이었겠지만, 롬멜은 그들 사이에 알력이 있다는 것을 조금도 내색하지 않았다. 6월 30일 중대는 롬멜이 1월에 공격했다가 후퇴했던 프랑스군 진지를 다시 공격했다. 롬멜의 소대는 중대의 예비소대였으나, 공격에 나선 소대들이 흔들리는 모습을 본 그는 앞에 나서서 공격을 성공시켰다. 1월 공세 때 고립될 뻔한 일을 염두에 두고 있던 그는 지나치게 앞서 나가려는 유혹을 억제하고, 프랑스군의 어떠한 반격에도 성공적으로 맞서기 위해 측면 부대들과 보조를 맞추는 데 신경을 썼다.

그 후 롬멜은 질병이나 휴가 때문에 자리를 비운 다른 중대장들의 대리인으로 활동했으며, 9월 초 그러한 자격으로 또 다른 공격 작전에 참여하여 임무를 성공시켰다. 롬멜의 중대는 프랑스군 전선 안쪽 약

180미터 지점에 있는 목표물을 공격했다. 그는 부하들이 그들에게 요구되는 바를 완벽하게 이해할 수 있도록 하기 위해 가졌던 몇 차례의 리허설을 비롯한 세밀한 준비 덕분에 공격에 성공했다고 보았다.

:: 뷔르템베르크 산악대대의 중대장에 임명되다

이제 그의 상황은 극적으로 변했다. 그 달 말 그는 중위로 진급하여 제124연대로부터 전출되었다. 그의 새로운 보직은 뷔르템베르크 산악대대Württemberg mountain battalion의 중대장이었는데, 이 부대는 보주Vosges 산맥에서 싸우기 위해 슈투트가르트 동남쪽 약 50킬로미터 지점에 있는 작은 도시 뮌징엔Münsingen에서 결성된 부대였다. 롬멜의 말에 따르면, 그의 새로운 상관인 대대장은 "규율에 엄격한 군인"이었다.[2] 병사들이 서로 다른 여러 부대에서 차출되어왔지만, 산악대대는 처음부터 행복한 부대였다. 훈련은 고됐지만, 롬멜은 훈련을 즐겼다. 1915년 12월 초 대대는 스키 훈련을 위해 오스트리아로 이동했다. 하루 종일 스키를 타는 고된 훈련이 끝나면 저녁에는 함께 노래를 부르는 시간을 가졌는데, 이 시간은 부대의 결속을 다지는 데 도움이 되었다. 병사들은 오스트리아제 레이션ration(휴대용 전투식량)을 지급받았는데, 포도주와 담배도 들어 있었고 독일제 레이션보다 훨씬 더 좋았다.

모든 대대원들은 일단 훈련이 끝나면 이탈리아전선에 배치될 것이라고 예상했다. 이탈리아는 1915년 5월 참전하여 당시 오스트리아와 이탈리아의 국경에 걸쳐 있던 티롤Tirol 산악지대에서 오스트리아군과 교전하고 있었다. 이곳이 뷔르템베르크 산악대대원들이 투입될 곳이라는 것은 논리적으로 타당해 보였다. 그러나 크리스마스 사흘 뒤 대대원들은 서부전선으로 향하는 기차를 타고 있었다. 기차의 목적지는 서부전선의 동남쪽 끝에 있는 보주 산맥이었다. 이곳은 방어에 매우 유리한 지형적 특성을 갖고 있어서 개전 이래 전투가 거의 없었다. 대대는 거리가 약 10킬로미터나 되는 구역을 담당했고, 연속적인 방어선을 구축하기에는 병력이 부족했기 때문에 일련의 거점들을 방어하는 방법을 사용했다. 그 지역은 프랑스군의 최전선이 가까이 있지 않아서 조용했고 롬멜이 아르곤에서 경험했던 것과는 대조적인 모습을 보이고 있었다. 10월 초 그는 한 차례 기습작전을 지휘하여 성공을 거뒀다. 작전 목표는 뷔르템베르크 산악대대와 대치하고 있는 프랑스군에 관한 정보를 얻기 위해 포로들을 생포하는 것이었다. 롬멜은 작전계획을 세우기 전에 아주 꼼꼼하게 정찰한 뒤 프랑스군의 두 거점 중간지점을 공격 대상으로 삼기로 했다. 돌격대는 프랑스군의 방어진지로 진입한 후 2개 반으로 갈라져서 1개 반은 우측으로, 나머지 1개 반은 좌측으로 향할 예정이었다. 다른 2개 반은 돌격대가 자대로 귀환할 수 있도록 하기 위해 마주 보고 있는 적의 거점을 둘러싸고 있는 철조망을 절단할 것이다. 롬멜은 평소와 마찬가지로 돌격대와 함께했다. 기습작전은 눈부신 성공을 거둬 무방비 상태의 프랑스군을 급습하여 11명의 포로를 생포했다. 그러나 대대가 새로운 전쟁 무대가 된 다른 곳으로 이동하라는 명령을 받았기 때문에 작전 성공을 축하할 시간은 별로 없었을 것이다.

:: 루마니아전선에서 또다시 명예를 얻다

1916년 8월 27일 루마니아가 참전하여 연합군에 가담했다. 루마니아는 독일군이 베르됭을 점령하는 데 실패하고 연합군이 서부전선과 동부전선, 이탈리아전선에서 공세를 취하는 상황에 고무되어 참전 대가로 종전 후 오스트리아-헝가리 제국령인 트란실바니아Transylvania를 받고 싶어했다. 그러나 루마니아는 곧 이 결정을 후회했다. 루마니아는 즉시 서쪽으로는 독일군과 오스트리아군에게 공격을 받았고, 남쪽으로는 불가리아군에게 공격을 받았다. 10월 말 롬멜의 대대는 루마니아로 이동하여 트란실바니아 지역 알프스 산맥의 서쪽 끝에 주둔하여 루마니아로 이어지는 북서쪽 접근로들을 방어하고 있는 슈메토브 기병군단Schmettow Cavalry Corps의 지휘를 받으라는 명령을 받았다. 이제 그는 가장 어려운 도전에 직면하게 될 운명이었다.

뷔르템베르크 산악대대는 약 1,800미터 고지에 진지를 확보하라는 명령을 받았다. 며칠 전 1개 바이에른 사단이 불칸Vulcan과 스쿠르두크Skurduk라는 두 주요 통로를 통해 전진을 시도했으나 패하여 후퇴하고 말았다. 뷔르템베르크 산악대대원들은 4일 치의 레이션과 모든 종류의 탄약, 장비를 갖추고 출발했으나, 그들에게는 방한복이 없었다. 그들은 부대에서 낙오된 바이에른 사단의 병사들을 만났다. 그러나 낙오병들은 그들에게 상황에 대해 말해줄 것이 거의 없었다. 밤이 되자 비가 내리기 시작했다. 그러나 뷔르템베르크 산악대대원들은 계속 위로 올라갔다. 가파른 바위투성이 산을 더 올라갈 수 없게 되자, 그들은 결국 행군을 멈췄다. 젖은 소나무 가지로 불을 피우려고 했으나 연기만 나고 불이 붙지 않았다. 동이 틀 때 그들은 다시 산을 올라 설선snow line을 넘어 마침내 1794고지 정상에 도달했다. 그러나 그곳에는 은신처가 거의 없었다. 부대의 지휘를 맡은 대위는 정상에서 철수해야 한다고 건의했고, 대대의 의무장교 역시 여러 가지 조건으로 보아 대부분의 대원들이 곧 무기력하게 될 것이라고 경고했다. 그러나 구역 지휘관은 요청을 무시하고는, 누구든지 현 위치를 벗어나면 군법회의에 회부할 것이라고 경고했다. 그들은 24시간을 더 버텼으나 결국 병사들의 90퍼센트가 동상이나 추위로 인한 다른 부상들로 고통을 겪었다. 이런 혹독한 추위에 대처할 수 있는 적합한 장비를 갖춘 부대가 그들과 교대했다. 이제 뷔르템베르크 산악대대원들도 짐을 나르는 동물들을 포함하여 필요한 장비들을 지급받았다. 날씨가 좀 좋아지자 롬멜의 중대는 다른 고지를 점령했다. 그는 혹독한 경험을 하면서도 조금도 흔들림 없이 몸과 정신의 강인함을 다시 한 번 증명해 보였다.

새로운 공세를 위한 준비가 잘 진행되었고, 롬멜의 대대는 산악지대에 있는 루마니아군의 방어선을 돌파하는 데 일익을 담당했다. 한 공격에서 그의 중대는 목표를 확보했으나, 곧 루마니아군이 짙은 안개를 틈타 반격해왔다. 그가 지휘하는 소대들 중 하나는 너무 앞서나간 바람에 고립되어 싸우면서 퇴로를 열어야 했다. 다행히 안개를 뚫고 햇살이 비치기 시작하여 롬멜은 중대가 강화될 때까지 소총과 기관총으로 루마니아군을 묶어둘 수 있었다. 롬멜의 결단이 재앙으로 끝날 수도 있는 상황을 막았던 것이다.

1916년 11월 말 롬멜은 매우 특별한 일을 위해 휴가를 얻어 독일로 돌아갔다. 단치히에서 사관후보생으로 지내던 시절 롬멜은 루시에 몰린Lucie Mollin과 사랑에 빠지게 되었다. 프로이센 지주 가문의 딸로 피부가 검고 아름다운 루시에는 그곳에서 어학을 공부하고 있었다. 그들은 서로에게 끌려 곧 비공식적으로 약혼했다. 당시의 다른 많은 군대와 마찬가지로 독일군도 장교들이 너무 일찍 결혼하는 것을 탐탁지 않게 생각했다. 군은 장교들이 직업군인으로서 자신의 임무에 집중해주기를 바랐다. 하지만 이제는 롬멜이 경험을 쌓고 유능한 전투장교임을 입증했으므로 결혼을 할 수 있게 되었다. 루시에와 롬멜은 남은 생애를 함께할 가장 가까운 동반자가 되었다. 롬멜은 루시에에게서 큰 힘을 얻었고, 서로 떨어져 있을 때면 루시에에게 자주 편지를 써서 다른 사람에게는 말하지 못하는 깊은 속마음을 털어놓기도 했다.

에리히 폰 팔켄하인(1861~1922) 1차 세계대전 당시 독일-오스트리아 동맹군을 이끌고 루마니아 북서쪽으로 진격하여, 1916년 12월에 루마니아의 수도 부쿠레슈티를 함락했다.

롬멜은 신혼여행을 짧게 다녀온 뒤 12월 중순에 루마니아로 돌아갔다. 루마니아의 수도 부쿠레슈티București는 에리히 폰 팔켄하인Erich von Falkenhayn에게 함락되었다. 뷔르템베르크 산악대대는 부쿠레슈티 북서쪽의 산악지대를 소탕하는 임무를 맡은 산악군단에 합류했다. 롬멜의 중대는 중기관총소대

> 적에 관한 정보가 부족한 상황에서 롬멜은 정찰의 중요성을 거듭 강조했고, 정찰을 통해 얻은 정보를 바탕으로 예상치 못한 방향에서 공격하거나 매복을 실시해 적을 기습하는 데 성공할 수 있었다.

를 갖춰 강화되었고, 그는 창의성을 마음껏 발휘할 수 있는 많은 자유가 허용되었다. 그가 강조한 철저한 정찰이 열매를 맺으면서 예상치 못한 방향에서 공격하거나 매복을 통해 루마니아군을 기습할 수 있었다. 또한 그는 허세를 이용해 루마니아군이 항복하도록 설득하기도 했다. 이러한 전투 국면 막바지에 롬멜은 2개 중대와 그들을 지원하는 화기소대들을 통합·지휘하는 경우가 많았다. 특정한 작전의 상황에 따라 보병부대와 기관총부대를 통합하여 작전한다는 개념은 이제 대대의 상식이 되었다. 이 개념은 롬멜이 25년 후 북아프리카에서 사용해 큰 성공을 거두게 될 '전투단Kampfgruppen'의 선구적 개념이었다.

1917년 초 롬멜의 대대는 루마니아에서 철수했다. 대대는 서부전선으로 향할 예정이었지만, 군 예비대로 몇 주를 보냈다. 그 뒤 2개 소총중대와 1개 기관총중대로 편성된 롬멜의 부대는 군단 예비대에 배속되었다. 덕분에 그는 강도 높은 보충 훈련을 어느 정도 실시할 수 있었다. 매우 효과적인 이 훈련에 깊은 인상을 받은 대대장은 대대의 모든 중대가 사실상 롬멜의 훈련학교가 되어버린 이 과정을 교대로 거치도록 조치했다. 그 후 대대는 보주로 돌아가 한동안 힐센Hilsen 능선에서 참호 근무를 했다.

1917년 7월 말 대대는 또다시 이동했다. 대대는 주말에 기차 편으로 루마니아로 돌아갔다. 1916년 말에 대부분의 국토가 점령당했음에도 불구하고 루마니아군은 러시아의 지원을 받으며 계속 싸우고 있었다. 1917년 7월에는 러시아의 최종 공세에 참여하여 처음에는 어느 정도 성공을 거뒀다. 롬멜과 그의 부하들이 도착했을 때는 오스트리아군과 독일군이 반격을 준비하고 있었다. 그들은 연초에 있었던 곳과 거의 같은 지역에 배치되었다. 뷔르템베르크 산악대대원들은 한 바이에른 보병여단의 지휘를 받았다. 그들의 임무는 주위를 감제하는 코스나 Cosna 산을 점령하는 것이었다. 이 산은 루마니아 남부의 기름진 평야로 이어지는 오이투즈 고개Oituz Pass로 나아가는 열쇠였다. 이때 롬멜은 지금까지 지휘한 부대 중에서 가장 큰 부대를 이끌었다. 6개 소총중대와 3개 기관총중대로 편성된 그의 부대는 대대 전체 병력과 거의 맞먹었다. 적에 관한 정보는 부족했으나, 그가 강조해온 정찰이 또다시 빛을 발휘했다. 롬멜은 루마니아군이 최근 그들의 일부 전진기지들을 포기했다는 사실을 확인하고 즉시 그 거점들을 차지했다. 이어서 또 다른 정찰대가 쉬고 있는 한 무리의 루마니아군을 기습하여 기관총 5정과 함께 그들을 생포하여 끌고 왔다. 주공은 8월 9일 오후에 시작될 예정이었으나, 롬멜은 그가 가지고 있는 초기 기습 장점을 그냥 내버려둘 수 없어서 즉시 2개 중대와 함께 밀고 올라갔다. 그 과정에서 그는 팔에 부상을 입기는 했지만, 루마니아군의 방어선을 1킬로미터나 깊숙이 돌파하는 데 성공했다. 다음날 롬멜의 부하들은 격렬한 전투를 벌인 뒤 코스나 산 정상에 도달했다.

그러나 루마니아군은 여전히 산의 동쪽과 북동쪽 거점들을 차지하고 있었고, 이는 독일군이 여전히 고개를 통과할 수 없다는 것을 의미했다. 부하들이 탈진했음에도 불구하고 롬멜은 그 거점들을 공격할 준비를 했다. 그러나 그가 코스나 산에 대한 공격을 시작했던 능선으로 철수하라는 명령을 받았다. 북쪽에서 러시아군이 돌파에 성공하여 독일군의 좌익을 위협하고 있었던 것이다. 그 후 8월 13일 루마니아군이 공격을 개시했다. 뷔르템베르크 산악대대는 필사적으로 저항했으나, 사상자들은 계속 늘어났다. 다행히 다음날 아침 증원군이 도착하여 위기를 넘겼다. 엿새 후 롬멜은 코스나 산 정상을 다시 공격하여 성공했다. 대대는 루마니아군의 반격을 물리친 뒤 철수하여 예비대가 되었다.

롬멜은 또다시 명예를 얻었다. 그러나 2주간의 전투 끝에 대대는 500여 명의 사상자가 발생했고, 그 역시 몸이 좋지 않았다. 그는 악전고투 끝에 몸과 마음이 모두 탈진한 데다가 열이 나고 팔에 부상을 입었다. 독일로 후송된 그는 요양차 아내와 함께 발트 해 연안으로 가서 몸을 회복한 뒤, 10월 초 대대로 복귀했다. 대대는 오스트리아 남서쪽 끝에 있는 캐른텐Kärnten 주에서 휴식을 취하면서 부대를 재편성하고 이번에는 이탈리아전선에서 치를 전투를 준비하고 있었다.

:: 프로이센 최고 무공훈장 푸르 르 메리트를 받다

거의 3년 반 동안 이탈리아군은 이탈리아와 오스트리아의 국경을 형성하고 있는 알프스 산맥을 계속 두들기고 있었다. 그들의 주요 목표는 아드리아 해 입구에 있는 오스트리아-헝가리 제국의 주요 항구인 트리에스테Trieste였다. 그들은 1917년 8월까지는 전진을 거의 못하다가 이른바 이손초Isonzo 강의 열한 번째 전투(11차 이손초 전투)에서 트리에스테를 위협할 만한 거리까지 간신히 진격했다. 오스트리아군이 방어선을 유지할 수 있도록 도와달라고 독일에 부탁하자, 산악군단이 소속된 독일 제14군이 파견되었다. 이들의 계획은 이손초 강을 건너 공격하여 이탈리아군을 산의 서쪽으로 몰아내는 반격작전을 펼치는 것이었다. 이탈리아군은 강 자체를 제1방어선으로 삼고 그 뒤쪽에 제2방어선을 구축하고 산 전체를 제3방어선으로 하는 강력한 방어선을 가지고 있었다. 산악군단은 확인된 특정 포대들을 처리한 후 마타주르Matajur 산 정상을 확보하기로 되어 있는 뷔르템베르크 산악대대와 함께 이 마지막 방어선을 확보해야 했다.

종종 그러했듯이 롬멜에게는 3개 소총중대와 1개 기관총중대가 주어졌다. 공격은 10월 24일 5시간 반 동안 매우 정확한 포격으로 이탈리아군의 방어선들을 초토화한 다음 시작되었다. 오전 7시 30분 공격부대들이 전투를 개시했다. 롬멜의 부대는 처음에는 다른 부대들을 지원하는 역할을 했으나, 일단 이탈리아군의 제1방어선이 무너지자 대대의 선봉이 되었다. 롬멜의 부대는 이탈리아군의 제2방어선으로 이어지는 경사면을 오르기 시작했다. 비가 퍼붓고 있었으나 나무와 무성한 덤불들이 위에 있는 이탈리아군 진지들의 감시를 피할 수 있는 은폐물이 되어주었다. 롬멜의 좌측을 맡은 바이에른 연대가 정면공격을 하는 동안, 롬멜과 그의 부하들은 은폐물을 이용해 우회한 후 주로 배후공격으로 이탈리아군의 진지들을 괴멸시켰다. 롬멜은 이 작전을 8월 코스나 강 주변에서 펼쳤던 작전에 비유했다.[3] 마침내 그들은 이탈리아군

이손초 전투 Battles of the Isonzo

이손초 전투는 1차 세계대전 중 이탈리아 동부전선의 이손초 강을 사이에 두고 오스트리아와 이탈리아 간에 벌어진 12차례의 전투(1915~1917)다. 1915년 4월 영국, 프랑스, 러시아는 이탈리아와 비밀리에 런던 조약을 맺었다. 이 조약을 통해 연합국은 오스트리아-헝가리 제국의 영토 일부를 이탈리아에 떼어주는 대신, 이탈리아는 3국 동맹(독일, 오스트리아, 이탈리아 3국간에 체결된 방어비밀동맹)의 의무를 버리고 연합국에 가담한다는 약속이 이루어졌다. 1915년 연합국에 가담한 이탈리아는 오스트리아에 선전포고를 하고, 오스트리아를 공격하기 시작했다. 바위투성이 험준한 산을 오르는 데 번번이 실패한 이탈리아군은 아무 성과 없는 공격을 계속했다. 이 전투는 1917년 이탈리아가 50만 명의 사상자를 내는 최악의 참패를 당할 때까지 12차례나 계속되었다.

12차 이손초 전투는 카포레토 전투(1917년 10월 24일)라고도 불리는데, 독일군과 오스트리아군의 연합작전으로 이루어진 1차 세계대전 사상 가장 성공적인 전투 중 하나로 손꼽히는 이 전투에서 이탈리아군이 후퇴함으로써 당시 이탈리아 정부와 군대의 최고 통수권자였던 루이지 카도르나 Luigi Cadorna가 사퇴하게 되었다.

이손초 강 주변을 포위한 이탈리아군 이탈리아군은 11차 이손초 전투에서 주요 목표인 트리에스테를 위협할 만한 거리까지 간신히 진격했다.

의 제3방어선에 해당하는 강력하게 요새화된 고지의 능선에 도달했다. 이 방어선은 능선의 반대편에 있는 마타주르 산으로 나아가는 길을 가로막고 있었다. 바이에른 연대는 이미 능선에 도착하여 고지를 바라보고 있었고, 바이에른 연대장은 롬멜을 자기 지휘하에 두려고 했다. 롬멜은 이 일은 자기 부대의 대대장이 결정할 문제라고 말하며 그의 말에 이의를 제기했다. 땅거미가 지기 시작하자, 롬멜은 바이에른 연대가 고지를 처리하는 동안 그곳을 우회하는 계획을 세웠다. 다음날 아침 5시 동이 트기 직전 대대장이 롬멜의 본부에 도착했다. 그가 롬멜의 계획을 승인하자, 롬멜은 출발했다.

이탈리아군의 기관총 때문에 사상자가 발생하기는 했지만, 롬멜과 그의 부하들은 정상에서 45미터 정도 내려와 무성한 덤불에 도착한 뒤 휘하의 다른 중대들 중 하나와 합류했다. 한편 바이에른 연대는 1114 고지에서 공격을 시작했다. 이 교전 소리는 뷔르템베르크 산악대대원들이 덤불을 이용하여 정상에서 좀 더 아래쪽을 향해 서쪽으로 이동하는 소리를 어느 정도 차단해주었다. 이탈리아군이 그들을 보지 못하게 하는 것이 중요했다. 롬멜의 척후병들이 이탈리아군의 중포 진지를 발견하고는 총 한 발 쏘지 않고 점령했다. 포로들도 생포했다. 일단 1114 고지에서 2.5킬로미터 정도 이동한 뒤 그들은 위로 올라가 이탈리아군의 방어진지들을 기습하는 데 성공했다. 그러나 이제 롬멜은 딜레마에 직면했다. 능선의 이 지점에는 초목이 거의 없었고, 그의 앞에는 또 다른 고지인 쿠크Kuk 산이 놓여 있었지만 그에게는 그 고지를 공격할 병력이 부족했다. 그동안 그의 부하들은 총격을 당하고 있었고, 이탈리아군은 반격할 기세였다. 롬멜은 선봉 중대를 그 자리에 남겨둔 채 나머지 부대를 이끌고 은폐물이 어느 정도 있는 능선 위로 철수했다. 이제 선봉 중대는 수적으로 우세한 적군과 근접전에 휘말렸다. 위기 상황이었으나, 롬멜은 그 상황을 감당할 능력이 있었다. 그는 다른 중대를 이끌고 측면으로 우회하여 이탈리아군을 공격했다. 이제는 그의 선봉 중대도 공격에 나섰다. 완벽하게 기습을 당한 이탈리아군은 500명 이상이 항복했다.

이제 위기가 지나가자, 롬멜은 마타주르 산을 향해 계속 진격할 수 있었다. 능선의 남쪽 경사면을 따라 나 있는 오솔길은 나무들이 앙상하게 말라 있었지만, 어느 정도 은폐물이 있는 것처럼 보였다. 그는 그 오솔길을 이용해 쿠크 산 위에 있는 이탈리아군을 우회하기로 결정하고 서둘러 부하들을 그 오솔길로 이끌었다. 롬멜의 부대는 능선 위의 이탈리아군 방어선 뒤에 있다가 곧 적군과 부딪쳤다. 적군은 갑자기 나타난 그들을 보고 깜짝 놀랐다. 롬멜은 계곡으로 이어지는 도로를 우연히 발견했는데, 그 길은 재보급을 위해 이용된 것이 분명했다. 그는 길 양쪽에 진지를 구축했다. 트럭들이 그의 수중에 들어오기 시작했고 그 중 일부에는 부하들에게 매우 반가운 식량이 실려 있었다. 그때 많은 적군 병사들이 접근해왔다. 롬멜은 겨우 150명의 부하들을 데리고 있었으므로 하얀 손수건을 흔들게 하고 흰색 완장을 찬 장교 1명을 파견해 이탈리아군과 항복을 교섭하게 했다. 그러나 그 장교는 즉각 생포되었고, 이탈리아군은 사격을 시작했다. 10분 정도 지난 뒤 이탈리아군은 무기를 내려놓았고, 병력 2,000명 규모의 1개 베르살리에리bersaglieri(경보병) 여단이 롬멜의 수중에 떨어졌다. 날이 이미 저물었기 때문에 롬멜의 부대는 마을로 내려가 그곳에서 대대의 나머지 부대와 합류했다.

크라곤자Cragonza 산과 므르즐리Mrzli 산이 여전히 마타주르 산으로 가는 길을 가로막고 있었으므로 최종 목적지에 도달하려면 이 두 산을 점령할 필요가 있었다. 롬멜은 공격을 늦추고 싶은 마음이 없었다. 중대들이 추가되어 병력이 강화되었으므로, 일단 어둠이 깔리자 크라곤자 산을 향해 출발했다. 도중에 예브체크Jevszek 마을이 있었는데, 그가 알기로 이 마을은 이탈리아군에게 점령되어 있었다. 따라서 그는 그 마을을 우회한 뒤 잠시 쉬었다. 동트기 직전 그는 크라곤자 산을 향해 떠나며 1개 중대를 남겨 그 마을을 처리하도록 했고, 그 중대는 지시대로 하여 1,000명의 포로를 사로잡았다. 롬멜과 그의 나머지 부대는 날이 밝자 곧 크라곤자 산에 있는 적에게 사격을 받았다. 그에게는 은폐물이 없더라도 정면으로 공격하는 것 외에는 다른 대안이 없었다. 그들은 용감하게 돌격하여 오전 7시 15분쯤에 그 산을 손에 넣었다. 롬멜은 제대로 쉬지도 못하고 이번에는 지원 포대가 므르즐리 산을 향해 포격할 수 있도록 협조를 조율했다. 이번에도 그는 다시 하얀 손수건 책략을 사용하기로 결정했고, 그 책략은 성공했다. 다시 1,500명의 포로가 그의 손에 들어왔다.

마타주르 산이 시야에 들어왔다. 공격을 준비하고 있는데 철수하라는 대대장의 명령이 떨어졌다. 테오도르 슈프뢰서Theodor Sprösser 소령은 롬멜이 생포한 포로들의 수를 보고, 이미 고지를 확보하여 전투가 끝났을 것이라고 생각했던 것이다. 롬멜의 일부 중대들은 슈프뢰서의 명령에 따라 철수하기 시작했으나, 롬멜은 최종 목표를 포기할 수 없었다. 즉시 동원 가능한 병력이 겨우 100여 명밖에 되지 않고 무기도 기관총 6정밖에 없었으나, 그는 슈프뢰서의 명령을 무시하기로 결정했다. 기관총들이 일제히 엄호사격을 하는 가운데 그는 공격을 시작했다. 이탈리아군은 이에 대응 사격을 하지 않고 곧 무기를 내려놓기 시작했다. 롬멜의 병사들이 계속 위로 올라가 1917년 10월 26일 오전 11시 40분 마타주르 산 정상에 도달하자, 롬멜은 조명탄을 쏘아 공격이 성공했음을 알렸다. 롬멜의 부대는 무려 50시간 넘게 계속 작전을 펼쳤다. 그의 부대는 9,000명 정도의 포로를 생포했으나, 아군 사상자는 36명밖에 되지 않았다. 롬멜의 부하들은 산악군단의 일일명령에서 일일이 이름이 거명되었으나, 롬멜 자신은 놀라운 전과에도 불구하고 개인적인 포상을 전혀 받지 못했다.

이탈리아군의 방어선들은 이미 무너졌으며, 병사들은 줄을 지어 후퇴하고 있었다. 롬멜의 대대는 그들을 추격하여 탈리아멘토Tagliamento 강을 건너 피아베Piave를 향해 진군했다. 한 지점에서 롬멜은 통로를 확보하라는 명령을 받았다. 그의 부대가 고지에 올라 기진맥진한 상태에서 위치를 확보했을 때는 이미 어둠이 깔려 있었다. 이 작전의 성공 여부는 기관총 사격 지원과 돌격부대들의 이동을 어떻게 잘 공조시키느냐에 달려 있었다. 그러나 돌격부대들이 제때 공격하지 못했다. 그들은 롬멜이 공격개시시각H-hour에 그들과 합류할 것이라고 기대한 반면, 롬멜은 그의 기관총중대에서 너무 오래 머물렀던 것이다. 그 결과, 공격은 실패로 끝나고 말았다. 롬멜은 그의 첫 번째 실패를 절감했다. 그런데 날이 밝자, 이탈리아군이 통로를 버리고 후퇴했다는 사실을 알게 되었다. 그 덕분에 그들은 진격을 계속할 수 있었고, 마침내 11월 9일에 롱가로네Longarone 맞은편에 있는 피아베에 도달했다. 롬멜은 선발대를 이끌고 있었으나, 그의 병력은 포획한 자전거를 탄 10명뿐이었다. 그는 롱가로네 남쪽 도로에서 강을 따라 철수하는 이탈리아군을 볼 수 있었다. 그는 장거리 소총으로 그들과 교전했다. 이후 그와 그의 소부대는 간신히 롱가로네 남쪽에 있는 강을 건너 봉쇄진지를 구축한 다음 곧 포로들을 생포하기 시작했다. 그의 나머지 부대인 2개 소총중대와 1개 기관총중대가 그와 합류했다.

롬멜은 롱가로네에 이탈리아군이 가득하다는 사실을 알고는 그곳을 점령하기로 결심했다. 날이 빠르게 저물고 있었으므로 강 건너편에 있는 기관총의 지원을 받으며 야간에 공격을 실시할 수밖에 없었다. 그가 도시 외곽에 도착하기가 무섭게 이탈리아군이 사격을 개시했다. 그와 동시에 독일군 기관총이 그의 우측에서 사격을 시작했으나, 그의 부하들의 배후를 가격하고 있었다. 또다시 공조 조율에 실패한 것이었다. 롬멜이 그의 부대를 구하려고 애쓰고 있을 때 엄청난 수의 이탈리아군이 남쪽에서 도로로 밀고 들어와 독일군을 제치고 그를 생포할 지경에 이르렀다. 그는 들판을 가로질러 달리기 시작하여, 이탈리아 증원군의 북상을 저지하기 위해 그가 도로에 배치해놓은 소부대에 겨우 도착했다. 그는 신속하게 그들을 정비하여 곧 있을 이탈리아군의 돌격에 대비하게 했다. 독일 증원군이 도착하자, 이탈리아군은 도시로 후퇴했다. 날이 밝자 롬멜은 롱가로네로 다시 진격하여, 최근 이탈리아군에게 잡힌 한 독일군 장교를 만났다. 그 장교는 손수건을 흔드는 이탈리아군 무리 속에서 롱가로네 지휘부의 항복문서를 들고 서 있었다. 롬멜과 그의 부하들은 도시로 들어가 그곳 주민들의 뜨거운 환영을 받았다.

뷔르템베르크 산악대대는 피아베 강 상류를 따라 계속 남진했으나,

공세는 기세를 잃기 시작하여 피아베 강의 하류에서 정체되었다. 설상가상으로 영국군과 프랑스군도 도착하여 이탈리아군이 방어선을 지킬 수 있도록 지원하기 시작했다. 크리스마스 때 롬멜의 대대는 펠트레 Feltre 부근에 주둔했으며, 슈프뢰서 소령과 롬멜은 특별한 선물로 프로이센 최고 무공훈장인 푸르 르 메리트를 받았다. 그 후 뷔르템베르크 산악대대는 최전방으로 돌아갔다. 프랑스군의 산악부대가 공격에 성공하자, 뷔르템베르크 산악대대의 방어선은 북서쪽으로 2.4킬로미터나 후퇴했다. 후위부대였던 뷔르템베르크 산악대대는 적의 맹공에 맞서 싸웠으나, 1918년 1월 1일 밤 후퇴할 수밖에 없었다. 1주일 후 롬멜과 슈프뢰서는 대대를 떠나 휴가를 갔다.

롬멜은 뷔르템베르크 산악대대로 복귀하지 못했다. 그는 서부전선의 제64군단의 참모로 배속되었다. 그는 남은 전쟁 기간 동안 계속 참모장교로 머물러 있었으나, 이미 충분히 증명한 것처럼 왕성한 활동력을 지닌 그는 이 보직을 좋아하지 않았다. 사실 그는 뷔르템베르크 산악대대와 함께 있고 싶어했다. 그리고 그들과 함께 서부전선에 배치되어 계속 무운을 쫓고 싶었지만, 1918년 여름과 가을에 있었던 치열한 여러 전투를 거치면서 사상자가 늘어나자 그는 "마음이 무거웠다."[4]

:: 베르사유 조약에 의한 군 축소 때 살아남다

정전협정이 체결되고 독일 혁명이 일어난 1918년 11월은 독일 장교단에게 암울한 시기였다(1차 세계대전 말에 불리한 전국戰局과 1917년 러시아

혁명에 자극을 받아 독일 11월 혁명이 일어났다. 1918년 10월에 킬Kiel 군항軍港의 수병水兵 반란을 계기로 11월에는 베를린에서도 큰 폭동이 일어나 독일 제국이 붕괴되고 바이마르 공화국이 성립되었다—옮긴이). 독일 황제가 네덜란드로 망명을 했고, 일부 부대들이 사병위원회soldiers' councils의 손에 넘어가는 등, 1917년 볼셰비키 혁명 중 러시아군에게 일어났던 일들이 재현되었다. 독일 자체가 곧 공산당의 손에 넘어갈 위험에 처한 것처럼 보였으며, 새로운 공화정부는 날로 커져가는 소요에 대처할 능력이 없는 것 같았다. 한편, 프랑스에 주둔해 있던 독일군은 정전협정에 따라 라인 강 너머로 질서정연하게 철수했다. 연합군은 그들을 따라와 라인 강에 교두보를 확보했다.

상황은 계속 나빠졌다. 1919년 초 베를린을 비롯한 여러 지역에서 내란이 일어났다. 공산주의자들과 그들의 동맹군들이 최근 제대한 뒤 무리를 지어 공산당과 맞서 싸우는 집단인 자유군단Freikorps 및 독일 정규군과 난전을 벌였기 때문이었다. 롬멜 대위는 곧 참모직에서 해임되어(아마 그는 다행이라고 생각했을 것이다) 1918년 말 그의 모부대인 제124보병연대로 복귀했다. 1919년 3월 그는 프리드리히스하펜의 임시 육군 중대를 맡았다. 많은 무장병력들과 마찬가지로 그의 부하들도 혁명 분위기에 잠깐 휩쓸렸으나, 롬멜은 기지를 발휘하여 그들에게 모종의 규율을 심어줬던 것으로 보인다. 그 지역은 평온함을 유지했으나, 1920년 3월에 롬멜과 그의 부대는 소요에 휩쓸리게 된다.

독일의 전쟁을 공식적으로 끝낸 베르사유 조약Treaty of Versailles은 그 조항이 매우 엄격했다. 독일이 입힌 물질적 피해에 대해 지불해야 했던 경제적 피해배상은 곧 독일의 경제 위기를 몰고 왔다. 또한 해외 식민

자유군단 Freikorps

1차 세계대전 종전 후 제대 군인 및 우익 장교들에 의해 조직된 의용병 단체로 주로 좌익 세력과 시가전에서 전투를 벌였다. 자유군단은 전쟁 당시 자신들이 입던 군복과 철모, 무기로 무장했으며, 예비역 및 현역 장교들이 지휘했다. 나치 돌격대의 초기 지휘관들과 에른스트 룀Ernst Röhm도 자유군단 출신이었다. 이들 자유군단 구성원들은 자유군단이 해체되면서 기존 우익계 정당의 폭력 조직에 가담하는 경우가 많았다. 나치 돌격대 역시 그들을 받아들였다.

독일 병사의 옆모습을 상징화한 자유군단 모집 포스터

지를 잃은 것도 독일에게는 큰 아픔이었지만, 신생 독립국 폴란드에게 바다에 접근할 수 있도록 동프로이센을 내어준 아픔은 훨씬 더 컸다. 무장병력도 엄격하게 제한되어 군 병력은 겨우 10만 명으로 축소되었는데, 이는 독일 국경을 방어하기에도 충분하지 못한 규모였다.

독일의 우익 세력들은 격노하여 정부를 비난했다. 한 무리의 장교들과 자유군단의 병사들은 정부를 뒤집어엎고 투표를 다시 하기로 결심

베르사유 조약 1919년 6월 28일 베르사유 궁전 '거울의 방'에서 1차 세계대전의 전후 처리를 위해 연합국과 독일이 맺은 평화조약으로, 전쟁 책임이 독일에 있다고 규정하고 독일의 영토 축소, 군비 제한, 배상 의무, 해외 식민지의 포기 등의 조항과 함께 국제연맹의 설립안이 포함되었다.

했다. 우익 정치가인 볼프강 카프Wolfgang Kapp와 베를린 주둔군 사령관이 그들을 이끌었다. 독일군이 베르사유 조약을 준수하는지 감독하던 연합군군사통제위원회Inter-Allied Military Control Commission가 2개 자유군단을 해산하도록 명령하자, 사태가 심각해졌다. 베를린 주둔군 사령관인 발터 폰 뤼트비츠Walther von Lüttwitz 장군은 위원회의 명령을 거부하고 그를 체포하라는 정부의 명령에도 불구하고 1920년 3월 부하들을 이끌고 베를린으로 진입했다. 수많은 지지자들이 그들을 맞이했다. 참모총장 한스 폰 젝트Hans von Seekt 장군은 독일군이 독일군을 향해 발포하는 모습을

카프의 반란 Kapp Putsch

카프의 반란은 1920년 3월 13일~17일 베를린에서 우익 정치가 볼프강 카프를 우두머리로 해서 제정파 군인들이 일으킨 쿠데타다. 3월 13일 베를린 교외의 2개 여단이 베를린 시에 진입하여 카프를 수반으로 신정부의 성립을 선언하고 베르사유 조약의 반대, 제정의 부활 등을 천명했다. 그러나 베를린의 노동자들이 총파업을 단행함으로써 카프는 대중의 지지를 얻지 못하고 쿠데타는 실패로 끝나고 말았다.

1920년 카프의 반란에 반대하는 베를린 시위 장면

보고 싶지 않았으므로 군에게 개입하지 말도록 명령했다. 정부가 드레스덴Dresden으로 후퇴하자, 카프는 정권을 잡으려고 시도했다. 노동조합들이 항의하여 총파업을 결의하자, 카프와 뤼트비츠는 베를린을 탈출했다. 정치적 진공상태를 이용하여 공산주의자들이 독일 서부의 산업지대인 루르Ruhr 등의 지역에서 폭동을 일으켰다. 이 폭동들은 군에 의해 신속하게 진압되었는데, 이 작전에는 베스트팔렌Westfalen으로 파견

"베르사유 조약으로 독일군의 규모가 심각하게 축소되었다는 것은 장교단의 엘리트들만 남았다는 것을 의미했다. 당연히 그의 탁월한 전투 기록으로 미루어볼 때, 롬멜은 그런 행운아 가운데 한 명이었다."

된 롬멜의 중대도 가담했다. 롬멜이 이 일에 대해 어떻게 생각했는지에 대한 기록은 없으나, 분명히 당시 그는 군인은 국가의 종이므로 정치에 관여해서는 안 된다고 생각했을 것이다.

독일군의 규모가 심각하게 축소되었다는 것은 장교단의 엘리트들만 남았다는 것을 의미했다. 당연히 그의 탁월한 전투 기록으로 미루어볼 때, 롬멜은 그런 행운아 가운데 한 명이었다. 1920년 10월 1일 그는 슈투트가르트에 배치되어 제13보병연대의 소총중대를 맡았다. 그곳은 그 후 9년 동안 그의 고향이 되었다. 이 기간은 그에게 자신을 성찰하는 기간이었으며, 독일은 그동안 극심한 경제 위기를 겪고 있었다. 롬멜은 부하들을 훈련시키는 일에 몰두했다. 그는 강인한 몸에 특히 높은 우선순위를 두었다. 그는 스키 교관으로서는 적임자였기 때문에 자기 연대의 병사들뿐만 아니라 다른 부대의 병사들도 가르쳤다. 또한 그는 아내와 함께 스키 여행과 자전거 여행, 하이킹 여행을 떠나기도 했다. 한 번은 이탈리아로 가서 자기가 1917년 전과를 올렸던 곳들을 찾아가보기도 했다. 그는 모든 병사들에게 존경을 받았다. 1929년 그의 대대장은 그에 대해 보고하면서 롬멜은 "조용하고 인품이 뛰어나며 임기응변에 능하고" "대단한 군사적 재능"을 지녔으며 특히 지형을 읽

> 롬멜은 모든 병사들에게 존경을 받았다. 1929년 그의 대대장은 그에 대해 보고하면서 롬멜은 '조용하고 인품이 뛰어나며 임기응변에 능하고' '대단한 군사적 재능'을 지녔으며 특히 지형을 읽는 안목이 뛰어나다고 평가했다.

는 안목이 뛰어나다고 평가했다. 또한 이 보고서는 롬멜을 교관으로 추천하기도 했는데, 이 일은 그의 다음번 보직이 되었다.[5]

1929년 9월 롬멜은 드레스덴에 있는 보병학교의 교관이 되었다. 그의 주된 임무는 장교 후보생들을 교육하는 것이었다. 그는 곧 그들의 영웅이 되었다. 그는 강의할 때 자신이 직접 치른 전투들을 거론하며 전략적 교훈들을 설명했다. 특히 그는 불필요한 피해를 피하는 일의 중요성을 역설하고, 부대가 정지하면 곧 참호를 파야 하는 필요성을 강조했다. 보병학교의 선배 교관들의 말에 의하면, 그는 '독보적인 존재towering personality'이 되었다.[6] 1932년 소령으로 진급한 롬멜은 다음 해 대대의 지휘를 맡음으로써 그동안 기울인 노력에 대한 보상을 받았다. 그 무렵 독일은 극적인 변화를 겪고 있었다.

:: 독재자 히틀러의 등장

1920년대 후반기에 경제가 회복된 덕분에 정치적 알력은 줄어들었으나, 다른 많은 국가들과 마찬가지로 독일도 1929년 월스트리트Wall Street

1932년 대통령선거 연설 히틀러는 대통령선거를 통해 권력을 잡기로 결심하고 착실하게 유권자들의 마음을 사로잡았다. 상당히 많은 정치적 권모술수가 오간 뒤 1933년 1월에 힌덴부르크는 히틀러를 수상에 임명했다.

의 주가 대폭락으로 치명적인 영향을 받았다. 아돌프 히틀러Adolf Hitler의 국가사회주의독일노동자당Nationalsozialistische Deutsche Arbeiterpartei, NSDAP(나치당)이 공산당과 충돌하는 바람에 정치가 극도로 불안해졌다. 그러나 히틀러는 선거를 통해 권력을 잡기로 결심하고 착실하게 유권자들의 마음을 사로잡았다. 1932년 3월의 대통령선거에서 그는 30퍼센트의 득표율을 얻어 파울 폰 힌덴부르크Paul von Hindenburg 원수에 이어 2위를 차지했다. 힌덴부르크가 근소한 차이로 득표율 50퍼센트를 확보하는 데 실패했기 때문에 다음 달 결선 투표를 치렀고, 다른 한 후보가 탈락하자 히틀러의 득표율은 37퍼센트로 올라갔다. 같은 해 늦여름에 있었던 총선에서 나치당은 국회에서 최대 의석을 차지했으나, 자체 정부를 구성하기에는 충분하지 못했다. 히틀러는 다른 사람들과 권력을 공유하려고 하지 않았으므로 그해 11월 다시 선거를 치러야 했다. 경제 상황이 어느 정도 개선되었기 때문에 나치당의 의석수가 조금 줄어들었다. 그럼에도 불구하고 그들은 여전히 최대 의석수를 확보하고 있었으므로, 상당히 많은 정치적 권모술수가 오간 뒤 1933년 1월에 힌덴부르크는 히틀러를 수상에 임명했다. 히틀러의 초기 내각에는 나치당원이 2명밖에 없었으므로 내각의 중도파들은 그를 고립시키려고 했다. 그러나 히틀러는 3월 초 다시 선거를 치르게 했다. 선거 전날 저녁에 국회의사당에 불이 났다. 히틀러는 공산당을 비난하며, 그들이 폭동을 준비하고 있다고 주장했다. 그는 힌덴부르크를 설득하여 시민적 자유와 정치적 자유를 제한하는 포고문을 발표하게 했다. 다음날 치른 선거에서 나치당은 과반수 표를 얻지 못했으나, 히틀러는 자신의 권력을 확보하기 위해 자기가 하고 싶은 일을 할 수 있도록 법을 통해 조종했다. 몇 개월 후 나치당과 맞서는 정당은 불법단체가 되었고, 독일은 독재국가가 되었다.

독일이 겪은 정치적 소요는 정치에 무관심한 롬멜을 대체로 비켜갔다. 군에 몸담은 대부분의 사람들과 마찬가지로 롬멜도 군을 확장하려는 히틀러의 계획을 환영했으나, 그의 주요 관심사는 그가 새로 맡은 부대뿐이었다. 제17보병연대의 3(사냥병Jäger)대대는 하르츠Harz 산지의 고슬라르Goslar에 기지를 둔 경보병대대였다. 야외활동을 좋아하는 롬멜에게 그 지역은 완벽한 곳이었다. 성격상 그는 부임 첫날부터 솔선수범하여 자기 이미지를 확실하게 심어주었다. 롬멜의 용기를 시험하기 위해 그의 장교들은 그 지역의 한 산을 올라갔다가 스키를 타고 내려오자고 제안했다. 그렇게 세 번 산을 오르내린 그들은 롬멜이 한 번 더 하자고 제안하자, 그때서야 임자를 제대로 만났다는 사실을 깨닫게 되었다.

:: 고슬라르에서 히틀러를 처음 만나다

롬멜은 고슬라르에서 히틀러를 처음 만났다. 1934년 9월 히틀러가 그 도시를 방문했을 때, 롬멜의 대대가 그를 1시간 동안 경호했던 것이다. 이 무렵 군은 히틀러에게 감사해야 했다. 그의 정치적 충격부대인 갈

1939년 9월 30일 고슬라르에서 히틀러를 경호하는 롬멜 롬멜은 고슬라르에서 히틀러를 처음 만났다. 1934년 9월 히틀러가 고슬라르를 방문했을 때, 롬멜의 대대는 그를 1시간 동안 경호했다.

색 제복의 '나치 돌격대Sturmabteilung, SA'가 전국에 깔려 있었으므로, 그들의 지휘자인 에른스트 룀Ernst Röhm은 독일 방위防衛를 책임져야 할 사람은 군이 아니라 그들이라고 생각했다. 국방장관 베르너 폰 블롬베르크Werner von Blomberg 장군은 히틀러에게 이러한 도전에 관심을 갖게 했다. 동시에 군의 충성심을 증명하기 위해 그는 모든 병사들에게 독수리와 하켄크로이츠Hakenkreuz(갈고리 십자가)가 그려진 새로운 '국가문장Hoheitsabzeichen'을 제복의 오른쪽 윗주머니 위에 붙이도록 명령했다. 또한 그는 히틀러의 유대인 탄압 정책도 실행에 옮기기 시작하여, 비록 이 단계에서는 참전용사들은 제외되었지만 아리아 종족이 아닌 장교들을 솎아냈다. 이러한 조치에 깊은 감명을 받은 히틀러는 1934년 2월 나치 돌격대의 지휘관들과 군 지휘관들을 모아 회의를 열었다. 그는 나치 돌격대에게 일부 군사훈련을 실시하도록 허용하고 그들이 독일 동부전선 방어를 돕도록 하겠지만 군이 우선한다는 점을 확실히 하고 이에 대한 합의서에 블롬베르크와 룀의 서명을 받았다. 그러나 룀은 이 합의를 존중할 생각이 전혀 없다는 사실이 곧 드러났다. 히틀러는 나치 돌격 대장인 룀이 자기를 깔보고 있다는 사실을 깨달았다. 그 결과, 히틀러는 1934년 6월 30일 밤 심복들을 보내 룀을 비롯한 나치 돌격대 고위 간부들을 살해했다. 또한 히틀러의 부하들은 이른바 '장검의 밤Night of the Long Knives'이라고 알려진 사건을 이용하여 오래된 원한을 갚기도 했다. 실제로 정치에 관여했던 두 장군의 죽음은 군 내부에 불편한 기류를 조성했다. 그러나 블롬베르크는 군이 손을 더럽히는 일 없이 나치 돌격대의 위협을 제거해준 것에 대해 히틀러에게 감사했다. 하지만 그 대가를 치러야 했다. 1934년 8월 초 힌덴부르크가 죽자, 히틀러는 군의

장검의 밤 Night of the Long Knives 사건

장검의 밤 사건이란 1934년 6월 30일 아돌프 히틀러가 나치 돌격대장 에른스트 룀과 나치 돌격대 내 반히틀러 세력을 숙청한 사건이다. 바이마르 공화국의 전 수상이던 쿠르트 폰 슐라이허Kurt von Schleicher를 저택에서 총으로 쏘아 암살하고, 반대파인 에리히 클라우제너Erich Klausener와 룀의 부관 에드문트 하이네스Edmund Heines 역시 암살했으며, 테오도어 아이케Theodor Eicke는 룀을 체포한 뒤 그에게 자살하라는 뜻으로 권총을 건넸으나, 룀이 자살을 거부하자 결국 테오도어 아이케가 룀을 감옥에서 총으로 쏘아 죽였다. 히틀러는 그의 자서전 『나의 투쟁Mein Kampf』에서 세력이 너무 커진 나치 돌격대가 자신의 권력을 위협할 수도 있다고 생각하여 암살 지령을 내렸다고 밝혔다.

에른스트 룀

쿠르트 폰 슐라이허

에리히 클라우제너

에드문트 하이네스

테오도어 아이케

모든 장병은 지금까지는 국가에 충성을 맹세했으나, 지금부터는 자기에게 충성을 맹세해야 한다고 주장했다.

롬멜은 고슬라르에서 히틀러를 만났을 때 이 모든 것을 염두에 두고 있었으나, 다른 동료 장교들과 마찬가지로 그 역시 새로운 맹세를 받아들였다. 그러나 그가 그의 부대와 함께 지낸 시간은 단 2년밖에 되지 않았다. 1935년 9월 그는 포츠담Potsdam 군사학교War Academy의 전술교관으로 배속되었다. 그는 다시 두각을 나타냈으며, 이제는 히틀러와 긴밀하게 접촉했다. 1936년 9월 그는 뉘른베르크Nürnberg 연례회의에 참석하는 히틀러의 경호를 맡은 부대에 배치되어 총통에게 개인적인 감사의 말을 들었다. 또한 포츠담에 머무는 동안 1차 세계대전 중에 직접 겪은 경험들에 관한 강의 내용을 모아 책으로 내기도 했다. 『보병 전술Infanterie greift an』은 1937년에 출간되어 놀랍게도 베스트셀러가 되었다. 히틀러도 그 책을 읽었다. 그러나 저자인 그는 저작권료 문제에 대해서는 신중해서 소득세를 많이 내는 일이 없도록 저작권료를 해마다 일정액씩 지불해달라고 출판업자에게 부탁했다.

또한 그는 독일 청소년 사이에서도 유명해져서 1937년 2월에는 히틀러유겐트Hitler-Jugend 지도자 발두어 폰 쉬라흐Baldur von Schirach의 군 연락장교로 임명되었다. 당시 이 조직은 스포츠와 문화, 나치당 강령 교육에 집중하고 있었으나, 육군부War Ministry에서는 소년들이 군복무를 준비할 수 있도록 군사예비훈련도 도입하고 싶어했다. 롬멜과 쉬라흐는 견해가 매우 달랐으므로 개인적으로는 좋은 관계를 유지하지 못한 것이 분명하다. 쉬라흐는 군사훈련을 받은 적이 없었으며, 롬멜보다 나이가 11살이나 적었다. 쉬라흐는 롬멜이 쓴 자신의 업적에 대한 이야기들이

히틀러유겐트Hitler-Jugend와 발두어 폰 쉬라흐Baldur von Schirach

히틀러유겐트는 1926년에 나치당에 의해서 설립된 청소년 조직이다. 나치의 이데올로기를 독일의 청소년들에게 교육하기 위해서 설립되었다. 갈색의 노타이 셔츠를 제복으로 제정했다. 18세까지의 청소년을 대원으로 하고, 나치 돌격대의 일부로서 일종의 사회주의적 관념을 가졌으며, 이론 학습을 위한 야간 모임이나 소풍, 시위, 선동활동을 했다.

발두어 폰 쉬라흐는 1930년~1940년 히틀러유겐트의 총지도자로, 나치의 주역 가운데 가장 나이가 어렸다. 히틀러와 가까워졌을 때 그의 나이는 겨우 20살이었다. 뉘른베르크 전범재판에서 그는 할 말이라곤 오직 이 말 한 마디밖에 없다고 했다.

"나는 히틀러를 믿었다. 나는 그가 젊은이들을 행복하게 해주리라고 믿었다."

히틀러유겐트 모집 포스터

히틀러유겐트 총지도자 발두어 폰 쉬라흐 (1907~1974)

지루하다고 생각했으며, 롬멜이 그 이야기들을 이용하여 히틀러유겐트 내에 자신에 대한 영웅 숭배를 조장하려 한다며 화를 냈다. 또한 쉬라흐는 롬멜이 소년들의 교육보다 군사훈련에 우선순위를 두려고 한다며 비난했다. 그러나 롬멜의 지지자들은 롬멜은 정반대로 생각하고 있다고 주장했으며, 오히려 쉬라흐가 히틀러유겐트의 교육을 무시하고 군사훈련에 준하는 활동과 스포츠를 너무 강조한다고 생각했다. 사실이 어떻든 간에 롬멜은 히틀러유겐트에서 하던 파트타임 업무가 종결되자, 군사학교의 교육에만 전념했다. 이처럼 히틀러의 심복 가운데 한 명인 쉬라흐와 문제가 있기는 했지만, 총통은 여전히 롬멜의 도움이 필요했다.

:: "옳든 그르든 나의 조국"

독일군이 급속도로 확대된 것과는 별도로, 독일은 1936년~1938년에 자신의 무력을 유감없이 발휘했다. 이 일은 1936년 3월 히틀러가 베르사유 조약의 마지막 족쇄를 끊고 비무장지대인 라인란트Rheinland로 진주 명령을 내렸을 때 시작되었다. 이것은 도박이었다. 독일군은 여전히 급속도로 확대되고 있었으나, 영국과 프랑스가 독일군의 이동을 반대하고 나올 경우 그에 대비해서는 거의 아무런 준비도 되어 있지 않았다. 그러나 그들은 반대하지 않았다. 히틀러의 다음 목표는 오스트리아였다. 그는 1938년 3월 오스트리아를 공격하여 다시 피 한 방울 흘리지 않고 제3제국Third Reich에 통합시켰다. 당연히 다른 많은 독일인들

> 동료들과 마찬가지로 롬멜 역시 히틀러에게 개인적으로 충성을 맹세했는데, 독일 군법상 이러한 맹세는 깨뜨릴 수 없는 것이었다. '옳든 그르든 나의 조국'이었기 때문이다.

과 마찬가지로 롬멜도 히틀러의 대담함에 깊은 감명을 받았다. 롬멜은 나치당원은 아니었으나 사상 교육 과정에 참여했으며, 나치당의 많은 목표들을 지지했다. 애국자인 그는 특히 1914년 이전의 국경을 회복하여 독일을 다시 위대한 국가로 만들려는 히틀러의 목표에 전적으로 찬성했다. 또한 완전고용을 회복하기 위한 사회개혁조치들도 찬성했다. 이 모든 것은 나치 친위대Schutzstaffel, SS와 나치 돌격대가 종종 저지르는 폭력행위를 상쇄하고도 남았다. 유대인 문제의 경우, 롬멜은 그들에게 개인적인 적대감은 없었으나, 그들이 충성하는 대상이 달라서 문제가 있다고 이해했다. 또한 자기 병사들은 정치적이어야 하며 나치당의 정책을 위해 싸울 각오를 하고 있어야 한다는 히틀러의 요구도 지지했다. 그러나 롬멜은 이 모든 것을 병사들을 나치당원으로 만들기 위한 것이 아니라 그들에게 동기를 부여하기 위한 것으로 보았다. 그의 동료들과 마찬가지로 그 역시 히틀러에게 개인적으로 충성을 맹세했는데, 독일 군법상 이러한 맹세는 깨뜨릴 수 없는 것이었다. "옳든 그르든 나의 조국"이었기 때문이다. 그러나 그것은 국가의 종으로서 군인들이 "악한 성향을 지닌 것이 분명한 정권을 어느 정도까지 지지해야 하는가?"라는 문제를 불러일으켰다.

이제 히틀러는 체코슬로바키아로 눈을 돌렸다. 그는 베르사유 조약이 만들어낸 이웃국가인 체코슬로바키아의 건국을 정신 나간 짓이라고 생각하고 있었던 것이다. 그의 초기 목표는 소수 독일인들이 거주하고 있는 주데텐란트Sudetenland의 서쪽 끝 지역이었다. 독일 육군최고사령부Oberkommando des Heeres, OKH는 거의 아연실색할 지경이었다. 체코슬로바키아는 강력한 방어선을 갖고 있는 데다가 그들을 공격하는 군사행동을 취하면 프랑스와 영국을 불러들일 것이 뻔했기 때문이었다. 게다가 육군최고사령부는 독일 국방군Wehrmacht이 아직 전쟁을 할 준비가 되어 있지 않다고 생각했다. 히틀러는 1938년 여름 동안 공격을 미루면서 체코슬로바키아가 10월 1일까지 주데텐란트를 독일에 반드시 넘겨주어야 하며 그렇지 않으면 무력을 사용하겠다고 선언했다. 서유럽의 민주 진영은 여전히 히틀러를 달래면 유럽에서 큰 불상사를 피할 수 있을 것이라고 생각했고, 히틀러가 9월에 일단 주데텐란트를 손에 넣으면 독일의 영토 확장은 끝낼 것이라고 선언했을 때도 그의 말을 믿었다. 이제 군사지원을 기대할 수 없다는 사실을 깨달은 체코슬로바키아가 항복하자, 10월 1일 독일군은 주데텐란트로 진주했다. 이 작전에서 롬멜이 담당한 역할은 히틀러 경호대대를 지휘하는 것이었으며, 이 일을 계기로 그는 다시 총통의 주목을 받게 되었다.

1938년 11월 롬멜은 새로운 보직을 위해 포츠담을 떠났다. 빈Wien 남쪽 비너노이슈타트Wiener Neustadt의 육군대학 교장에 임명되었던 것이다. 이번 배치는 오스트리아군이 이제 독일군에 편입되어 더 이상 존재하지 않는다는 것을 의미했다. 그러나 히틀러는 아직 영토 확장을 끝낸 것이 아니었으며, 롬멜과의 관계도 마찬가지였다. 1939년 3월 체코슬로바키아의 영토가 분할되었다. 히틀러는 다시 롬멜에게 그의 경호부

주데텐란트 지역의 한 마을을 지나가고 있는 독일 국방군 1938년 10월 1일 독일군이 주데텐란트로 진주할 당시 롬멜은 히틀러 경호대대를 지휘했다. 이 일을 계기로 그는 다시 총통의 주목을 받게 되었다.

대 지휘를 맡겼다. 두 사람은 눈보라 치는 체코슬로바키아 국경에서 만났다. 친위대가 도착하지 않았으므로, 히틀러는 무엇을 해야 할지 몰랐다. 롬멜은 히틀러에게 프라하Praha로 곧장 차를 몰고 가도록 촉구하며 자기가 직접 그를 보호하겠다고 했다. 히틀러가 동의하여 그들은 체코슬로바키아의 대통령궁이 있는 흐라드차니 성Hradcany Castle으로 갔다. 이 이야기는 히틀러와 롬멜 두 사람의 대담함을 잘 보여준다. 또 그 달 말에 두 사람은 함께 메멜Memel(오늘날의 클라이페다Klaipeda) 항에 가기도 했다. 이 항구는 독일의 영토였으나 1923년 베르사유 조약에 의해 리투아니아에 통합된 곳이었다. 그 후 롬멜은 비너노이슈타트로 돌아가 학생장교들을 계속 가르쳤다.

그러나 히틀러의 영토 확장 계획에는 아직 한 가지가 더 포함되어 있었다. 신생독립국인 폴란드에게 단치히(그단스크) 항을 통해 발트 해에 접근할 수 있는 통로를 제공하기 위해 베르사유 조약에 따라 폴란드에게 주어진 좁고 긴 폴란드 회랑Polish Corridor이 바로 그것이었다. 폴란드 회랑은 동프로이센을 독일의 나머지 국토로부터 물리적으로 갈라놓고 있었다. 1934년 히틀러는 폴란드 회랑에 대한 그의 의도를 숨기기 위해, 그리고 폴란드가 프랑스와 연합하는 것도 막기 위해 폴란드와 10년간 불가침조약을 맺었다. 1938년 그는 폴란드가 단치히를 독일에 돌려주고 동프로이센과 폴란드 회랑을 연결하는 도로와 철도를 건설할 수 있도록 허용해야 한다고 요구했다. 그러나 폴란드는 이를 거절했고, 1939년 그 거절을 다시 확인했다. 그러자 4월 말 히틀러는 요구를 반복하며 불가침조약은 종결되었다고 발표했다. 이 시점에서 영국과 프랑스는 전쟁이 불가피하다는 사실을 깨달았다. 롬멜 역시 폴란드가 비타협적인 태도로 나오면 히틀러가 침공할 것이라는 것을 잘 알고 있었다. 그와 루시에 두 사람 모두 단치히에서의 추억을 소중하게 간직하고 있었으므로, 단치히가 다시 독일의 영토로 회복되는 모습을 보고 싶었다. 그러나 롬멜이 마음속으로 생각한 문제는 자기가 담당할 역할이 있느냐 하는 것이었다.

그는 히틀러에게 다시 가까이 갈 수 있을 것이라고 생각하고 있었다. 그리고 그것은 현실로 다가왔다. 8월 22일 그는 베를린으로 가서 히틀러의 야전사령부를 지휘하게 될 것이라는 말을 들었다. 히틀러의 야전사령부는 4문의 대전차포와 12문의 20밀리미터 대공포, 380명 정도의 병력이 보호하는 '아메리카Amerika'라는 기차였다. 또한 롬멜은 히틀러가 1939년 6월 1일자로 그를 소장으로 진급시켰다는 사실을 알고는 기쁨을 감추지 못했다. 침공은 8월 26일 새벽에 이루어질 예정이었다. 롬멜은 특히 23일 소련과 불가침조약을 맺는 엄청난 외교적 성과를 거뒀으므로 폴란드는 2주 안에 패배할 것이고, 영국과 프랑스가 폴란드를 도우러 올 가능성은 없다고 생각했다.

베니토 무솔리니 서구의 민주 진영은 폴란드가 공격을 받을 경우 이탈리아와 독일 두 나라가 1939년 5월에 체결한 '강철조약'에 따라 이탈리아가 독일을 도와 참전하리라고 예상했었다. 그러나 이탈리아의 독재자 베니토 무솔리니가 이탈리아는 전쟁을 할 준비가 되어 있지 않다고 발표했다. 이 발표를 듣고 히틀러는 혼란 상태에 빠졌다.

그러나 그의 생각이 틀렸다. 서구의 민주 진영은 폴란드가 공격을 받을 경우 폴란드를 도울 것이라고 분명히 밝혔다. 게다가 이탈리아와 독일 두 나라가 1939년 5월에 체결한 '강철조약Pact of Steel'에 따라 이탈리아가 독일을 도와 참전하리라고 예상했었다. 그러나 이탈리아의 독재자 베니토 무솔리니Benito Mussolini는 이탈리아는 전쟁을 할 준비가 되어 있지 않다고 발표했다. 이 발표를 듣고 히틀러는 혼란 상태에 빠졌다. 침공은 글자 그대로 개시 몇 시간 전에 연기되었고, 이탈리아의 지원이 빠진 부분을 메우기 위해 영국에게 폴란드와의 유대관계를 끊으라고 설득하려는 맹렬한 외교전이 벌어졌다. 롬멜은 자신의 조급함을 억제하려고 최선을 다했지만, 폴란드 국경 부근에 주둔한 다른 병력들과 마찬가지로 그에게도 이 시기는 좌

강철조약 Pact of Steel

강철조약은 1939년 5월 22일 나치 독일과 이탈리아 양국이 맺은 조약으로, 독일의 요아힘 폰 리벤트로프Joachim von Ribbentrop와 이탈리아의 갈레아초 치아노Galeazzo Ciano가 이 조약에 서명했다.
이 조약은 두 가지 항목으로 구성되어 있는데, 첫 번째 항목은 독일과 이탈리아 양국의 영구적인 신뢰와 협력에 관한 내용을 담고 있으며, 비밀추가 의정서라고 부르는 두 번째 항목은 독일과 이탈리아 양국이 군사·경제 정책의 통합을 권유한다는 내용을 담고 있다. 그러나 치아노를 포함한 몇몇 이탈리아 정부 관리들은 이 조약에 반대했다.
이 조약의 원래 이름은 피의 조약Pact of Blood이었으나, 이탈리아 측이 이 이름이 좋지 않다고 지적하자, 베니토 무솔리니가 이 조약에 강철조약이라는 별명을 붙여주었다.

절의 시기였다. 그는 루시에에게 이렇게 썼다.

"기다린다는 것은 참으로 지루한 일이오. 그러나 어쩔 도리가 없소."[7]

:: 독일의 폴란드 침공: '전격전'에 깊은 감명을 받다

외교적 노력은 아무런 성과도 얻지 못했다. 8월 31일 롬멜은 다음날 새벽 4시 50분에 침공할 것이라는 지시를 받았다. 폴란드가 침략자라는 점을 외부 세계에 정당화하기 위한 위장된 국경 분쟁이 벌어진 뒤, 공격은 예정대로 진행되었다. 남부에서는 게르트 폰 룬트슈테트Gerd von Rundstedt의 남부집단군이 카르파티아 산맥 북쪽에서 공격하는 한편, 페

위장된 국경 분쟁 : 통조림 작전

1939년 8월 31일 독일은 폴란드 침공의 정당성을 알리기 위해 일명 '통조림 작전Operation Konserve'(히믈러 작전Operation Himmler이라고도 한다)을 실시했다. 통조림 작전이란 나치에 대항하다가 정치범 수용소에 끌려간 죄수 13명을 폴란드군 복장으로 갈아입히고 폴란드 국경 근처에서 사살한 뒤, 폴란드가 독일을 선제공격했다는 누명을 씌운다는 계획이었다. 독일은 폴란드가 독일을 침공했다는 방송을 내보내고 이 사건을 핑계로 9월 1일 폴란드에 대한 전쟁을 선포했다.

통조림 작전은 독일이 폴란드를 침공할 구실을 마련하기 위해 계획되었다. 왼쪽에서부터 친위대 소장 요한 라텐후버Johann Rattenhuber, 아르투르 네베Arthur Nebe, 그리고 통조림 작전(히믈러 작전)을 계획한 세 명의 주요 인물인 하인리히 히믈러Heinrich Himmler, 라인하르트 하이드리히Reinhardt Heydrich, 하인리히 뮐러Heinrich Müller.

도르 폰 보크Fedor von Bock의 북부집단군이 회랑을 휩쓸었다. 그 후 이 두 집단군은 바르샤바Warszawa에서 합류할 예정이었다. 그러나 히틀러는 9월 3일 오후가 되어서야 기차에 올랐다. 이 무렵 영국과 프랑스는 히틀러에게 폴란드에서 독일군을 철수시키라고 요구하는 최후통첩을 발표했다. 히틀러가 그들의 요구를 거절하자, 두 나라는 독일과의 전쟁을 선포했다. 하지만 그들이 즉각 공세를 취할 것이라는 두려움은 곧 사라졌다. 사실 프랑스는 9월 7일 자를란트Saarland까지 조심스럽게 진격했지만, 자국 방어의 기반인 마지노선Maginot Line 너머로 이동할 준비가 되어 있지 않았다. 이것이 서구에서 말하는 '가짜전쟁Phony War'의 시작이었다.

롬멜은 방관자였을 뿐이었지만, 매우 큰 특권을 누렸다. 히틀러는 모든 상황을 예의 주시하며 모든 전선을 누비고 다녔다. 새로운 독일군의 정수인 기계화부대가 폴란드 깊숙이 침투하여 계속 저항하는 폴란드군을 고립시키면 보병이 그 뒤를 따라 들어가 그들을 처리했다. 롬멜은 독일군이 '전격전Blitzkrieg'이라고 하는 이 새로운 형태의 속도전에 깊은 감명을 받았다. 전혀 예상치 못한 방향에서 적을 가격하기 위해, 측면 기동을 실시하면서 병력을 집중시켜 충격과 기습을 달성하는 방식은 그가 거의 25년 전 산악부대와 함께 펼쳤던 전술을 그대로 반영한 것이었다. 전차가 탑승자들을 보호하기 위해 장갑을 둘렀다는 사실은 그의 뷔르템베르크 부대원들이 누리지 못한 보너스였다.

롬멜은 폴란드전을 통해 히틀러와 훨씬 더 가까워졌다. 히틀러의 부대에서 많은 시간을 보낸 것이 큰 역할을 했다. 그들 사이에는 이미 공통점이 있었다. 히틀러 역시 1차 세계대전 중에 훈장을 받은 '전우Frontsoldat'였던 것이다. 롬멜은 히틀러가 매일 주재하는 회의에 참석하여 고차원적인 전쟁지휘법에 대한 통찰력을 얻었다.

9월 17일 소련군이 미리 합의한 협정에 따라 동쪽에서 공격하기 시작하자, 폴란드의 마지막 저항 의지가 꺾였다. 이틀 후 롬멜은 히틀러

1939년 10월 5일 폴란드 바르샤바에서 열린 독일군의 개선행진 롬멜은 폴란드 침공 당시 독일군이 보여준 전격전이라고 하는 새로운 형태의 속도전에 깊은 감명을 받았다.

와 함께 단치히로 가서 단치히의 해방을 축하했다. 이때 바르샤바는 포위된 상태에서 육상과 공중으로부터 공격을 받아 초토화되고 있었다. 종전이 눈에 보였다. 히틀러는 베를린으로 돌아갔고, 롬멜은 비너노이슈타트에서 며칠간 휴가를 보냈다. 그 후 그는 9월 27일 함락된 바르샤바로 날아가 독일군의 개선행진을 준비했다. 그는 독일군의 포위공격으로 인한 피해 상황을 보고 경악에 가까운 충격을 받았지만, 전투가 더 오래 지속되었더라면 피해는 훨씬 더 컸을 텐데 그나마도 바르샤바가 비교적 빨리 항복한 덕분에 바르샤바 주민들이 무사할 수 있었다고 생각했다. 개선행진은 롬멜이 잠깐 베를린에 다녀온 뒤 10월 5일에 있었다.

:: 내가 원하는 것은 기갑사단이다

히틀러는 그의 장군들을 즉각 프랑스로 향하게 하려는 의도를 밝혔다. 그러나 먼저 프랑스와 영국이 동유럽의 현 사태를 존중해줄 경우 그들과 강화조약을 맺겠다고 제안했다. 화해가 결렬되자, 10월 9일 히틀러는 서유럽을 공격하라고 지시했다. 1914년처럼 벨기에의 중립을 무시하고 이번에는 네덜란드도 침공할 계획이었다. 그는 서유럽 연합군이 너무 강해지기 전에 서둘러 11월에 공격을 개시하고 싶었으나, 그의 장군들이 그만큼 명민하지 못했다. 그들은 더 많은 시간을 갖고 폴란드전에서 얻은 교훈들을 소화시키고 폴란드보다 훨씬 더 강력한 적을 공격할 준비를 하고 싶어했다. 이에 분노한 히틀러는 11월 23일 그들을 총통 집무실로 불러들인 뒤 그들에 대한 자신의 생각을 밝혔다. 당시 롬멜도 그 자리에 있었다. 그는 루시에에게 이렇게 썼다.

"총통께서는 말을 돌리지 않으셨소. 그러나 내가 보기에는 반드시 필요한 조치였소. 동료 장군들과 이야기해보니 그분을 몸과 마음을 다해 지지하는 장군이 거의 없었기 때문이오."[8]

이제 겨울로 접어들었다. 서유럽의 겨울은 혹독했고, 가짜전쟁은 계속되었다.

그가 루시에에게 보낸 편지들이 함축하고 있는 것처럼 롬멜 자신도 당연히 좌절했다. 히틀러가 매일 주재하는 전쟁회의에 참석하는 일 말고 그에게는 할 일이 거의 없었기 때문이다. 그는 더 적극적인 역할을 맡고 싶었고, 벌써 몇 년 동안 야전 지휘를 맡지 못했다는 사실을 의식하고 있었다. 그가 히틀러에게 자신의 생각을 넌지시 비치자, 히틀러

히틀러, 롬멜에게 길을 열어준 또 다른 아웃사이더

군부 내 주류에서 벗어난 롬멜에게 길을 열어준 인물이 또 다른 아웃사이더인 히틀러였다. 1차 세계대전 당시 하사관으로 최전선에서 싸우다 부상까지 입었던 히틀러는 사석에서 군부의 핵심이었던 프로이센·귀족·참모 출신 인물들을 군화에 흙 한 번 묻히지 않고 책상머리에 앉아 잘난 척하며 펜대만 굴릴 줄 아는 집단으로 폄하했을 만큼 지독히 경멸했다. 히틀러는 롬멜의 최고 후원자였고, 앞장서서 그를 독일의 영웅으로 만들어준 인물이었다. 롬멜은 이것에 대한 반대급부로 총통에게 존경과 충성을 맹세했다.

히틀러는 군부의 핵심이었던 프로이센·귀족·참모 출신 인물들을 군화에 흙 한 번 묻히지 않고 책상머리에 앉아 잘난 척하며 펜대만 굴릴 줄 아는 집단으로 폄하했을 만큼 지독히 경멸했다.

〈출처 : 『히틀러의 장군들』, 남도현〉

는 그가 사단을 맡는 것에 동의했다. 권력자들은 그의 과거 경험에 비추어볼 때 산악사단이 가장 적합할 것이라고 생각했다. 그러나 롬멜은 그것에 만족할 수 없었다. 그가 원한 것은 기갑사단이었으므로 히틀러에게 그렇게 말했다. 당국자들은 롬멜이 가진 경험은 보병 경력뿐이라는 점을 지적하면서 조금도 물러서지 않았다. 그러나 히틀러는 고집을 꺾지 않았다. 마침내 1940년 2월 6일 롬멜은 전보를 통해 제7기갑사단을 맡으라는 통보를 받았다. 이로써 그는 자신의 독특한 지휘 방식을 다시 발휘할 수 있게 되었다.

2장
1940년 프랑스

현장을 직접 몸으로 느끼는 소통 리더십

"롬멜은 끊임없이 움직이며 예하부대를 방문하여 명령을 제대로 이행하고 있는지 직접 확인했다. 그런 점에서 그는 사업의 맥박을 가까이서 느끼기 위해 자신이 있어야 할 곳을 집무실이나 회의실로 제한하지 않고 현장으로 언제든 뛰어나갈 준비가 되어 있는 오늘날의 CEO와 매우 비슷하다."

"롬멜은 전투감각을 익히기 위해 최대한 많은 시간을 전위부대와 함께 보냈다."

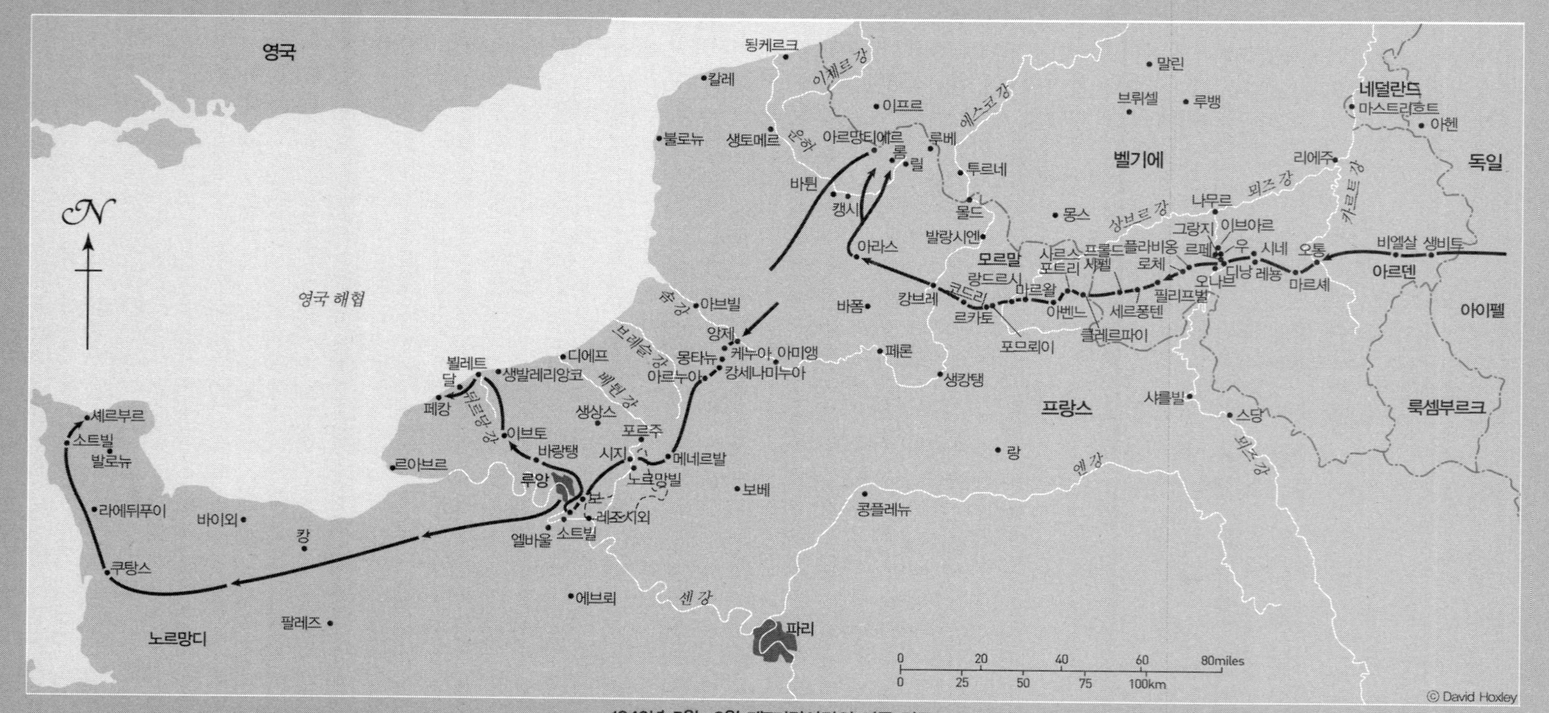

1940년 5월~6월 제7기갑사단의 이동 경로

:: 유령사단 제7기갑사단을 맡다

1940년 2월 10일, 롬멜은 독일 라인Rhine 강변의 바트 고데스베르크Bad Godesberg에 도착하여 제7기갑사단을 맡았다. 전임자인 게오르크 슈툼메Georg Stumme는 진급하여 군단장이 되었다(나중에 이 두 사람은 다시 잠깐 만나게 된다). 제7기갑사단은 1938년에 창설된 중거리 정찰을 주요 임무로 하는 제2경사단Light Division이 전환된 부대였다. 폴란드전을 통해 이러한 경사단들은 자신의 임무를 수행하기에는 너무 거추장스럽고, 다른 임무를 수행하기에는 충격력이 부족하다는 사실이 드러났다. 따라서 경사단들은 기갑사단으로 전환되었다. 경사단은 1개 전차대대와 2개 기계화기병연대, 1개 정찰대대로 편성되어 있었다. 반면에 새로 창설된 기갑사단은 기존 기갑사단보다 전차 수도 적었고, 2개 전차대대로 편성된 2개 전차연대 대신에 3개 전차대대로 편성된 1개 전차연대

> 롬멜은 다른 장교들이 안락한 생활 때문에 나약해졌다고 판단하고 매일 아침 6시에 구보를 하며 모범을 보였다. 솔선수범하고 자기가 할 수 없는 일은 부하들에게 기대하지 않는 것이 그의 지휘 방식이었다.

로 편성되었다.

1주일 후 롬멜은 베를린으로 돌아가 히틀러와 작별 오찬을 가졌다. 그 자리에서 히틀러는 "즐거운 추억을 함께 나눈 롬멜 장군에게"라는 글을 써서 『나의 투쟁Mein Kampf』 한 권을 롬멜에게 선물했다. 롬멜은 포츠담의 출판사를 찾아가 부하들에게 읽힐 자기 저서를 여러 권 싸들고 바트 고데스베르크로 돌아가 사단을 정비했다. 처음에 그는 자기가 본 것에 대해 별다른 인상을 받지 못했다. 그가 보유한 218대의 전차 중 절반은 체코군의 38t 모델이었다. 이 전차는 유용한 38밀리미터 포를 장착하고 기동성도 좋았으나, 장갑은 그의 기갑연대가 다수 보유한 3호 전차나 4호 전차에 미치지 못했다. 또한 제7기갑사단은 각각 2개 차량화보병연대에 속한 2개 보병대대와 장갑차를 보유한 1개 정찰대대, 1개 오토바이대대, 1개 공병대대, 9개 포대로 편성된 75문의 대포, 1개 대전차대대를 보유하고 있었다.

그는 칼 로텐부르크Karl Rothenburg 대령과는 사이좋게 지냈다. 전직 경찰이었던 대령은 전차연대를 맡고 있었고, 1차 세계대전 때 보병으로서 활약하여 푸르 르 메리트 훈장을 받기도 했다. 그러나 다른 장교들은 별로 마음에 들지 않았다. 그는 그들이 안락한 생활 때문에 나약해

> 롬멜은 늘 전투에서 가장 결정적인 지점에 있고 싶어했으며, 대개 인격과 카리스마를 통해 상황을 풀어나갔다.

졌다고 판단하고 매일 아침 6시에 구보를 하며 모범을 보였다. 롬멜은 고슬라르에서 썼던 방법을 사용했던 것이다. 솔선수범하고 자기가 할 수 없는 일은 부하들에게 기대하지 않는 것이 그의 지휘 방식이었다. 최전방에서 지휘하는 것은 과거나 지금이나 하위 장교들에게는 매우 훌륭한 자질이지만, 고위 지휘관의 경우에는 효율성이 떨어질 수 있다. 고위 지휘관들이 지휘 헬리콥터를 타고 최하위 작전까지 직접 통제하려고 했던 베트남전에서 종종 볼 수 있었던 것처럼, 그러한 일은 지나친 감독으로 이어질 수 있다. 롬멜은 늘 전투에서 가장 결정적인 지점에 있고 싶어했으며, 대개 인격과 카리스마를 통해 상황을 풀어나갔다. 그러나 그의 이런 지휘 방식 때문에 그와 접촉할 수 없었던 그의 참모진은 많은 어려움을 겪었다. 그는 자기 기준을 충족시키지 못한 대대장 1명을 즉각 직위 해제하면서 이렇게 말했다.

"이렇게 신속하게 직위 해제했다는 소문이 곧 퍼질 것이다. 그러면 일부 다른 장교들은 정신을 바짝 차리게 될 것이다."[1]

그는 휘하에 있는 대부분의 장교들은 그들의 정치적 입장이 애매하며 일부는 드러내놓고 나치 정권을 비판한다고 생각했다. 그러나 선전부 장관 파울 요제프 괴벨스Paul Joseph Göbbels의 고위 보좌관과 《슈튀르머Der Stürmer》의 편집장을 비롯한 나치의 일부 고위 간부들이 사단에 배속되자, 곧 그들은 더 신중해졌다.

파울 요제프 괴벨스(1897년~1945년) 나치 독일에서 '국민 계몽 선전부 장관'의 자리에 앉아 나치 선전 및 미화를 책임졌던 인물이다. 라디오와 텔레비전을 통해 정치 선전을 했으며, 특히 정기적인 텔레비전 방송으로 정치 선전을 한 것은 세계 최초였다. 당시 그의 선전 방송을 들은 독일 국민들은 패전의 상황에서도 승리를 확신했다고 한다.

롬멜은 기계화전을 직접 경험해볼 필요가 있었다. 그는 연대장들에게 휴가를 주고 병사들과 함께 시간을 보냈다. 곧 그는 사단의 예하부대들과 국토횡단 행군 훈련을 실시하여 충격과 기습을 달성할 수 있는 방법을 실험했다. 또한 그는 하급 장교들에게도 어느 정도 재량권을 행사할 수 있도록 허용해야 한다고 굳게 믿었다. 그는 그들이 자신의 사고방식을 철저히 파악할 수 있도록 하기 위해 자기가 원하는 사단 운용 방식과 전술에 대해 수없이 강의했다. 사단 참모들의 경우도 마찬가지였다. 늘 그러했던 것처럼 롬멜은 전투감각을 익히기 위해 최대한 많은 시간을 전위부대와 함께 보내고 싶어했다. 그는 개조 전차나 장갑차를 타고 다니고, 가능한 경우에는 본부와 통신할 수 있는 통신차량을 대동하기로 했다. 그러나 자신이 큰 그림을 파악하지 못할 수도 있었기 때문에, 참모진은 항상 상황을 제대로 파악해야 하고 그가 모르는 중요한 요인들이 있다고 판단하는 경우에는 그의 명령을 철회시킬 각오를

> 롬멜은 하급 장교들에게도 어느 정도 재량권을 행사할 수 있도록 허용해야 한다고 굳게 믿었다.

해야 한다는 점을 강조했다.

:: 황색작전에서 낫질작전으로

롬멜이 기갑사단 운용 방법을 배우는 데 몰두하고 있는 동안, 독일의 서유럽 침공 계획은 철저하게 달라졌다. 본래 '황색작전Fall Gelb'은 독일이 1914년에 했던 것처럼 슐리펜식 우회작전을 펼쳐 영국군과 프랑스군을 전투에 끌어들인 다음 격파하려는 것이었다. 페도르 폰 보크의 B집단군이 북쪽을 맡고, 게르트 폰 룬트슈테트의 A집단군이 그 남쪽에 자리 잡으며, 리터 폰 레프Ritter von Leeb 휘하의 C집단군이 프랑스가 동부 국경을 방어하기 위해 구축해놓은 방어 요새인 마지노선을 견제하는 임무를 맡기로 되어 있었다. 그러나 1939년 10월 말 발표된 수정안에 의하면, B집단군이 주된 역할을 맡고 A집단군이 그 우익을 보호하며 더욱 폭넓은 전선을 펼치기로 했다. 주요 목표는 저지대 국가들Low Countries(오늘날의 베네룩스 3국—옮긴이)과 프랑스 북부를 최대한 빨리 점령한 다음, 그 위치를 고수하며 영국을 상대로 해전과 공중전을 펼치는 것이었다. 룬트슈테트와 특히 그의 똑똑한 참모장 에리히 폰 만슈타인Erich von Manstein은 이 계획을 달가워하지 않았다. 주요 목표가 너무 제한

마지노선과 황색작전

마지노선은 1차 세계대전의 참호전을 경험한 프랑스가 독일군의 공격을 저지하기 위해 양국의 국경을 중심으로 구축한 대규모 요새선이다. 당시 프랑스 육군 장관인 A. 마지노의 이름을 따서 붙인 이 요새선은 1927년에 착수하여 1936년에 완성했는데, 총공사비가 160억 프랑이나 들었다. 콘크리트 방어벽, 지하 벙커, 중무장한 진지, 지하터널 등을 갖춘 마지노 요새는 감히 뚫을 수 없는 난공불락의 요새였다. 그러나 총통 명령 제3호가 하달되자, 독일군 수뇌부는 본격적인 대對프랑스 전투를 준비하기 시작했다. 이들은 이 난공불락의 프랑스 마지노선을 우회해 1914년처럼 주력부대를 또다시 네덜란드와 벨기에를 통해 프랑스 북부로 진입하려는 계획을 세웠는데, 이것이 바로 황색작전이다.

마지노선의 포좌 1940년 5월 독일은 마지노선을 우회하여 벨기에와 네덜란드를 쳐들어간 다음 프랑스로 밀어닥침으로써 이 난공불락의 마지노선만 믿고 있던 프랑스의 허를 찔렀다.

적이라고 생각했기 때문이다. 무엇보다도 프랑스를 철저하게 패배시키는 것이 중요했다. 게다가 벨기에의 요새와 운하들은 방어에 유리한데도 보크는 그러한 것들과 정면으로 부딪치려 했다. 룬트슈테트와 만슈타인은 그보다는 A집단군이 주된 역할을 맡아 숲이 무성한 아르덴

Ardennes을 통과한 뒤 북쪽에서 서유럽 연합군을 차단하면 그 때 독일군이 프랑스의 나머지 지역을 공격하는 편이 낫다고 주장했다.

그들이 제안한 대안은 무시되었다. 1월 초 오랫동안 날씨가 좋을 것이라는 기상예보에 고무된 히틀러는 현재 계획에 따라 같은 달 17일 공격을 개시할 것이라고 발표했다. 그러나 그 후 곧 공군 참모장교 1명이 탄 독일군 경비행기가 벨기에에 불시착했다. 작전계획에 관한 일부 세부사항을 기록한 문서들을 갖고 있던 그는 그 문서들을 전부 소각하려 했으나, 벨기에 당국은 타다 남은 나머지 문서들을 입수할 수 있었다. 히틀러는 벨기에가 작전계획에 대해 얼마나 많이 알고 있는지 몰랐기 때문에 작전을 뒤로 미루었다. 덕분에 룬트슈테트와 만슈타인은 그들의 계획을 알릴 수 있는 시간을 벌었다. 하지만 만슈타인은 육군 최고사령부OKW에게는 눈엣가시 같은 존재가 되었기 때문에 곧 보병군단장으로 좌천되었다. 이상한 우연에 의해 만슈타인은 새로 임명된 다른 3명의 군단장들과 함께 히틀러가 롬멜을 위해 마련한 작별 오찬에 참석하게 되었다. 점심식사가 끝난 뒤 롬멜은 떠났으나, 만슈타인은 그 자리에 남아 자신의 계획을 히틀러에게 제시했다. 히틀러는 그의

에리히 폰 만슈타인(1887~1973) 2차 세계대전 당시 뛰어난 군사전략가이자 '기동전의 대가'로 평가받고 있으며, 낫질작전의 입안자로 유명하다.

> 늘 그러했던 것처럼 롬멜은 전투감각을 익히기 위해 최대한 많은 시간을 전위부대와 함께 보냈다.

만슈타인과 낫질작전

1939년 9월 독일의 폴란드 침공 당시 룬트슈테트 장군의 참모장으로 근무한 만슈타인은 독일육군최고사령부[OKW]가 세운 프랑스 침공 계획(황색작전)을 비판하다가 제38군단으로 좌천되었다. 우연히 그는 히틀러에게 자신이 입안한 낫질작전을 설명할 기회를 얻게 되었다. 그 자리에서 그는 프랑스군이 삼림이 우거지고 언덕이 많은 아르덴을 독일군이 공격할 거라고 조금도 예상하지 못할 테니 아르덴으로 많은 기갑부대를 침투시키자는 그의 계획을 히틀러에게 설명했고, 히틀러는 그의 계획을 받아들였다.

계획(낫질작전[Sickelschnitt]—옮긴이)을 받아들였고, 이 작전계획은 1주일 안에 군사령관들에게 하달되었다.

:: 병사들을 독려함으로써 뫼즈 강 도하에 성공하다

새로운 계획하에 룬트슈테트의 집단군은 크게 강화되었다. 이제 그의 집단군은 7개 기갑사단과 3개 차량화사단을 갖춰, 3개 기갑사단과 1개 차량화사단으로 편성된 보크의 집단군보다 막강한 병력을 보유하게 되었다. 룬트슈테트의 기갑부대는 대담한 기병인 에발트 폰 클라이스트[Ewald von Kleist] 휘하의 기갑집단으로 조직되었으며, 예하에 2개 기갑군단(19, 41)과 1개 차량화군단을 보유했다. 롬멜의 제7기갑사단은 제5기갑사단과 함께 헤르만 호트Herman Hoth의 제15기갑군단으로 편성될 예정이었다. 호트의 제15기갑군단은 제4군 휘하에 있었으며, 클라이스트 기갑집단의 북쪽 측면을 담당할 예정이었다. 호트에게는 디낭Dinant 북쪽에서 뫼즈 강을 건너는 임무가 주어졌다. 그의 남쪽에서는 게오르크 한스 라인하르트Georg-Hans Reinhardt의 제41기갑군단이 몽테르메Monthermé에서 도하할 것이며, 독일식 기갑전투의 배후 돌파전력인 하인츠 구데리안Heinz Guderian의 제19기갑군단은 스당Sedan에서 도하할 예정이었다. 모든 기갑사단들은 철저한 사전연습이 필요했기 때문에, 모젤Moselle 강에서 도하훈련을 실시했다.

1940년 봄 모젤 강가에서 율리우스 폰 베르누트Julius von Bernuth와 함께 모든 기갑사단들은 철저한 사전연습이 필요했기 때문에 모젤 강에서 도하훈련을 실시했다.

1940년 4월 초 독일군과 서유럽 연합군 모두 독일군의 덴마크 및 노르웨이 침공에 신경 쓰고 있었으나, 4월 30일이 되자 히틀러는 독일군에게 5월 5일 이후에는 언제든 공격할 준비를 갖추고 있으라고 명령했다. 날씨가 불확실하여 공격이 다소 지연되었으나 마침내 5월 9일 암호명 '단치히Danzig'가 하달되었다. 서유럽 침공은 다음날 새벽에 있을 예정이었다. 롬멜은 서둘러 루시에에게 이렇게 썼다.

"우리는 드디어 짐을 싸고 있소. 당신은 앞으로 며칠 동안 신문을 통해 모든 소식을 듣게 될 것이오. 그러나 걱정하지 마오. 모든 것이 잘 될 테니까."[2]

제15기갑군단은 북쪽에는 제5기갑사단을, 그 좌익에는 롬멜의 기갑사단을 나란히 세우고 벨기에로 진격했다. 롬멜은 저항에 부딪치는 곳에서는 포를 쏘면 즉각 저항을 제압할 수 있다는 사실을 곧 깨닫게 되었다. 실제로 그의 부대는 통과하는 곳마다 숲을 비롯해 적의 진지가 있을 가능성이 있는 모든 곳에 일종의 예방포격을 많이 실시했다. 그러면서도 롬멜은 일정이 늦춰지고 있다는 사실에 신경을 썼다. 그들은 4년 반 뒤에 이 지역에서 전투를 벌일 미군에게 잘 알려질 생비트St. Vith와 비엘살름Vielsalm을 통과하여 5월 11일 정오에 오통Hotton에 있는 우르테Ourthe 강에 도달했다. 그들은 그때까지 64킬로미터를 진격했다. 롬멜은 최선을 다해 부하들을 몰아붙였기 때문에 다른 기갑사단보다 훨씬 앞서 있었다. 이 사실을 알게 된 호트는 최대한 빨리 뫼즈 강을 건너야 했기 때문에 제5기갑사단에서 제31기갑연대를 빼내서 롬멜에게 맡겼다. 이렇게 부대가 증강되자, 롬멜이 담당해야 할 전면이 넓어졌지만, 기동 가능한 공간 또한 확장되었다. 그는 호트가 자기를 신뢰한다는 사실에 기분이 좋아져서 루시에에게 다시 서둘러 짤막한 편지를 썼다.

"지금까지는 모든 것이 아주 좋소. 나는 이웃한 다른 부대들보다 많이 앞서 있소. 나는 지금 고함을 지르며 명령을 내리느라고 목이 완전히 쉬었소. 단 3시간만이라도 잘 수 있고 한 끼 식사라도 제대로 했으면 좋겠소. 이것 말고는 아주 잘 지내고 있소."[3]

5월 12일 오후 제7기갑사단은 출발점에서 105킬로미터를 행군한 뒤 디낭에 도착했다. 뫼즈 강의 다리는 폭파되었으나, 해질 무렵 롬멜은 동쪽 강둑을 확보했다. 그의 오토바이대대가 선봉에 나섰다. 북쪽으로 정찰을 나간 그들은 우Houx 마을에 도착하여 그곳에서 강 한복판에 떠 있는 작은 섬 하나가 석조 방조제로 강둑과 연결되어 있는 사실을 알게 되었다. 한 무리의 병사들이 오토바이에서 내리더니 기어서 방조제를 건너 섬에 도착했다. 아무런 저항이 없었으므로 수문을 통해 서쪽 강둑에 도달할 수 있었다. 그들은 곧 제7소총연대의 부대들이 합류하여 강화되었다. 강 뒤쪽의 고지대에 진지를 구축하고 있던 프랑스군이 기상하여 벌어지고 있는 상황을 보고는 독일군이 확보한 작은 교두보를 향해 집중사격을 가하기 시작했다. 사상자가 점점 늘어났고, 디낭에서 고무보트를 이용하여 강을 건너려는 시도도 좌절되었다. 이때가 13일 이른 아침이었다. 롬멜은 직접 가서 보고 강이 프랑스군의 시야에 너무 많이 노출되어 있다는 사실을 알게 되었다. 그의 포대에는 연막탄이 없었으므로 그는 많은 가옥을 불살라 시야를 가리라고 명령했다. 그는 사령부로 돌아가 호트와 군사령관 한스 귄터 폰 클루게Hans Günther von Kluge를 만나 상황을 설명했다. 그 뒤 그는 디낭 북쪽에 있는 강으로 돌아갔다. 차량에서 내린 뒤 그와 그의 부관 슈래플러Schräpler 소령

> 그는 긴박한 상황에서도 특유의 열정으로 두루 다니며 모든 병사들에게 더욱 힘을 내라고 독려했다. 그의 이런 리더십은 뫼즈 강을 건너는 데 지대한 영향을 미쳤다.

은 르페Leffe에서 확인했던 또 다른 방조제로 달려가, 일부 전차들과 야포 2문을 그곳에 배치하라고 명령했다. 롬멜과 슈래플러는 그 중 한 전차를 타고 디낭으로 돌아갔다. 프랑스군의 집중사격으로 슈래플러는 팔에 부상을 당했다. 롬멜이 나머지 전차들을 강변도로를 따라 북쪽으로 몰고 가 프랑스군을 향해 사격하라고 명령하자, 그들은 명령을 따랐다. 그는 그들을 이끌고 우 마을로 가서, 제7소총연대의 또 다른 대대를 조직하여 고무보트를 타고 강을 건넜다. 늘 하던 대로 그는 선두 보트 중 하나에 올라탔다. 일단 강을 건넌 그는 교두보 방어체계를 확보했다. 프랑스군이 마지못해 전차를 몰고 반격해오자, 그는 부하들을 진정시켰다. 그 후 그는 전차가 강을 건널 수 있도록 하기 위해 다리 건설을 감독했다. 그는 긴박한 상황에서도 특유의 열정으로 두루 다니며 모든 병사들에게 더욱 힘을 내라고 독려했다. 그의 이런 리더십은 뫼즈 강을 건너는 데 지대한 영향을 미쳤다. 앞으로 더 보게 되겠지만, 그는 계속 이런 식으로 지휘했다. 무선통신은 물론 컴퓨터 기술이 크게 발전한 오늘날에는 전투가 한창 벌어지고 있는 상황에서 고위 지휘관이 최전방에 나서서 지휘해야 할 필요성이 줄어들었다. 이럴 때 고위 지휘관은 오히려 사령부에 머무는 편이 더 낫다. 그곳에 있어야 롬멜이 1940년에 볼 수 있었던 것보다 훨씬 더 큰 그림을 볼 수 있기 때문이다. 그러나 전투가 소강상태일 때도 부대와 떨어져 있어야 한다는 것은 아니다.

∷ 마지노선을 돌파하라

5월 14일 오전 9시경 롬멜은 제25전차연대 소속 전차 약 30대를 도하시킨 상태였다. 그는 직접 전차를 타고 함께 가면서 그 전차들을 숲에 집결시킨 뒤 다음 국면을 대비하고 싶었다. 이 작전을 수행하는 과정에서 그가 탄 전차가 포격을 당해 경사지로 미끄러져 전복되고 말았다. 롬멜과 승무원들은 파편에 맞아 피를 흘리며 기어 나와 통신차량 쪽으로 갔으나, 통신차량도 포격을 당해 꿈쩍도 하지 않았다. 마침내 그들은 지휘 전차를 탄 로텐부르크에게 구조되었다. 하지만 날이 저물 무렵 다른 기갑군단들처럼 교두보들을 확보할 수 있었다. 다음 단계는 교두보에서 진격하여 마지노선의 연장선을 돌파하는 것이었다. 사실 그곳은 토치카와 대전차 장애물들이 구축된 좁은 방어선에 지나지 않았으므로 마지노선 중심부의 막강한 요새들과는 완전히 달랐다.

5월 15일 롬멜이 내린 명령들은 단순했다. 그는 제25전차연대에게 사단의 선봉을 맡아 서진하여 필리프빌Philippeville을 거쳐 뫼즈 강에서 40킬로미터 떨어진 세르퐁텐Cerfontaine 마을로 가라고 명령했다. 그는 진격 속도를 유지하는 것이 중요하며 절대로 정지해서는 안 된다는 점을 강조했다. 이번에도 포병에게 지도상에 표시된 잠재적 표적에 예방사격을 실시하게 하고, 전차부대에게도 이동하면서 사격을 실시하라고 기갑사단의 장교라면 명령을 받을 때까지 기다리지 말고 전체 작전계획의 틀 안에서 독자적으로 생각하고 행동하는 법을 배워야 한다.

했다. 또한 급강하폭격기인 Ju87 슈투카의 지원도 받았다.

했다. 또한 급강하폭격기인 Ju87 슈투카의 지원도 받았다. 롬멜은 직접 소규모 전술지휘부를 대동하고 전차부대와 함께 갔다. 전차부대는 프랑스군 전차부대와 소규모 교전을 한 뒤 줄을 지어 숲을 지나 필리프빌을 향해 이동했다. 프랑스군이 버린 차량과 무기, 장비들이 길에 널려 있었다. 프랑스군은 전차 소리를 듣거나 급강하폭격기의 공격을 받으면 그대로 도주했다. 필리프빌의 북서쪽 고지대를 차지한 프랑스군과 잠시 교전이 있었으나, 그 외에는 별다른 저항이 없었으므로 곧 세르퐁텐에 도착했다. 사단의 작전 성공에 기여한 중요한 한 가지 요인은 롬멜이 무선통신으로 진행 상황을 보고하도록 명령하여 시간도 벌고 사단 참모진과 포병이 진행 상황도 충분히 파악할 수 있도록 조치한 일이었다. 롬멜은 직접 보병을 데려오기 위해 돌아갔다. 보병의 이동 속도가 느리다 보니 보병부대와 전차부대 사이에 생긴 공간으로 적군이 침투했기 때문이었다. 롬멜은 이런 상황을 아주 못마땅해하며 이렇게 말했다.

"기갑사단의 장교라면 명령을 받을 때까지 기다리지 말고 전체 작전계획의 틀 안에서 독자적으로 생각하고 행동하는 법을 배워야 한다."[4]

다음날 제7기갑사단은 프랑스로 들어가 마지노선의 연장선을 처리할 예정이었다. 롬멜은 이번에는 훨씬 더 꼼꼼하게 생각하며 작전계획을 세웠다. 그의 전차부대는 넓게 포진하여 질서정연하게 진격하다가 요새에 도달하면 정지할 예정이었다. 그러면 그의 2개 보병연대가 이를 위해 그가 특별히 편성한 여단 사령부의 통제를 받으며 그의 모든 야포와 전차포의 지원하에 요새를 돌파하고, 그 다음에는 전차부대가 다시 선봉에 설 것이다. 그는 로텐부르크의 전차를 타고 직접 이동하려고 했으나, 당분간 사단 사령부에 머물러 있으라는 호트의 명령을 받았다. 클루게의 사단 방문 때문이었다. 클루게는 아직 진격을 시작하지 않았다는 사실을 알고는 깜짝 놀라는 것 같았으나, 일단 롬멜이 작전계획을 설명하자 만족해했다. 국경을 통과한 롬멜은 공병대를 이용하여 마지노선 연장선의 첫 번째 흔적인 L자 강철빔으로 만든 대전차 장애물과 토치카들을 처리했다. 프랑스군이 간혹 사격을 가하기는 했으나, 롬멜은 방어선이 염려했던 것처럼 광범위하지 않다는 것을 감지했다. 그래서 그는 전차부대에게 최고 속도로 전진하면서 사격하라고 명령했다. 이 작전은 주효하여 그들은 곧 마지노선 연장선을 돌파했다. 롬멜은 전방에서 지휘하는 지휘관의 가치를 다시 한 번 입증했으나, 그에 따른 대가를 치러야 했다. 전차부대가 당일 최종 목표인 아벤Avesnes을 향해 진격하면서 사단과 거리가 벌어지자, 롬멜이 후위부대와 무전교신을 하기가 어려워졌다. 그런데 위기가 발생했다. 롬멜이 동행한 선두 기갑대대가 우회해서 지나친 아벤에 프랑스군 전차대대가 있다는 보고가 들어왔던 것이다. 그는 사령부에 연락을 할 수 없었기 때문에 일부 선두 전차들을 보내 문제를 처리해야 했다. 그러나 프랑스군의 혼란이 가중되고 있다는 사실을 잘 알고 있었기 때문에 진격 속도는 계속 유지했다.

사실 이 단계에서 서유럽 연합군은 이미 작전계획에 혼선이 일고 있었다. 영국원정군British Expeditionary Force, BEF을 비롯하여 그들의 북부군은 벨기에로 진입하여 딜Dyle 강에 자리를 잡았다. 그곳이 프랑스와 벨기에 국경의 북부지역보다 방어에 더 유리하기 때문이었다. 5월 16일 독일군 기갑부대가 뫼즈 강을 돌파하고 그들을 저지하려고 분투하던 프랑스군 제9군이 붕괴상태에 빠지자, 서유럽 연합군 최고사령부는 북부군이 고립될 위험에 처해 있다는 사실을 깨닫기 시작했다. 따라서 그들은 독일 B집단군을 상대하고 있던 벨기에에서 철수하라는 명령을 받았다.

이러한 상황에서 롬멜은 거의 쉬지도 않고 상브르Sambre 강을 건넌다는 다음 목표에만 온 정신을 집중했다. 무선통신이 두절되었다는 것은 그의 계획에 대해 호트의 재가를 받을 수 없을 뿐만 아니라 포탄이 부족한 그의 전차부대가 재보급을 받을 수 없다는 것을 의미했다. 그럼에도 불구하고 5월 17일 새벽 4시 롬멜은 자신의 전차 뒤에 거의 아무것도 없는 상태에서 다시 진격하기 시작했다. 그들은 당황한 프랑스군과 난민들이 들끓는 랑드르시Landrecies를 통과했다. 롬멜은 부대를 파견하여 프랑스군의 무장을 해제하고 그들을 동쪽으로 보냈다. 2시간 뒤 그가 차를 타고 르카토Le Cateau 부근에 도착할 무렵 그의 병력은 1개 전차대대로 줄어 있었다. 멈춰서 사단의 나머지 부대에 무슨 일이 벌어졌는지 파악해야 했다. 그는 전차들을 고지 위에 사주방어四周防禦 대형으로 배치하고 전차 1대의 호위를 받으며 왔던 길을 되돌아가기 시작했다. 가는 도중 프랑스군의 야영지는 여러 곳 통과했으나 그의 보병중대는 겨우 하나만 발견했을 뿐이었다. 그 후 그는 프랑스군의 트럭

호송대를 발견했다. 그는 선두 트럭 운전병의 머리에 권총을 겨누고는 방향을 바꿔 아벤으로 가라고 명령한 뒤, 나머지 차량들이 자기 뒤를 따라오도록 교통경찰 역할을 했다. 그는 일단 아벤에 도착하자 그들의 무장을 해제시켰다. 이때가 오후 4시경이었는데, 그제야 제7기갑사단의 나머지 부대들이 아벤에 도착하기 시작했다. 롬멜은 지도를 펼쳐놓고 르카토 서쪽 지점에 다양한 부대들을 배치했다. 롬멜의 부하들은 94명의 인명 피해를 입으면서 포로 1만 명을 생포하고 전차 100여 대와 대포 27문을 포획하는 전과를 올렸다. 그러나 이러한 전과를 기뻐할 만한 시간적 여유가 없었다.

:: 캉브레로 진격하라

한밤중에 롬멜은 르카토 북서쪽 24킬로미터 지점에 있는 캉브레Cambrai로 진격하라는 명령을 받았다. 그러나 롬멜의 제7기갑사단, 특히 전차부대는 재보급이 절실하게 필요했다. 또한 르카토 동쪽에 있는 대대도 프랑스군 전차의 공격을 받아 포격을 당하고 있었다. 게다가 프랑스군이 대대의 배후에 있는 마을을 다시 점령했다. 이 상황은 보병이 해결할 수 있었으므로, 롬멜은 다른 1개 전차대대에게 마을을 우회하게 하여 선두 대대와 연결시켰다. 프랑스는 지형이 탁 트이고 기복이 완만하여 전차에게는 이상적이었으므로, 그들은 대형을 넓게 벌려 다시 진격했다. 해질 무렵 그들은 캉브레 북쪽에 도착하여 도시로 들어가는 모든 도로를 봉쇄했다.

기갑부대의 아버지 하인츠 구데리안(1888~1954)
구데리안은 전차와 기갑부대, 그리고 이와 관련된 전술을 연구하여 이론을 정립하고 실현한 선구자였다.

그러나 히틀러와 독일 육군 최고사령부는 기갑부대의 공격이 성공할 수 있을지 염려하고 있었다. 기갑부대가 깊이 침투할수록 측면이 길어져 반격을 받게 될 확률이 높아졌다. 또한 장병들의 피로가 점점 더 누적되고 장비가 계속 마모되는 것도 우려하지 않을 수 없었다. 롬멜은 현 위치에서 정지하여 그의 기갑사단에게 최소한 이틀 정도 쉬며 기력을 회복할 시간을 주라는 명령을 받았다. 클라이스트에게도 똑같은 명령이 하달되었다. 그러나 구데리안은 매우 강력하게 반발하며 당장 그 자리에서 옷을 벗겠다고 위협했다. 롬멜도 아연실색했다. 이 시점에서 적에게 숨 돌릴 여유를 주게 되면 그때까지 이루어놓은 것들이 모두 물거품이 될 것이라고 생각했기 때문이다. 승리가 바로 눈앞에 놓여 있었기 때문에 최대한 빨리 승리를 낚아채려면 모든 것을 쏟아부어야만 했다. 그들의 반론은 마침내 받아들여졌다. 18일 저녁 히틀러는 계속 진격하는 데 동의했다. 호트의 다음 목표는 아라스Arras였던 반면, 남쪽의 라인하르트와 구데리안은 범위를 더 넓혀 영국 해협을 목표로 정하고 연합군의 북부군을 완전히 고립시키려고 했다. 사실 구데리안의 기갑부대는 5월 19일 이전에 솜Somme 강 하구에 도달했다. 5

전장에서의 승리는 먼저 공격하는 편의 것이며, 납작 엎드려서 상황을 지켜보는 자는 기껏해야 2등에 그치게 된다.

월 19일 오후 롬멜을 찾아온 호트는 롬멜로부터 그날 밤 진격을 재개할 생각이라는 말을 들었다. 호트는 사단이 충분히 휴식을 취했는지 물었다. 롬멜은 자신의 사단은 20시간이나 같은 자리에 머물러 있었으며 야간에 진격하면 사상자를 줄일 수 있을 것이라고 대답했다. 호트는 그의 말에 일리가 있다고 보고 마음을 바꿨다.

:: 아라스를 고립시켜라

5월 20일 오전 1시 40분 제7기갑사단은 또다시 출발했다. 롬멜이 아라스 남쪽을 선회하는 동안 북쪽의 제5기갑사단은 도시의 동쪽으로 이동할 예정이었다. 그들은 이렇게 하여 아라스를 고립시킬 생각이었다. 그런 다음에 그들은 베튄Bethune으로 진격할 예정이었다. 당시 아라스는 경무장한 영국군 부대들이 주둔하고 있었고, 북쪽에는 2개 보병사단이 있었다. 다음날 동이 틀 무렵 롬멜은 아라스 남쪽에 도달했다. 평소와 마찬가지로 그는 전차연대와 함께 있었다. 그러나 보병이 보조를 맞추지 못한 일, 특히 그들이 꾸물거려 두 부대 사이에 생긴 공간을 적의 병력이 점유한 것에 대해 크게 화를 냈다. 그들을 처리하는 데 상당한 시간이 걸렸고, 그것도 보병연대와 포병을 추가로 더 배치한 뒤에야 가능했다. 그는 도시 북쪽에 강력한 영국군이 있다는 보고를 받고 추가로 배치된 보병연대에게 참호를 파게 했다. 이어서 제6소총연대를 이끌고 아라스 남서쪽 6.4킬로미터 지점의 와일리Wailly 마을로 가서 전차부대와 합류했다. 그곳에 도착하기 직전에 그는 자신의 포병대대 중 하나가 북쪽에서 남진하는 전차들을 포격하고 있다는 사실을 알게 되었다.

영국군은 실제로 아라스에 위험이 다가오고 있다는 사실을 파악하고는 반격을 개시하기로 결정했다. 영국군 사령관 고트Gort 경에게는 서류상 예비부대의 일부로 동원 가능한 2개 보병사단이 있었으나, 그들은 병력이 크게 줄어 아라스 자체를 방어하는 전투에는 일부분만 투입되었을 뿐이다. 기갑 전력 중 고트 경이 동원 가능한 부대로는 제1전차여단밖에 없었다. 이 여단은 속도가 느린 보병지원전차들로 편성되어 있었으며, 그것도 대부분 겨우 기관총만 갖췄을 뿐이었다. 오로지 2파운드 포를 장착한 16대의 마틸다Matilda 중전차만이 상황에 영향을 미칠 수 있는 가능성을 갖고 있었다. 독일군 포병은 이들과 교전을 시작했다. 롬멜은 대전차포의 배치를 확인한 뒤 와일리로 들어갔으나, 그곳에서 자신의 부대들이 영국군 전차의 포격에 우왕좌왕하는 모습을 목격했다. 그는 상황을 바로잡은 뒤 자신의 장갑차에 뛰어들어 다소 높은 고지대로 몰고 올라갔다. 그곳에서 그는 서쪽에서 한 무리의 전차들이 다가오고 북서쪽에서도 다른 전차들이 다가오고 있는 모습을 보았다. 그는 대전차포부대로 돌아가 영국군 전차들을 저지하는 데 성공했다. 자신의 전차부대가 이미 북쪽으로 이동하기 시작했으므로, 그는 그들에게 측면에서 영국군 전차들을 공격하도록 지시했다. 영국군은 마틸다 전차 7대를 잃었으나, 7대의 3호 전차와 4호 전차를 비롯해 경전차인 2호 전차 다수를 파괴하는 등 자신들이 피해를 입은 것만큼 독일군에게 타격을 주었다. 영국군의 공격은 끝났으나, 독일군의 진영에서는 그 여파가 엄청났다.

게르트 폰 룬트슈테트 1차 세계대전 후 재군비를 추진하는 등 독일군 재건을 위해 노력했다. 1938년 퇴역했다가 2차 세계대전이 발발하기 전 현역으로 복귀하여 2차 세계대전 내내 야전에서 보냈다.

사실 제7기갑사단은 롬멜의 부관이 그의 옆에서 전사하는 등 400명의 사상자가 발생했다. 롬멜의 우측을 맡고 있던 친위기갑사단 토텐코프Totenkopf(해골)는 비교적 전투 경험이 적었으므로 공격을 받고 롬멜의 부하들보다 더 심하게 동요하는 바람에 100명 이상의 사상자가 발생했다. 영국군에게는 2개 전차대대와 2개 보병대대밖에 없었지만, 그들은 독일군이 그때까지 경험했던 것보다 더 단호하게 목표를 향해 압박을 가했다. 이로 인해 룬트슈테트는 상황이 정리될 때까지 진격을 멈췄다. 나중에 그는 이때가 이 전투에서 가장 위태로운 순간이었다고 술회했다.[5] 그러나 만약 롬멜이 그 상황을 직접 통제하지 않았다면, 상황은 훨씬 더 심각했을 것이다. 5월 22일 늦은 시간 룬트슈테트는 기갑부대를 아르망티에르Armentières와 이프르Ypres, 오스탕드Ostend를 잇는 방어선으로 진격시키고 보병에게는 랑스Lens와 생토메르St. Omer 사이의 고지대를 공격하게 하여 연합군의 고립지대를 압박하라는 명령을 받았다. 그러나 클라이스트는 아라스 전투의 결과로 마음이 약해져 있었기 때문에, 그의 기갑부대는 해안을 따라 올라갈 때 이전보다 더 조심스럽게 이동했다. 또한 기계 고장이 난 전차 수가 늘어남에 따라 새로운 걱정거리도 늘었다. 이러한 소식이 히틀러의 귀에 들어가자, 히틀러는 기갑부대를 정지시켜야 한다고 결정했다. 이후 프랑스의 나머지 지역을 점령하는 적색작전Fall Rot을 위해 기갑부대를 아껴야 할 필요가 있었던 것이다. 5월 24일 기갑부대에게 정지하라는 명령이 하달되었고, 보크는 현재 점점 축소되고 있는 서유럽 연합군의 고립지역을 진압하는 작전에서 선봉을 맡았다.

:: 2급 · 1급 철십자훈장과 기사십자훈장을 받은 최초의 야전군 사단장

5월 22일과 23일 롬멜은 아라스 남쪽을 우회하면서 측면이 또 다른 공격을 받으리라고 예상했다. 그러나 영국군은 바세 운하Bassée Canal에서 바다로 이어지는 이른바 운하선Canal Line으로 후퇴했다. 그 덕분에 제7기갑사단은 운하 남쪽 캥시Cuinchy 지역에서 휴식을 취했다. 5월 26일 히틀러는 정지 명령을 철회했으며, 같은 날 영국군은 됭케르크Dunkirk 주변의 해안에서 영국원정군 철수작전에 착수했다. 이날 롬멜은 새로운 훈장을 받았다. 그는 이미 뫼즈 강 도하작전으로 1939년에 2급 철십자훈장과 1급 철십자훈장을 받은 상태였다. 그는 기사십자훈장을 받음으

됭케르크 철수작전 영국이 1940년 5월 26일부터 6월 4일까지 영국원정군 22만6,000명과 프랑스, 벨기에 연합군 11만2,000명을 프랑스 북부 됭케르크에서 영국 본토로 철수시키는 데 성공한 작전이다.

로써 이런 명예를 얻은 최초의 야전군 사단장이 되었다.

그러나 그 일을 축하할 시간이 없었다. 그날 밤 제7소총연대가 간신히 운하 북쪽 제방에 교두보를 확보했기 때문이었다. 다음날 아침 롬멜은 직접 가서 보고 교두보가 너무 허술하다는 것을 알았다. 게다가 중화기도 배치되어 있지 않았고, 영국군 저격수들은 매우 적극적으로 활동했다. 전에도 종종 그랬던 것처럼 롬멜은 상황을 통제했다. 그는 저격수들을 향해 제압사격을 가하고 전차들이 건널 수 있을 만큼 튼튼한 다리를 건설하라고 명령했다. 이러한 경과를 지켜보고 있던 호트는 제5기갑사단 제5전차여단 소속 4개 전차대대를 롬멜에게 맡겼다. 이제 롬멜은 대규모 프랑스군이 있는 릴Lille을 향해 진격했다. 5월 27일 저녁 무렵 그의 전차대대들은 릴에 접근하고 있었지만, 광범위하게 분산된 상태였다. 그날 밤, 그는 로텐부르크에게 릴의 북서쪽 외곽지역인 롬Lomme에 봉쇄진지를 확보하라고 명령했다. 프랑스로 향하는 남아 있는 북서쪽 탈출로를 차단하려는 조치였다. 롬멜은 이번에는 전차부대를 동반하지 않았다. 르카토 앞에서 고립되었던 일을 기억하고 있던 그는 사단의 나머지 부대들이 바짝 뒤를 쫓아 로텐부르크에게 확실히 보급이 이루어지게 하는 것이 좋겠다고 결정했다. 제25전차연대가 28일 이른 시간에 제 위치를 확보하자, 롬멜은 즉시 전차연대에 보급종대와 정찰대대를 합류시키는 작전에 착수했다. 프랑스군은 릴을 탈출하려고 여러 차례 맹렬하게 시도했으나 소용이 없었다. 이 작전 중 롬멜은 또다시 목숨을 잃을 뻔했다. 그가 탄 통신차량 부근에 포탄이 떨어져 정찰대대장이 전사하고 다른 몇 사람이 부상당하는 일이 벌어졌던 것이다. 나중에 그 포탄은 이웃 사단의 독일군 포가 발사한 것으로 밝혀졌다.

5월 28일 벨기에가 항복했다. 독일 공군Luftwaffe이 저지하려고 노력했음에도 불구하고 됭케르크에서 철수 행렬은 끊이지 않았다. 다음날 제7기갑사단은 전선에서 철수하여 휴식을 취하고 재보급을 받았다. 6월 2일 히틀러가 사단을 방문했다. 롬멜은 루시에에게 이렇게 썼다.

"정말 대단한 날이었소. 히틀러 총통께서는 나와 인사하는 자리에서 '롬멜 장군, 우리는 공격이 진행되는 동안 내내 장군의 안위를 걱정했소' 라고 말하셨소."[6]

그 후 롬멜은 그날 남은 시간 동안 히틀러와 동행하도록 초대받았다. 히틀러는 유령사단을 자주 언급했는데, 유령사단이란 위치를 파악하기 어려운 제7기갑사단에게 붙은 별명이었다. 일부 동료 장군들은 롬멜과 히틀러의 친밀한 관계를 시샘하면서 롬멜이 세상의 주목을 받으려 한다고 비난했다. 하지만 그는 이 모든 것에 조금도 신경 쓰지 않았다.

:: 전쟁영웅으로 떠오르다

6월 4일 독일군이 됭케르크에 입성했다. 철수 행렬이 그친 지금, 그들의 관심은 프랑스의 남은 지역을 점령하는 것이었다. 제7기갑사단도 같은 날 휴식을 끝내고 아래쪽의 솜 강으로 이동했다. 대대적인 병력 재배치가 있었다. 룬트슈테트의 A집단군이 엔Aisne 강을 건너 정남쪽으로 진격하는 동안, 그의 오른쪽에서 보크는 솜 운하Somme Canal를 접수한 뒤 남서쪽으로 진군하여 프랑스의 나머지 운하 항구들을 점령하고 브르타뉴Bretagne를 격파하기로 되어 있었다. 이를 위해 보크에게는 호트의 기갑군단을 비롯한 3개 기갑군단이 주어졌다. 롬멜의 임무는 아미앵Amiens과 아브빌Abbeville 사이에 있는 앙제Hangest 부근의 솜 운하를 건너는 것이었다. 그동안 몇 가지 교훈을 얻은 프랑스군은 더 깊숙한 곳에 방어진지들을 구축해놓고 있었다. 그러나 롬멜은 철도와 다리가 운하를 가로지르고 있다는 사실을 확인하고는 그 시설들을 훼손하지 않고 그대로 접수하고 싶었다.

6월 5일 그는 공격을 하기 전에 먼저 인상적인 포격을 가한 다음, 소총병들이 다리를 폭파하기 전에 다리들을 점령했다. 롬멜은 그의 통신차량 승무원들에게 가장 먼저 다리를 건너야 한다고 명령을 내리고는 직접 그곳으로 가서 걸어서 다리를 건넜다. 그의 공병대원들이 서둘러 철도교에서 철로를 제거하자, 곧이어 제25전차연대가 강을 건너기 시작했다. 전차 1대가 다리 위에서 궤도가 벗겨져 30분 동안 다리를 막고 있었으나, 곧 다리를 건너 프랑스군의 거점들을 처리하기 시작했다. 프랑스군이 물러서지 않고 저항하자, 롬멜은 신중하게 공격하여 그들의 진지를 돌파할 계획을 세웠다. 케누아Quesnoy 마을이 요충지였다. 롬멜은 전차부대에게 북쪽으로 돌아가서 그 마을을 집중 포격하도록 명령했다. 그러면 그 뒤에서 제7소총연대가 프랑스군을 소탕할 예정이었다. 오후 4시에 시작된 공격은 프랑스군의 완강한 저항에도 불구하고 계획대로 진행되었다. 제7기갑사단은 돌파구를 형성하기 시작했으나, 급강하폭격기들이 앞길을 열 예정이었으므로 정지하라는 명령을 받았다.

다음날 제7기갑사단은 돌파구를 확대하기 시작했다. 그 지역은 개활지였으므로, 롬멜은 전면 약 2킬로미터, 그 뒤로 길이 약 19킬로미터에 달하는 상자형 대형을 취하도록 명령했다. 이 대형은 심각한 위협이 있을 경우 사단이 어느 지점으로든 신속하게 집결할 수 있다는 이점이 있었다. 다음 이틀 동안 제7기갑사단은 50킬로미터 정도 진격하여 마침내 센Seine 강에 도착했다. 롬멜은 루앙Rouen으로 향하는 척하다가 남쪽의 다음 만곡부에 있는 엘뵈프Elbeuf에서 강의 다리를 확보할 계획이었다. 그러나 상황은 그가 바라는 대로 전개되지 않았다. 1개 전차중대와 야포, 88밀리미터 대공포(이제는 대전차포로 전용되고 있었다)로 편성된 양동부대는 영국군 제1기갑사단과 부딪쳤다. 이 영국군 제1기갑사단은 프랑스에 너무 늦게 상륙하는 바람에 영국원정군에 합류하지 못하고 프랑스군 휘하에 있었다. 이들 때문에 롬멜의 진격 속도가 느려졌다. 한편 롬멜은 나머지 전차들을 이끌고 루앙에 도착하려고 시도하고 있었다. 어둠이 내리고 센 강 유역에 이르렀을 때 무선통신이 되지 않았다. 오토바이대대를 보내 엘뵈프 다리를 접수하게 했지만, 상황이 어떻게 전개되고 있는지 도무지 알 방법이 없었다. 새벽이 되면 프랑스군의 포격에 그의 예하부대가 노출되지 않았을까 우려하여 엘뵈프로 달려간 롬멜은 그곳에서 혼란을 목격하게 되었다. 프랑스군 병력과 민간인이 엘뵈프로 이어지는 길을 막고 강을 건너려 하고 있었으나, 오토바이대대장은 그 상황에 어떻게 대처해야 할 줄 모르고 있었다. 평소처럼 롬멜이 상황을 정리했으나, 그가 공격부대를 이동시키려는 순간 다리가 폭파되었다. 이로 인해 센 강을 건너는 데 실패한 그는 곧 새로운 명령을 받았다.

루앙 북쪽에는 영국군 제51하일랜드사단Highland Division이 고립되어 있었다. 이 사단은 독일군이 5월 10일 마지노선을 공격할 때 방어를 도왔던 부대였다. 영국군 제51하일랜드사단은 2개 여단만 보유하고 있었다. 함께 파견된 세 번째 여단은 영국원정군의 본대와 합류하여 싸우고 있었기 때문이다. 당시 영국군 제51하일랜드사단은 르아브르Le Havre 항에 도착하여 영국으로 귀환하기만을 바라면서 프랑스군과 함께 해안을 향해 철수하고 있었다. 그런데 이것을 막으라는 명령이 롬멜에게 하달되었던 것이다. 그는 즉각 움직였다. 그는 정찰대대를 북쪽 해안으로 보낸 뒤 전차부대와 함께 그 뒤를 따랐다. 도중에 그들은 솜 강에서 철수하고 있는 여러 무리의 프랑스군과 충돌했다. 롬멜은 좌익에 대전차포를 배치한 뒤 계속 밀고 나아가 생발레리앙코St. Valéry-en-Caux 서쪽 16킬로미터 해안에 도착했으나, 그곳에는 제51하일랜드사단도 도

1940년 6월 프랑스전 당시 롬멜 유령사단인 제7기갑사단이 거둔 전공들은 전직 보병인 그가 탁월한 기갑부대 지휘관이 되었다는 사실을 증명해주었다.

착해 있었다. 롬멜도 전차 3대를 앞세우고 그곳으로 향하고 있었다. 그때 프랑스군의 대전차포가 선두 전차 1대를 파괴하자, 다른 전차 2대는 비슷한 운명을 피하기 위해 대응사격도 하지 않고 즉시 길에서 벗어났다. 그들이 도주하자, 롬멜이 탄 차량이 적에게 노출되었다. 프랑스군 대전차포가 몇 차례 포격을 더 했으나 빗나가고 말았다. 차량에서 내린 롬멜은 피해를 입지 않은 두 전차를 지휘하며 대전차포를 향해 발포하여 침묵시켰다. 겁을 먹고 피했던 전차 2대의 승무원들은 롬멜에게서 뜨거운 분노의 열기를 느꼈다. 그들이 아무리 두려웠더라도 기본적인 임무를 망각한 것에 대해서는 변명의 여지가 없었다. 그 후 롬멜은 생발레리를 향해 직격했다. 스코틀랜드 병사들은 아군의 함정들이 도착할 것이라는 희망을 품고 단호하게 저항했으나 소용이 없었다. 도시 안의 프랑스군이 항복하기 시작하자, 다른 대안이 없던 제51하일랜드사단장 빅터 포춘Victor Fortune 장군도 항복하고 말았다. 6월 12일 롬멜은 영국군 사단장과 프랑스군 군단장에게서 직접 항복을 받아냈다.

한편 독일군은 센 강을 건너 루아르Loire를 향해 이동하고 있었다. 롬멜은 코탕탱Cotentin 반도 북단의 큰 항구도시 셰르부르Cherbourg를 접수하라는 명령을 받았다. 7월 17일 그는 진격을 시작하여 단 24시간 만에 241킬로미터나 진군했다. 프랑스군은 빠른 속도로 무너지고 있었기 때문에 저항은 거의 없었다. 다음날 어둠이 내릴 무렵 그의 사단은 항구를 접수할 수 있는 위치를 확보했다. 롬멜은 몇 시간 눈을 붙이고 난 뒤 다음날 공격을 시작했다. 롬멜은 요새들을 향해 포격을 가한 뒤 항복하라고 요구했다. 항복이 지체되자, 급강하폭격기들이 부두들을 공격한 뒤 롬멜의 소총부대가 도시로 진입했다. 오후 5시 셰르부르가 항복했다.

이것이 1940년 프랑스전에서 롬멜이 담당한 역할이었다. 유령사단인 제7기갑사단이 거둔 전공들은 전직 보병이 탁월한 기갑부대 지휘관이 되었다는 사실을 증명해주었다. 그의 추진력과 결단력은 조금도 줄어들지 않았고, 그의 용기 역시 마찬가지였다. 그는 언제나 앞장서서 진격 속도를 유지하고 주도권을 쥐고 적이 적시에 반격을 하지 못하게 막는 지휘관의 가치를 증명해 보였다. 그는 이제 전쟁영웅으로 떠올랐고 그의 앞에는 더 큰 도전들이 놓여 있었다.

3장
리비아 사막

궂은일도 마다하지 않는 솔선수범 리더십

"솔선수범하고 자기가 할 수 없는 일을 부하들이 할 수 있을 것이라고 기대하지 말라."

"소매를 걷어붙이고 궂은일도 마다하지 않는 지휘관의 모습을 보여줘라."

"나는 내가 휘하의 모든 장교들과 병사들에게 기대하는 바와 똑같이 행동할 것이다."

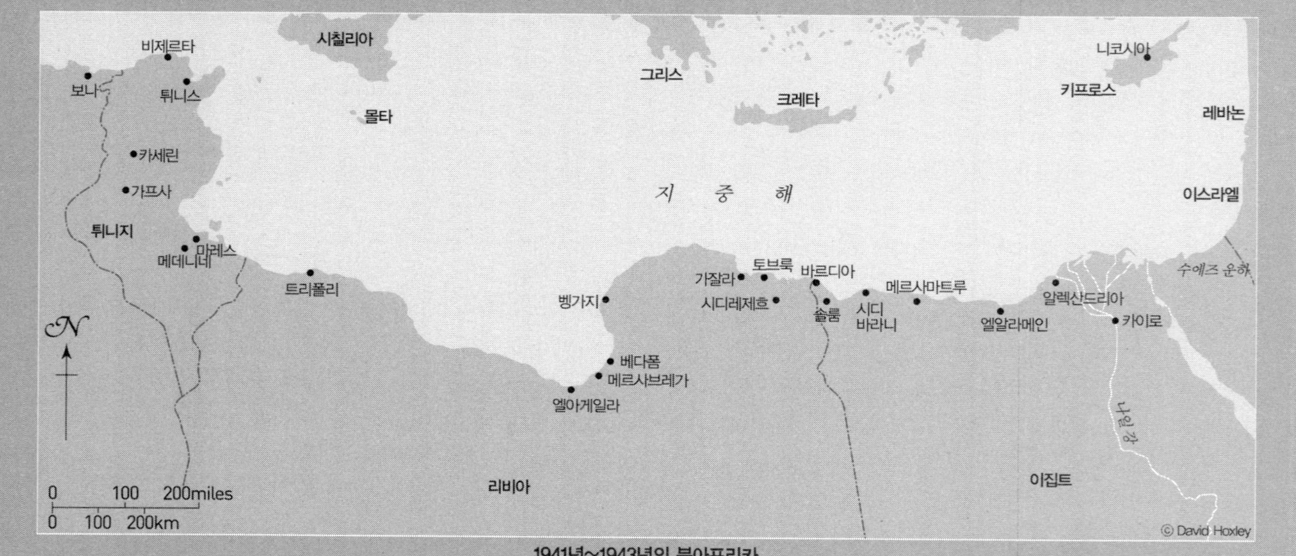

1941년~1943년의 북아프리카

:: 괴벨스, 롬멜을 선전에 이용하다

프랑스가 독일에 항복하면서 1차 세계대전 당시 1918년 11월 11일 독일이 항복 문서에 서명한 바로 그 콩피에뉴Compiègne 숲 열차에서 정전협정에 서명하자, 1940년 6월 25일에 공식적으로 적대행위는 끝이 났다. 프랑스가 패한 상황에서 영국이 홀로 저항할 것이라고 생각하는 사람은 거의 없었으며, 유럽은 독일이 지배하는 가운데 곧 평화를 되찾을 것이라는 분위기가 조성되었다.

전투에 참여했던 다른 독일군과 마찬가지로 롬멜도 지쳐 있었으나, 마음은 행복했다. 그는 독일에서 모르는 사람이 없을 정도로 유명인사가 되기 시작했다. 요제프 괴벨스는 재빨리 롬멜을 선전에 이용했고, 히틀러는 롬멜의 사단이 벨기에와 프랑스로 진격한 경로를 표시한 지도를 특별히 롬멜에게 부탁했다. 롬멜이 전투에서 눈부신 활약을 했다

1940년 6월 프랑스 파리 승리 퍼레이드에서

1940년 6월 22일 독일과 프랑스의 정전협정 프랑스 콩피에뉴 숲 열차 앞에 선 헤르만 괴링Hermann Göring, 루돌프 헤스Rudolf Hess, 아돌프 히틀러, 요아킴 폰 리벤트로프Joachim von Ribbentrop, 발터 폰 브라우히치Walther von Brauchitsch

는 사실에는 의심의 여지가 없었고, 그 자신도 이 사실을 잘 알고 있었다. 롬멜은 히틀러가 개인적으로 계속 자기에게 관심을 갖는 상황을 반겼고, 자기가 받고 있는 숭배와 명성을 즐겼다. 이것은 1991년 걸프전에서 승리한 뒤 노먼 슈워츠코프 장군이 누렸던 것이나 대동소이했다.

그러나 모든 사람들이 다 롬멜이 완벽하다고 생각한 것은 아니었다. 전쟁 중 그의 상관이었던 헤르만 호트는 1940년 7월 작성한 기밀문서에서 롬멜은 너무 충동적이므로 군단을 지휘하려면 "더 큰 경험과 판단력"을 갖출 필요가 있다고 평했다. 또한 호트는 롬멜이 다른 사람들의 공헌을 인정하지 않는다고 비난하기도 했다.[1] 같은 제15기갑군단에 소속된 그의 자매부대인 제5기갑사단의 장교들은 특히 더 비판적이었다. 그들은 전쟁 중 그들의 사단 소속 부대들이 롬멜의 지휘를 받았으나, 그가 감사하는 마음을 보인 적이 없었다고 불쾌해했다.

제7기갑사단은 프랑스 북부에 머물러 있었다. 재보급을 위한 이 기간 동안 사단 장병들은 휴가를 얻어 고향에 다녀올 수 있었다. 영국이 평화협정을 거부하자 분노한 히틀러는 영국군을 괴멸시키기로 결심하고 영국 침공을 준비하기 시작했다. 영국 침공을 성공시키기 위해서는 영국 남부에 대한 제공권을 장악할 필요가 있었으므로, 8월 중순부터 맹공을 가하기 시작했다.

영국 본토 항공전Battle of Britain이 벌어지는 동안 롬멜은 새로운 경험을 하고 있었다. 괴벨스가 롬멜에게 프랑스전을 다룬 영화 〈서부전선의 승리Triumph in the West〉를 제작하는 일을 도와달라고 부탁했던 것이다. 괴벨스는 특히 유령사단의 솜 강 도하작전을 보여주고 싶어서 롬멜에게 그 작전을 재연해달라고 요청했다. 그는 르케누아Le Quesnoy 방어군의 역을 맡은 프랑스 식민지 포로들의 도움으로 당시 상황을 재연했다. 이 영화를 촬영한 일은 그에게 즐거운 경험이었던 것으로 보이며, 그도 최종 결과물을 보고 만족스러워했다.

독일 공군은 영국 공군을 와해시키는 임무에 실패하자, 영국 도시들을 폭격하기 시작했다. 히틀러는 동쪽의 소련으로 눈을 돌렸다. 롬멜의 사단은 보르도Bordeaux로 이동했다. 그는 크리스마스 휴가를 얻어 비너노이슈타트에 있는 집으로 갔다. 그러나 프랑스 미점령지역에서 반란이 일어날 가능성이 있었기 때문에 휴가를 중단하고 돌아와야 했다. 반란이 일어날 경우 제7기갑사단을 비롯한 독일군이 투입되어야 했으므로, 그는 출동대기 상태에서 크리스마스를 맞았다. 그러나 그는

영국 본토 항공전 Battle of Britain

프랑스의 붕괴 이후 히틀러는 영국의 항복을 받아내기 위해 바다사자 작전이라는 상륙작전을 준비하고 있었다. 하지만 그와 괴링은 영국 공군을 무찌르지 않는 한 이 상륙작전은 불가능하다고 여겼다. 영국 본토 항공전은 제공권 장악 외에 다른 목적도 있었다. 그것은 항공기 생산 시설과 지상 시설을 파괴하여 영국인들을 공포에 빠뜨려 휴전이나 항복을 받아낸다는 것이었다.

독일 공군에게 폭격당한 런던 시가지 모습

기쁜 선물을 받았다. 그가 자기 사단의 전과를 꼼꼼하게 기록한 일지를 히틀러에게 보낸 적이 있는데, 크리스마스 직전에 히틀러가 감사편지를 보냈던 것이다.

"귀관은 자신의 업적에 대해 긍지를 가져도 좋습니다."[2]

:: 사막이라는 완전히 새로운 전쟁 무대로

1941년 2월 초 롬멜은 중단된 휴가를 다시 얻어 비너노이슈타트로 갔다. 그러나 이번에도 그는 휴가를 서둘러 마쳐야 했다. 히틀러의 부관이 긴급 메시지를 들고 집으로 찾아왔던 것이다. 롬멜은 베를린으로 가서 육군 최고사령관 발터 폰 브라우히치Walther von Brauchitsch 원수에게 먼저 보고한 뒤 히틀러에게도 보고해야 했다. 다음날인 2월 6일 그는 베를린으로 날아가 오전에 브라우히치를 만나고, 점심식사를 한 뒤 히틀러를 만났다. 그는 리비아로 파견되어 이탈리아군을 도와줄 2개 사단(제5경사단과 제21기갑사단)으로 편성된 독일 파견부대를 맡게 될 것이라는 얘기를 들었다. 이러한 결정은 롬멜에게 사막이라는 완전히 새로운 환경에서 그의 능력을 발휘할 기회를 제공했다는 것 말고도 여러 가지 면에서 중요한 의미가 있었다. 당시 독일 지상군은 전쟁 무대에서 적극적인 역할을 하지 못하고 있던 상황이었다. 그러므로 히틀러가 롬멜을 선택했다는 사실은 롬멜 개인에게는 큰 명예일 뿐만 아니라 독일은 동맹국 편이며 독일의 가장 훌륭한 사절을 동맹국인 이탈리아로 파견하여 그들에게 깊은 감동을 주고 그들이 영국군에 맞서 더욱 열심히 싸우도록 독려하고 있다는 메시지를 전 세계에 알리기 위한 것이었다.

이탈리아는 1940년 6월 프랑스 함락 직전에 마침내 독일 편에 서서 전쟁에 뛰어들어, 정전협정 체결 전에 프랑스 남부를 공격하기 시작했다. 그러나 무솔리니의 더 큰 관심사는 영국을 제물로 삼아 자신의 아프리카 제국을 확대하는 것이었다. 8월 중순 그의 병력은 영국령 소말릴란드Somaliland(오늘날의 소말리아)를 침공하여 신속히 짓밟고 수단도 공격했다. 그러나 가장 큰 전리품은 이집트였다. 무솔리니는 리비아에 인접해 있는 이탈리아군에게 독일의 영국 침공 예정일에 이집트를 공격하라는 명령을 내렸다. 물론 독일의 영국 침공은 현실화되지 않았지만, 이탈리아군은 작전을 실시했다. 9월 13일 5개 사단이 전차 200대와 함께 국경을 넘어 사흘 만에 97킬로미터를 진군했다. 이들은 더 이상 진격하는 것에 대해 불안을 느낀 나머지 일련의 요새화된 야영지를 구축하고 방어를 강화했다. 수적 열세에 놓인 영국군은 이탈리아군의 진격을 저지할 능력이 거의 없었으나, 그 후 수개월 동안 이탈리아군 진지들을 향해 수많은 기습을 감행했다. 12월 9일 영국군은 넓은 사막을 이용해 이탈리아군 진지를 우회한 뒤 기습에 완전히 성공하여 이탈리아군을 이집트에서 리비아로 몰아냈다. 1941년 1월 22일 토브룩Tobruk 항이 함락되었고, 이탈리아 제10군은 해안도로를 따라 벵가지Benghazi 쪽으로 후퇴하여 2월 6일~7일 그곳에서 전투를 벌였다. 이탈리아군 2만 명과 야포 200문, 전차 120대가 영국군의 수중에 떨어졌다. 남은 이탈리아군 병력은 키레나이카Cyrenaica에서 철수하여 이웃 지역인 트리폴리타니아Tripolitania로 후퇴했다. 이탈리아군은 알바니아에서 그리스를 침공하려고 시도했을 때도 그리스군에게 심각한 피해를 입었기 때문에, 히틀러는 동맹국을 지원하기 위해 무엇인가를 해야 한다고 생각했다. 그래서 히틀러는 영국군이 벵가지 남쪽 베다폼Beda Fomm에서 승리하기도 전에 롬멜을 리비아로 파견하기로 결정했던 것이다. 사실 그는 일찍이 1월 11일 훈령을 발령하여 암호명 해바라기 작전Operation Sonnenblume(북아프리카 이탈리아 지원 작전—옮긴이)을 통해 리비아를 강화하게 했다.

롬멜은 곧 루시에에게 짤막하게 편지를 썼다.

"해야 할 일이 많아서 머리가 얼마나 복잡한지 말 안 해도 알 거요. …… 그래서 '우리의 휴가'가 또다시 짧아졌던 거요. 너무 슬퍼하지 말길. 어쩔 수 없는 일이니까. 새로 맡은 임무는 매우 중대한 것이라오."

다음날 그는 곧 류머티즘을 치료받을 수 있을 것이라고 써서 그가 어디로 가고 있는지 루시에에게 힌트를 주었다. 전에 그는 이집트에 가서 요양하라는 조언을 받은 적이 있었기 때문이다. 따라서 루시에는 그가 어디로 가고 있는지 추측할 수 있었다.[3]

:: 리비아에 도착하다

그는 우선 로마로 날아갔다. 2월 11일 그곳에서 그는 이탈리아군 최고사령부Commando Supremo의 참모차장 알프레도 구초니Alfredo Guzzoni 장군에게 보고했다. 장군은 이탈리아군이 베다폼에서 패했다는 안 좋은 소식을 그에게 전했다. 롬멜은 이미 트리폴리타니아 방어계획을 세워놓은 상태였으므로 그 계획을 승인받았다. 이탈리아 육군 참모총장 마리오 로아타Mario Roatta는 리비아에서 롬멜과 합류하도록 되어 있었다. 롬멜은 시칠리아Sicilia를 경유하여 리비아로 날아갔다. 그곳에는 이미 독일 공군이 배치되어 있었다. 롬멜은 영국군이 벵가지를 보급항으로 이용해 트리폴리로 진격하는 것을 막기 위해 벵가지를 폭격해달라고 공군 지휘관에게 부탁했다. 그러자 그 공군 지휘관은 그곳에 재산을 갖고 있는 많은 이탈리아군 장교들과 공무원들이 그 작전을 좋아하지 않을 것이라고 말했다. 롬멜은 히틀러 사령부에 연락하여 허락을 받아냈다.

1941년 2월 북아프리카 트리폴리에 도착한 롬멜 당시 북아프리카 이탈리아군 최고사령관 로돌포 그라치아니 원수가 사임하고 그의 참모장인 이탈로 가리볼디 장군(롬멜의 오른쪽)으로 교체되었다.

결국 폭격은 실시되었으나, 이 사건을 통해 그는 짜증나게 만드는 동맹군을 다룰 수 있는 방법을 찾아야 한다는 것을 깨닫게 되었다.

트리폴리에 도착한 다음날인 2월 12일 롬멜은 북아프리카 이탈리아군 최고사령관 로돌포 그라치아니Rodolfo Graziani 원수가 방금 사임하고 그의 참모장이었으며 롬멜이 얼마 전에 만난 적이 있는 이탈로 가리볼디Italo Gariboldi 장군으로 교체되었다는 소식을 들었다. 롬멜은 이탈리아군에게 시르테Sirte 만 유역의 트리폴리타니아에 전진방어선을 구축하는 것의 중요성을 일깨워주려고 노력했다. 최근에 당한 패배의 충격에서 아직 벗어나지 못한 가리볼디는 애매한 태도를 취하며 롬멜에게 독자적으로 그 지역을 처리하라고 조언했다. 롬멜은 주저하지 않고 비행기를 마련하여 그 지역을 정찰했다. 리비아로 가는 중에 지도를 살펴보며 연구한 내용을 정찰을 통해 확인한 그는 그날 저녁 가리볼디에게 그 사실을 전달했다. 로아타가 롬멜의 작전계획을 수행하라는 무솔리니의 명령서를 들고 도착했으므로 더 이상의 반대는 없었다. 다음날 이탈리아군 2개 보병사단이 트리폴리 지역에서 이동해 올라오고, 일부 전차들을 보유한 기계화부대인 아리에테사단Ariete Division이 그 뒤를 따르기로 되어 있었다. 그러나 그 병력이 육로로 이동하려면 400킬로미터나 행군해야 하고 그 두 사단을 모두 한꺼번에 옮길 수송기도 충분하지 않았으므로 병력을 배치하는 데 시간이 걸릴 수밖에 없었다. 그 동안 영국군이 공격해올 경우 그들을 저지할 수 있는 것은 독일 공군밖에 없었다.

롬멜이 걱정하는 문제들은 대개 기우인 것으로 밝혀졌다. 키레나이카의 영국군은 최근 승리한 전투를 치르면서 상당히 지쳤으며, 특히 영국군 전차들은 많은 기계적 문제들을 일으켰다. 영국군의 정예부대인 제7기갑사단과 제6오스트레일리아사단은 이집트로 돌아가 재정비를 해야 했다. 제7기갑사단은 제2기갑사단으로 대체되었다. 최근 북아프리카에 도착한 제2기갑사단은 사막전을 위해 노획한 이탈리아군 전차들을 일부 이용해야만 했다. 2월 23일 윈스턴 처칠Winston Churchil은 알바니아를 통해 침공하는 이탈리아군에 맞서 전년도 11월부터 싸우고 있던 그리스군을 돕기 위해 제2기갑사단의 1개 여단을 포함한 병력을 파견하기로 결정했다. 그 결과 영국군은 진격할 더 이상의 병력을 가지고 있지 않았다.

2월 14일 독일아프리카군단의 전초부대인 제5경사단의 정찰대대와 대전차포대대가 트리폴리 항에 도착했다. 그들은 상황을 파악할 시간이 없었다. 일단 그들이 열대용 군복을 지급받고 이탈리아군 사령관의 사열을 마치자, 롬멜은 그들을 시르테Sirte로 올려 보냈다. 2월 24일 롬멜은 이탈리아군과 독일군이 연합작전을 펼친다는 인상을 주기 위해 정찰대대에게 전방을 탐색하며 전진해 적과 접촉하라는 명령을 내렸다. 이 정찰대대는 영국군의 정찰장갑차를 습격하여 장교 1명과 사병 2명을 생포했다. 다음 2주 동안 롬멜과 그의 정보참모는 영국군이 생각했던 것보다 약하여 공격 작전을 펼칠 가능성이 없다는 것을 파악했다. 그 사이 제5경사단의 나머지 부대들이 속속 도착하고 있었다. 3월 11일에는 롬멜이 가장 중요하게 여긴 제5전차연대가 도착했다. 제5전차연대는 3호 전차 및 4호 전차 60대, 그리고 경전차 60대로 편성되어 있었다. 롬멜은 직접 사막으로 밀고 올라가 시르테에 사령부를 세웠다. 3월 19일 그는 베를린으로 날아갔다. 그 전에 그는 제5경사단에게 엘아게일라El Agheila의 영국군 전진기지를 공격하라는 명령을 내렸다.

베를린에 있는 동안 롬멜은 오크나뭇잎 기사십자훈장을 받았다. 이 훈장은 늦게나마 그가 프랑스에서 세운 업적들을 더 높이 인정해주기 위한 것이었다. 이 일을 빼면 그의 베를린 방문은 결과가 좋지 않았다. 브라우히치는 롬멜에게 공격계획은 없으며 독일북아프리카군단의 다른 주력부대인 제15기갑사단은 5월 말이나 되어서야 도착할 것이니 기다리지 말라고 했다. 제15기갑사단이 도착하더라도 아게다비아Agedabia 혹은 벵가지까지 진격할 수는 있겠지만 그것이 전부였다. 그는 자기 임무는 트리폴리를 방어하는 것이라는 점을 명심해야 했다. 롬멜은 입을 열지 않았다. 다만 그렇게 작전을 펼칠 경우 자신의 측면만 노출될 뿐이니 키레나이카 '돌출부bulge'로 진격하여 제벨아크다르Jebel Akhdar를 포위하고 진지를 확보해야 한다는 점만은 지적했다.

그가 아프리카로 돌아오자마자, 제3정찰대대가 엘아게일라를 적시에 공격하여 항구와 비행장을 점령했다. 영국군은 서둘러 메르사브레가Mersa Brega로 후퇴했다. 메르사브레가에는 좁은 통로가 하나 있었는데, 롬멜은 그곳이 아게다비아를 공격하기에도 좋고 방어하기에도 아주 좋은 위치라고 생각했다. 3월 31일 그는 공격을 개시했다. 이번에는 영국군이 저항했으나, 롬멜은 해안도로 북쪽의 모래언덕으로 이어지는 통로를 하나 발견하여 측면으로 우회할 수 있었다. 저녁 무렵 그는 협곡과 영국군 차량 80대를 손에 넣었다. 다음날 제5경사단장 요하네스 슈트라이히Johannes Streich 장군이 보낸 공중정찰대와 순찰대가 영국군이 철수하고 있다고 알려주었다. 영국군 중동지역 사령관 아치볼드 웨이블Archibald Wavell 경은 키레나이카에 주둔해 있는 서부사막군Western Desert Force에게 그들의 임무는 위치를 고수하는 것이 아니라 증원군이 도착할 때까지 부대를 무사히 지키면서 적의 진격을 지연시키는 것이라고 명령했다.

롬멜은 베를린에서 자신에게 내린 명령을 어기더라도 이 좋은 기회를 놓칠 수 없었다. 그는 아게다비아를 점령한 뒤 병력을 둘로 나눈다는 계획을 세웠다. 한 무리의 병력이 벵가지로 직접 진격하는 동안 나머지 병력은 제5경사단의 일부 및 이탈리아군 정찰대대와 함께 키레나이카 돌출부를 돌파한 뒤, 데르나Derna로 진격하여 벵가지의 해안도로와 연결되는 적의 퇴로를 차단할 예정이었다. 이것은 2개월 전 영국군이 펼쳤던 작전을 그대로 모방한 것이었다. 그러나 한 가지 다른 점이 있었다. 그 두 병력 사이에서 제5전차연대가 므수스Msus를 통과한 뒤

> 사막전에서 중요한 요소는 단 하나, 바로 속도다.

메칠리Mechili로 진격하여 다른 퇴로들도 차단할 계획이었던 것이다.

4월 2일 작전이 시작되었다. 그날 오후 아게다비아가 함락되었고, 저녁 무렵 영국군이 동쪽으로 19킬로미터 정도 퇴각했다. 다음날 롬멜은 사령부를 아게다비아로 옮긴 뒤, 영국군이 키레나이카를 포기할 생각이라는 것이 분명해지자 맹렬하게 그들을 추격하기 시작했다. 그러나 모든 사람들이 다 기뻐했던 것은 아니다. 특히 슈트라이히는 여러 가지 의심을 품고 있었다. 그는 프랑스에서 제5기갑사단의 1개 연대를 지휘하면서 롬멜을 좋지 않게 생각하게 되어 그를 이기적인 기회주의자로 보았다. 슈트라이히가 자기 휘하의 일부 차량의 상태에 대해 우려를 표하자, 롬멜은 그러한 우려를 일축했다.

"사소한 문제 때문에 다시없는 기회를 놓치는 일이 있어서는 안 된다."[4]

같은 날 슈트라이히는 차량에 보급품을 채우려면 4일은 정지해 있어야 한다고 했다. 롬멜은 즉각 사단에 모든 트럭의 짐을 내리고 그 트럭들을 사단 보급창으로 보내 사단이 이집트 국경까지 진격할 때까지 버틸 수 있을 정도의 연료, 탄약, 전투식량을 충분히 싣고 돌아오라고 명령했다. 그는 그 일을 처리할 기한으로 24시간을 주었다. 그날 저녁 가리볼디 장군이 롬멜을 방문하여 자신의 불쾌감을 분명하게 표현했다. 그는 롬멜의 행동은 로마에서 그에게 하달한 명령을 명백하게 어기는 것이라고 말한 뒤, 진격을 위해 마음대로 물자를 보급하는 것은

피젤러 슈토르히 경비행기 롬멜은 사막에서 이 경비행기가 작전 상황을 파악하는 데 이상적인 수단이라는 사실을 깨닫고, 하늘에서 많은 시간을 보냈다.

용납할 수 없다고 덧붙였다. 그러고는 당장 명령을 취소하고 그의 허락 없이 이동해서는 안 된다고 했다. 롬멜은 자신의 입장을 굽히지 않고 결과가 어찌되든 계속 진격하겠다고 선언했다. 그 순간 독일군 사령부에서 롬멜에게 완전한 재량권을 부여한다는 전문이 도착했다. 이로써 더 이상 논쟁할 필요가 없어졌다.

4월 3일 밤 독일군 정찰대가 벵가지로 들어갔으나, 영국군은 서둘러 철수한 뒤였다. 진격 속도가 빨라졌다. 롬멜은 하늘에서 많은 시간을 보냈다. 프랑스에서 피젤러 슈토르히Fieseler Storch 경비행기를 자주 이용하던 그는 사막에서 이 경비행기가 작전 상황을 파악하는 데 이상적인 수단이라는 사실을 깨달았다. 부대의 행군 속도가 너무 느리다고 생각되면, 그는 그 사실을 전하고 행군 속도를 높이지 않으면 착륙하겠다고 경고하는 전문을 떨어뜨렸다. 영국군이 동쪽으로 후퇴하면서 혼란은 가중되었다. 일부 기갑부대들은 연료가 떨어져 전차를 포기해야 했

> 그는 피로에도 불구하고 쉬지 않고 계속해서 밀고 들어가 신속하게 목표물을 공격하는 무서운 추진력을 보여주었다.

다. 4월 5일 롬멜은 메칠리에는 적이 없다는 보고를 받았다. 그는 제5전차연대에게 계속 밀고 나아가 메칠리를 확보하라고 명령했다. 그러나 그 후 메칠리에 강력한 방어선이 구축되어 있다는 말을 들었다. 그래서 그는 우측의 제5경사단의 나머지 병력과 합류한 뒤 메칠리를 우회하여 해안도로로 밀고 나아가려고 했다. 그러나 지형이 험악한 데다가 연료도 부족하여 이동이 지체되었다. 한 지점에서 롬멜은 이탈리아군 포병이 메칠리 공격 작전에 투입될 수 있도록 하기 위해 연료를 확보하는 일을 직접 맡았다. 그러나 기갑부대의 흔적은 보이지 않았다. 4월 7일 롬멜은 슈토르히 정찰기를 타고 그들을 찾으며 많은 시간을 보냈다. 해질 무렵 그는 그들이 예정 행로에서 많이 벗어난 북쪽 지점에 주둔해 있는 것을 발견했다. 그는 착륙하여 험악한 얼굴로 헤르베르트 올브리히Herbert Olbrich 대령에게 밤새도록 최대한 속도를 내서 메칠리 동쪽으로 이동하라고 했다. 그런 다음 다시 이륙하여 어둠을 뚫고 사령부로 돌아갔다. 다음날 마침내 모든 것이 제자리를 찾았다. 우측부대가 메칠리를 공격했다. 다시 경비행기를 탄 롬멜은 메칠리를 방어하던 적군이 서쪽으로 퇴각하는 모습을 보았다. 이어서 제5전차연대가 나타나자, 포로의 수가 늘어났다. 한편 정찰부대들이 해안도로에 이미 도착해 있었으므로 롬멜은 그들에게 증원군을 보낸 뒤, 그날 저녁 데

르나에 도착했다. 1주일 만에 영국군을 키레나이카에서 신속하게 몰아냈으므로 당연히 만족하고 부하들이 한숨 돌릴 수 있도록 잠시 멈출 법도 했지만, 이것은 롬멜의 지휘 방식이 아니었다. 그는 피로에도 불구하고 쉬지 않고 계속해서 밀고 들어가 신속하게 목표물을 공격하는 무서운 추진력을 보여주었다.

4월 9일 메칠리로 돌아간 롬멜은 제5경사단이 이틀 동안 정지하여 매우 시급한 차량 정비와 재보급을 실시하기 시작했다는 것을 알게 되었다. 롬멜은 슈트라이히에게 휴식이 취소되었다고 말했다. 그 대신 슈트라이히는 다음날 새벽까지 가잘라Gazala에 도착하여 토브룩을 공격할 준비를 해야 했다.

:: 토브룩을 점령하라

롬멜의 궁극적인 목표는 수에즈 운하Suez Canal였다. 보급선이 계속 길어지면서 알렉산드리아Alexandria 서쪽에 있는 유일한 항구인 토브룩 항을 확보하는 것이 중요해졌다. 따라서 롬멜의 다음 목표는 토브룩이었다. 그러나 영국군 역시 토브룩의 중요성을 인식하고 있었다. 4월 6일 웨이블은 토브룩을 반드시 요새화하도록 명령했고, 다음날 윈스턴 처칠도 전문을 통해 그렇게 하도록 요구했다. 그러나 서부사막군 사령관 필립 님Philip Neame 장군과 첫 번째 사막전의 승리자이며 님에게 조언을 하도록 파견된 딕 오코너Dick O'Connor 장군이 모두 포로가 되는 바람에 웨이블이 직접 토브룩으로 날아가 방어선을 구축했다. 이 방어선은 오웬

모스헤드Owen Morshead 장군의 제9오스트레일리아사단을 주력부대로 하고 4개 야포연대(미군 편제로 보면 포병대대)와 대전차포, 대공포, 전차 45대의 지원을 받는 보병 6개 여단에 해당하는 병력으로 편성되어 있었다. 전차부대는 웨이블이 바다로 보낸 증원군에 의해 강화되었다. 따라서 추축군Axis forces은 이들이 강력한 저항을 할 것으로 예상할 수도

추축국 Axis powers

2차 세계대전 당시 미국, 영국, 소련 등의 연합국Allied Powers과 싸웠던 나라들(독일, 이탈리아, 일본, 이 세 나라가 중심이 되었다)이 맺은 국제 동맹을 가리키는 말로, 히틀러의 나치 독일과 무솔리니의 파시스트Fascist 이탈리아가 1936년 10월 25일에 맺은 우호협정이 기초가 되었다. 무솔리니는 두 나라가 유럽과 세계의 국제 관계에 큰 변화를 일으킬 추축樞軸(중심 축)이 될 것이라고 선언했고, 여기에서 추축국이라는 말이 비롯되었다.
연합국과 마찬가지로 추축국에 속하는 나라들도 전쟁의 경과에 따라 계속 바뀌었으며, 전쟁 초기에 추축국에게 점령당하여 추축국에 가담했다가 전세가 뒤집히자 연합국에 가담한 경우가 많았다.

3국군사동맹 1940년 9월 27일 독일, 이탈리아, 일본은 3국군사동맹Tripartite Pact을 체결하고 어떤 세력에게 어느 한 나라가 공격을 받으면 모든 수단을 동원하여 이를 격퇴하기로 약속했다.

있었으나, 당시 롬멜은 이러한 사실을 전혀 파악하지 못하고 있었다.

롬멜은 항구를 에워싸고 몇몇 방향에서 공격할 계획이었다. 이탈리아군의 브레시아사단Brescia Division과 트렌토사단Trento Division은 서쪽에서 접근하고, 제5경사단은 포위작전을 펼칠 예정이었다. 아리에테사단은 토브룩 남쪽의 엘아뎀El Adem에 배치되어 제5경사단을 지원할 준비를 하기로 되어 있었다. 4월 11일 포위작전을 마무리하고 방어선들을 실제로 공격할 준비를 갖췄다. 이 임무를 맡은 슈트라이히는 또다시 불만을 표시했는데, 이번에는 토브룩에 대한 정보가 부족했기 때문이었다. 그럼에도 불구하고 다음날 오후 공격은 실시되었다. 브레시아사단이 먼저 위장공격을 했다. 제5전차연대는 남쪽 방향에서 공격했으나, 대전차호 때문에 꼼짝도 못했다. 롬멜은 공격이 실패했다는 사실을 받아들이고는, 다음날 제3정찰대대를 투입하여 대전차호들을 제거하게 했다. 제3정찰대대는 간신히 방어선을 돌파하여 거점을 확보했으나, 대전차호를 무력화했는지는 분명하지 않았다. 제5경사단은 4월 13일 오전 12시 30분에 공격하기로 예정되어 있었다. 제3정찰대대가 확보해놓은 거점은 훌륭한 공격개시선이 되기에 충분했으므로 공격을 예정대로 진행하기로 결정했다.

공격에 관한 초기 보고들에 의하면 상황이 좋았으므로 롬멜은 후속작전을 위해 아리에테사단을 투입했다. 오전 9시 사령부로 돌아간 롬멜은 전투정면의 폭이 너무 좁기 때문에 공격이 중단되었다는 사실을 알게 되었다. 제5경사단이 집중사격을 받아서 올브리히 대령이 전차들을 철수시킬 수밖에 없었다. 롬멜은 그로 인해 보병 공격부대가 곤경에 처했다는 사실을 알고 격노했다. 그는 전차부대에게 되돌아가라고 명령했다. 그런 다음 그는 아리에테사단으로 가서 그들을 들볶았다. 제5경사단으로 돌아간 그는 영국군의 맹렬한 사격 때문에 공격이 아무런 진척이 없다는 사실을 알게 되었다. 공격을 취소하고 싶은 생각이 들기도 했다. 상황이 안 좋은 하루를 마무리하기 위해 그는 아리에테사단으로 다시 돌아가 사단을 제5경사단 옆에 배치하려고 했다. 그들은 전방으로 이동하면서 포격을 당했고 이로 인해 완전히 분산되었다.

토브룩을 접수하려던 롬멜의 시도는 실패했다. 그는 이탈리아군이 사전에 마련해놓은 방어계획을 자기에게 알려주지 않았다고 그들을 많이 탓했지만, 실패하게 된 주된 원인은 정보 부족이라는 사실을 인정했다. 그는 다시 시도하기 전에 잠시 휴식을 취하기로 결정하고는 전방 상황에 관심을 돌렸다. 그러나 이 휴식 기간에 토브룩이 잠잠해진 것은 아니었다. 양쪽 진영 모두 지엽적인 공격을 수없이 했기 때문에, 롬멜은 자신의 포위망이 너무 엷다는 사실을 깨닫게 되었다. 마침내 그는 토브룩을 잃기 전에 이탈리아군이 그곳을 방어하기 위해 세워두었던 계획서 사본을 입수하게 되었고, 그 덕분에 4월 말이나 5월 초에 펼칠 다음 대규모 공격을 계획할 수 있었다.

그는 이집트 국경으로 이어지는 도로에 있는 마지막 도시인 바르디아Bardia를 점령하도록 1개 대대를 보내는 한편, 자신은 토브룩에 매달렸다. 4월 19일 롬멜은 부대를 방문하여 부대장에게 기사십자훈장을 수여하고 그에게 1개 중대를 이끌고 가서 그곳의 숲을 점령하라고 명령했다. 돌아오는 길에 그의 차량 일부가 영국 공군의 공습을 받았다. 야전 차량 운전병과 오토바이 운전병이 전사했다. 영국군에게서 포획한 지휘차량인 그의 맘모스Mammoth도 피해를 입었으며, 운전병도 부상

> 롬멜은 어려운 상황에서 소매를 걷어붙이고 궂은일을 마다하지 않는 지휘관의 모습을 보여주었다.

을 당했다. 그는 파손된 차량에 부관을 남겨둔 채 아직은 달릴 만한 맘모스의 운전대를 직접 잡고 사막의 지름길을 택해 사령부로 돌아가려고 했다. 어둠이 깔리자 별을 길잡이로 삼아 방향을 잡으려고 했으나 구름이 몰려왔다. 그는 날이 밝을 때까지 사막에 갇혀 있을 수밖에 없었다. 결국 그는 간신히 구조되었다. 이 사건은 소매를 걷어붙이고 궂은일을 마다하지 않는 지휘관의 모습을 보여준 좋은 사례다.

4월 25일 그의 부하들이 이집트 전선을 돌파한 뒤 해안도로가 나 있는 할파야 고개Halfaya Pass와 그 북쪽의 솔룸Sollum을 점령했다. 영국군은 부크부크Buq Buq에서 소파피Sofafi로 이어지는 방어선으로 후퇴하여, 그곳에서 동쪽으로 160킬로미터 더 떨어진 메르사마트루Mersa Matruh에 철수방어진지를 구축하기 시작했다.

이제 롬멜은 토브룩을 대대적으로 공격하기 위한 2차 작전 준비에 집중했다. 토브룩을 공격하기 전 독일 육군최고사령부의 작전과장이며 롬멜과 동년배인 프리드리히 파울루스Friedrich Paulus 장군이 롬멜을 방문했다. 그의 임무는 독일아프리카군단 사령관이 어떻게 승리할 수 있었는지를 정확하게 점검하는 것이었다. 독일 육군최고사령부는 그의 승리로 인해 영국군이 그리스에서 철수한 것이라고 잘못 생각하고 있었던 것이다. 파울루스가 원래 계획은 영국군을 그리스에 계속 가둬놓는 것이었다고 말하자, 롬멜은 아무도 그런 계획을 자기에게 알려준

> 롬멜은 부하들과 똑같은 전투식량을 먹고 젊었을 때나 지금이나 여전히 어려움을 아랑곳하지 않았다.

적이 없다고 응수했다. 사실 롬멜은 4월 초에 있었던 독일군의 유고슬라비아와 그리스 공격은 병력을 잘못 사용한 것이라고 생각했다. 그는 그 공격에 투입된 병력을 북아프리카에 동원했으면 영국군을 지중해에서 몰아내는 더 나은 전과를 거둘 수 있었을 것이라고 보았다. 물론 이러한 생각은 롬멜이 발칸 반도 침공 이유, 즉 임박한 소련 침공을 위해 독일군이 남쪽 측면을 확보하려고 한 것을 분명히 몰랐다는 사실을 보여준다. 또한 파울루스는 롬멜의 다음 계획도 알고 싶어했다. 그는 특히 롬멜이 나중에 한 것처럼 수에즈 운하로 진격할 의도를 갖고 있을 경우 즉석에서 그 계획을 승인하거나 거부할 수 있는 권한을 가지고 있었다. 이러한 상황에서 파울루스가 다음 토브룩 공격 작전을 승인하여 4월 30일 공격이 이루어졌다. 그러나 그 공격은 롬멜이 본래 의도했던 것보다 제한적이어서, 돌출부의 서쪽 측면에 있는 주요 요새를 점령하는 것을 목표로 삼았다. 이 공격은 성공적이었으나 그 대가로 1,200명 이상의 사상자가 발생해서, 파울루스는 별다른 인상을 받지 못했다. 또한 그는 병참 상황을 걱정했다. 보급선이 길어졌다는 것은 병력이 어려움을 겪고 있다는 것을 의미했으므로, 파울루스는 롬멜이 보급선을 줄이기 위해 병력을 가잘라로 철수시키는 것이 더 나을 것이라고 생각했다. 롬멜은 부하들과 똑같은 전투식량을 먹고 있었고 젊었을 때나 지금이나 여전히 어려움을 아랑곳하지 않았기 때문에 파울루스의 생각에 동의하지 않았다. 오히려 그는 독일아프리카군단이 벵가지에서 보급을 받을 수 있도록 이탈리아군은 벵가지 항을 개발하는 노력에 더욱 박차를 가해야 할 것이라고 말했다. 파울루스는 지중해에서 벵가지로 이어지는 항로는 트리폴리 항로보다 더 길므로 영국 해군의 공격에 훨씬 더 많이 노출되어 있는 데다가 트리폴리의 선적시설이 훨씬 더 좋다는 점을 지적했다. 또한 그는 롬멜에게 더 이상의 증원군은 기대할 수 없으므로 토브룩을 공격한 뒤에는 방어진지에 머물러 있어야 할 것이라는 점도 분명하게 밝혔다.

:: 보급 문제가 발목을 잡다

파울루스가 떠나자, 롬멜은 이집트 전선 쪽으로 다시 관심을 돌렸다. 그의 정보참모는 영국군의 무전이 침묵을 지키고 있는 것으로 보아 그들이 공격을 준비하고 있는 것 같다고 롬멜에게 보고했다. 5월 15일 공격을 시작한 영국군은 독일군을 기습하여 롬멜의 부하들을 할파야 고개에서 몰아내고 솔룸과 카푸초Capuzzo를 다시 점령했다. 롬멜은 신속하게 대처하여 1개 전차대대를 일부 88밀리미터 대전차포와 함께 전진시켜 영국군을 뒤로 몰아냈지만, 영국군이 계속 고수한 할파야 고개만은 예외였다. 이 작전 중 독일군은 대전차포를 이용한 새로운 전술을 사용했다. 그들은 대전차포를 은폐해놓은 상태에서 전차를 미끼로 영국군 전차를 유인했다. 그런 다음 전차들이 우회하여 영국군 전차들을 고립시켰다. 롬멜은 이제 전투단을 점점 더 많이 활용하기 시작했다.

전투단은 특정한 상황에 맞춰 임시로 편성하여 지휘자의 이름을 붙인 제병연합 집단이었다. 이들을 활용했다는 것은 롬멜이 자기 휘하의 부대들을 점점 신뢰하기 시작했다는 것을 의미했다. 전에 그들이 그의 신뢰를 얻지 못한 이유는 롬멜이 그들을 전투에 투입하기 전에 자기 방법으로 훈련시킬 기회가 없었기 때문이었다. 5월 말 할파야 고개를 점령할 당시 롬멜은 전투단을 활용하여 좋은 성과를 거두었다.

이 기간 중 롬멜과 독일 육군최고사령부 사이의 관계가 나빠졌다. 특히 영국군이 지중해를 건너는 보급선들을 공격하여 일부 성공을 거두고 있었기 때문에 당시 보급 상황은 여전히 문제로 남아 있었다. 보급률을 높이기 위해 롬멜은 독일 육군최고사령부에 보내는 물자 부족 현황에 대한 보고를 과장했다. 브라우히치는 화가 나서 롬멜을 심하게 질책했으나, 그렇다고 달라진 것은 없었다. 롬멜은 루시에에게 이렇게 썼다.

"그냥 앉아서 당하지만은 않을 거요. v. B.(von Brauchitsch의 약자—옮긴이)에게는 이미 편지 한 통을 써서 보냈소."[5]

이 무렵 이집트는 한여름이었으므로 6월 2일 롬멜은 그날 기온이 섭씨 42도라고 기록했다. 날씨는 뜨거웠으나 건조해서 작전이 중단될 정도는 아니었다. 실제로 6월 15일 영국군은 '배틀액스Battleaxe'라는 암호명으로 또 다른 공격을 시작했다. 이 공격은 지난달에 있었던 것보다 훨씬 더 규모가 컸으며, 토브룩 수비대를 구원한 다음 데르나와 메칠리를 탈환하는 것을 목표로 삼았다. 그 전날 롬멜은 무전 도청을 통해 '피터Peter'라는 암호를 알게 되었다. 공격을 의심한 롬멜은 부하들에게 최대한 경계태세를 취하게 했다. 그리고 대전차포를 사격하기 좋은 위치에 배치했다. 제5경사단(롬멜은 사단장이었던 슈트라이히를 해임하면서 그 이유로 그가 부하들의 복지에 신경을 너무 많이 쓴다고 말했다. 그의 후임자는 푸르 르 메리트 훈장을 받은 요하네스 폰 라벤슈타인Johannes von Ravenstein 이었다)과 이제 드디어 전투능력을 완벽하게 갖춘 제15기갑사단도 토브룩에서 전진할 태세를 갖췄다. 연료가 부족했으므로, 롬멜은 공격 방향을 정확하게 알 때까지는 그들을 투입하고 싶지 않았다. 15일 이른 아침 영국군은 두 갈래로 나누어 공격을 개시했다. 제4인도사단은 보병 전차와 제7기계화사단의 1개 기갑여단의 지원을 받으며 할파야 고개와 솔룸, 카푸초를 공격하는 한편, 제7사단의 나머지 병력은 남쪽에서 바르디아로 향했다. 카푸초는 함락되었으나 대체로 대전차포 덕분에 나머지 방어선들은 잘 버텼다. 비록 제15기갑사단의 전차연대가 카푸초 지역에 투입되어 일부 전차들을 잃기는 했으나, 롬멜은 대부분의 기동예비대를 보존할 수 있었다. 어둠이 깔리면서 전투가 잠시 중단되었으므로, 롬멜은 다음날을 위한 계획을 세울 수 있었다. 그는 제15기갑사단을 이용하여 영국군의 두 갈래 공격부대를 모두 정면으로 공격하여 꼼짝 못하게 붙잡아두는 한편, 제5경사단은 남쪽으로 우회한 다음 할파야 고개를 향해 북쪽으로 돌아 영국군을 고립시키려고 했다. 작전 이틀째에는 맹렬한 전차전이 벌어졌으나, 날이 저물 무렵 롬멜은 무전 도청을 통해 적군이 약해지고 있다는 느낌을 받았다. 그는 북쪽으로 밀고 올라가 할파야 고개를 결정적으로 공격하기 위해 제15기갑사단에게 전투를 중지하고 제5경사단과 합류하라고 명령했다. 이 작전은 6월 17일 새벽에 시작되었으나, 허공에 대고 주먹을 휘두른 셈이었다. 영국군은 90대 이상의 전차를 잃고 한밤중에 철수했던 것이다.

1941년 북아프리카 전선에서
1941년 6월 22일 히틀러는 소련 침공을 실시했다. 단번에 북아프리카전선은 부차적인 전선으로 격하되었다.

당연히 이 승리로 롬멜은 상당히 고무되었다. 독일의 선전부는 이 승리를 최대한 이용했으나, 증원군을 받아 수에즈 운하에 도달하는 꿈을 이룰 수 있을지도 모른다는 롬멜의 바람은 곧 물거품이 되었다. 1941년 6월 22일 히틀러는 소련 침공(바르바로사 작전Operation Barbarossa)을 실시했다. 단번에 북아프리카전선은 부차적인 전선으로 격하되었다. 게다가 분명히 독일 육군최고사령부는 롬멜을 신뢰하지도 않았다. 파울루스가 아프리카를 떠난 직후인 5월 11일 독일 육군최고사령부 참모총장 프란츠 할더Franz Halder 장군은 이렇게 말했다.

바르바로사 작전 Operation Barbarossa

2차 세계대전의 동부전선에서 나치 독일이 소련을 기습공격한 작전 명칭이다. 작전 기간은 1941년 6월 22일부터 1941년 12월까지였으며, 작전 이름은 신성로마제국의 프리드리히 1세Friedrich I의 별명이었던 '바르바로사(붉은 수염)'에서 유래했다. 프리드리히 1세는 명군으로 불린 전설적인 인물로 동방에 관심을 기울였기에 그의 별명이 대소련전의 작전명에 걸맞다고 판단한 모양이다. 붉은 수염이 스탈린을 암시한다는 설도 있다.

결국 바르바로사 작전은 실패로 끝났고, 이것은 아돌프 히틀러의 전체 전쟁 작전에 차질을 초래해 나치 독일의 패배 원인이 되었다.

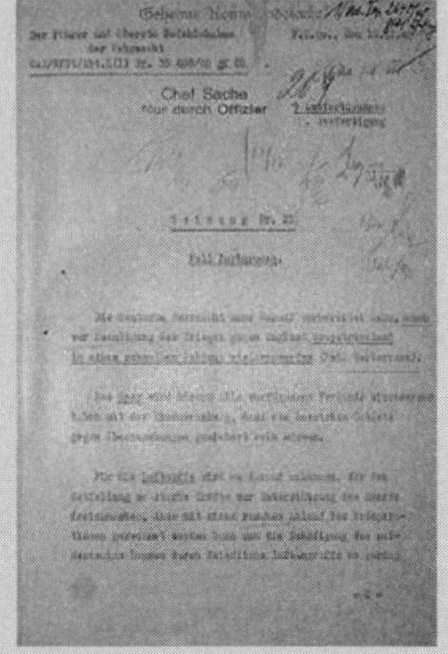
Chef Sache
Nur durch Offizier

총통훈령 제21호 바르바로사 작전명령서 히틀러는 "바르바로사 작전이 실시되면, 세계는 숨을 죽이고 아무 말도 하지 못하게 될 것이다"라고 말했다.

"롬멜은 명령을 어김으로써 현재 우리가 겪고 있는 보급 부족 상황을 유발했다. 롬멜은 이 상황을 감당할 수 없다."[6]

롬멜을 더욱 쉽게 통제하기 위해서 그를 독일군 사령부 직속 하에 두려는 계획이 진행되었으나, 1주일 후 할더는 롬멜이 이런 식으로 '방해' 받는 것을 히틀러가 원치 않는다는 것을 깨달았다. 할더의 생각은 그가 7월 초에 이탈리아군 북아프리카 사령부에 근무하는 독일군 연락장교 알프레트 가우제Alfred Gause 장군과 대화를 나눈 뒤 더욱 굳어졌다. 가우제는 롬멜의 인격과 '지나친 야망' 때문에 롬멜과 잘 지내기가 어려우며, 아무도 감히 그와 맞서려고 하지 않는 것은 "그의 잔혹성과 그가 갖고 있는 고위층 배경(즉, 히틀러) 때문이다"[7]라고 말했다. 이와는 대조적으로 롬멜이 실제로 2개 사단으로 편성된 1개 군단보다 훨씬 더 큰 규모의 부대를 지휘하고 있다는 사실을 인정하는 조치가 이루어졌다. 7월 1일 그는 기갑대장으로 진급했다. 다음 달 그의 사령부는 기갑집단사령부로 승격되었다. 그의 직속부대로는 2개 기갑사단(제5경사단은 이제 제21기갑사단이 되었다)과 기갑사단에 소속되지 않은 아프리카의 독일군 부대들을 모아 새로 편성된 제90경사단이 있었다. 제90경사단은 3개 차량화연대로 편성되어 있었다. 또한 롬멜은 공식적으로는 그의 예하부대가 아니었으나 이탈리아군 제21군단의 4개 보병사단과 아리에테차량화사단과 트리에스테차량화사단이 있는 이탈리아군 제20군단, 그리고 그 외의 1개 보병사단도 운용할 수 있었다.

독일 육군최고사령부는 가우제 밑에서 업무를 도와줄 새로운 참모진을 편성했다. 이탈리아군 사령부와 독일 육군최고사령부를 연결하는 다리 역할도 하고 보급 문제에도 관여하게 하려는 의도에서였다. 롬멜에게 이 일이 기정사실로 알려지자, 롬멜이 의구심을 품는 것은 당연했다. 그러나 참모진은 자질이 탁월했고, 그들이 그곳에 존재하는 이유는 일차적으로 그를 돕는 것이니 절대 방해하지 말라는 롬멜의 요구를 받아들였다. 그들의 관계는 곧 공고해졌다. 그는 8월 말 루시에에게 가우제와 "소문이 날 정도로 잘 지내고 있다"[8]고 편지를 썼다.

전반적인 상황을 말하면, 토브룩은 여전히 엄중하게 포위되어 있었다. 롬멜은 일단 보급이 원활해지면 가을에 토브룩을 다시 공격하려고 했다. 영국군은 지휘관이 바뀌었다. 웨이블이 클라우드 오친렉Claude Auchinleck으로 교체되었던 것이다. 처칠은 오친렉에게 토브룩을 구하라

1941년 토브룩과 시디오마르 사이에서 제15기갑사단과 함께 롬멜은 여름에 했던 것처럼 어떤 공격도 물리칠 자신이 있었다.

는 임무를 맡겼으나, 그는 준비가 끝날 때까지 임무를 보류했다. 그동안 그는 부대를 정비하여 제8군을 만들었다. 롬멜은 여름 내내 여러 차례 황달에 걸려 시달렸으나 다행히 그리 오래 가지는 않았다. 보급품과 증원군이 그가 바라는 대로 빨리 도착하지 않아서 애석하게도 9월로 계획했던 토브룩 공격을 11월로 연기해야 했다. 그러나 11월 초에 그는 9개월 만에 루시에를 다시 볼 수 있었다. 두 사람은 간신히 며칠을 로마에서 함께 보낼 수 있었다.

:: 맹렬한 전차전

11월 중순 롬멜은 아프리카로 돌아갔다. 로마에 머무는 동안 롬멜은 이탈리아군 최고사령관 우고 카발레로Ugo Cavallero 원수에게 곧 있을 토브룩 공격 작전에 대해 보고했다. 카발레로 원수가 영국군의 공격 가능성에 대해 우려했으나, 롬멜은 그러한 우려를 일축했다. 그는 여름에 했던 것처럼 어떤 공격도 물리칠 자신이 있었다. 그는 전선의

크루세이더 작전 당시 불타고 있는 독일군 4호 전차 크루세이더 작전은 토브룩에 고립된 영국군을 구출하기 위해 1941년 11월 18일 영국 오친렉 장군이 실시한 작전이다. 이 작전으로 롬멜은 후퇴해야 했으나, 영국군도 상당한 피해를 입었다.

방어진지를 강화했고 어떤 돌발사태가 벌어지든 그곳에 투입할 2개 기갑사단을 보유하고 있었다. 사실 그는 영국군이 공격할 경우 제21기갑사단을 투입해 넓은 사막을 이용하여 측면에서 타격을 가할 생각이었다. 나아가 그가 토브룩을 접수하면 영국군이 공격할 이유도 사라질 것이다. 그런데 공교롭게도 11월 18일 영국군이 선제공격(크루세이더 작전Operation Crusader)을 해왔다.

영국군이 철저한 무전통제와 야간기동을 펼쳤으므로, 독일군은 그 전에 공격을 전혀 감지하지 못했다. 영국군은 제13군단이 뉴질랜드사단과 제4인도사단과 함께 보병 전차를 동원하여 시디오마르Sidi Omar와 카푸초를 공격한 다음 솔룸과 바르디아를 공격할 계획이었다. 동시에 제30군단은 많은 전차를 이끌고 북서쪽으로 진격하여 토브룩 남쪽 약 48킬로미터 지점까지 갈 예정이었다. 이 작전의 숨은 의도는 독일군의

주력전차부대를 전투에 끌어들여 괴멸시키려는 것이었다. 영국군은 이 작전을 성공시켜야 토브룩을 구할 수 있었다. 독일군은 몇 시간이 지난 뒤에야 대규모 공격이 시작되었다는 것을 알았다. 따라서 영국군 기갑부대는 아무런 저항도 받지 않고 3개 종대로 진격했다. 다음날이 되어서야 비로소 그들은 롬멜의 시야에 들어왔다. 좌측 대열의 영국군 제22기갑여단이 비르엘구비Bir el Gubi에서 아리에테사단을 공격했으나 큰 피해를 입었다. 중앙의 제7기갑여단은 토브룩에서 남동쪽으로 겨우 8킬로미터 떨어져 있는 시디레제흐Sidi Rezegh에 도달했으나, 왼쪽의 제22기갑여단은 가브르살레Gabr Saleh에서 독일군 제5전차연대에게 북쪽 방향에서 공격을 받았다. 빠르게 전개되는 상황을 염려한 라벤슈타인이 자신의 재량권을 발휘해 이러한 조치를 취했던 것이다. 그 후 맹렬한 전차전이 벌어졌다. 이 전투는 늦은 오후에 시작되어 어둠이 깔릴 때까지 계속되었으나, 밤이 되자 양측 모두 철수하여 날이 밝을 때까지 휴식을 취했다. 이 단계에서 롬멜은 평소 방식과는 달리 후임 독일아프리카군단장 루트비히 크뤼벨Ludwig Crüwell에게 아군 전선을 넘어선 모든 적군을 전멸시키라는 대략적인 목표만 정해주고 모든 재량권을 부여했다. 다른 사람들과 마찬가지로 그도 벌어지고 있는 상황에 대해서는 아무것도 모르고 있었으나, 롬멜은 그가 제멋대로 하도록 내버려두었다.

11월 20일 영국군 제22기갑여단은 이동하여 가브르살레에서 제4기갑여단과 합류했으나, 크뤼벨은 자기 기갑사단에게 남쪽을 소탕하라고 명령했다. 독일군 제15기갑사단은 가브르살레에서 또 다른 전투를 펼쳐 최대의 전과를 올렸으나, 제21기갑사단은 연료가 바닥났다. 그날 저녁 롬멜이 개입했다. 이미 제90경사단에게 시디레제흐에 저지 진지를 구축하라고 명령해놓은 그는 크뤼벨에게 같은 장소로 이동하도록 명령했다. 영국군 제7기갑사단의 차량화보병여단과 제7기갑여단, 특히 토브룩 수비대가 돌파를 시도할 경우 토브룩에 가장 큰 위협이 될 것이라고 판단했기 때문이었다. 사실 이것이 영국군의 계획이었고, 다음날 동이 트자 영국군은 그 계획대로 이행했다. 롬멜은 직접 그곳에 자리 잡고 전투를 지휘하여 영국군을 퇴각하게 만들었다. 저녁 무렵 독일아프리카군단이 도착했으므로 당분간 위험을 피할 수 있었다.

다음날 영국군은 전차를 집결시켜 시디레제흐를 다시 공격하려고 시도했다. 영국군 제13군단이 해안을 따라 토브룩으로 진격해올지도 모른다고 생각한 크뤼벨은 그의 기갑사단을 동쪽으로 이동시켜 이러한 위협에 대처하려 했다. 하지만 롬멜은 제21기갑사단은 벨하메드Belhamed에 남겨두고 제15기갑사단을 29킬로미터 떨어진 감부트Gambut로 이동시켜야 한다고 주장했다. 11월 22일 영국군 제13군단은 토브룩을 향해 진격하기 시작했다. 한편 같은 날 롬멜은 제21기갑사단에게 시디레제흐에서 영국군을 공격하라고 명령했다. 이 작전은 성공적이었다. 보병이 포함된 영국군 제7기갑사단 전투지원단과 제7기갑여단이 심각한 피해를 입고 어쩔 수 없이 후퇴했다. 롬멜은 전투가 결정적인 국면에 이르렀다고 직감했다. 그는 크뤼벨에게 제21기갑사단의 전차와 제15기갑사단을 토브룩 동쪽에서 남서쪽으로 이끌고 가서, 이미 남동쪽으로 이동하라는 명령을 받은 아리에테사단과 합류하라고 명령했다. 크뤼벨은 23일 새벽에 출발했으나, 초기에 토브룩을 향해 진격하던 영국군 뉴질랜드 사단에게 대부분의 참모들이 사로잡히게 되어 차질이 생겼다. 그러나 그는 좌절하지 않고 계속 진격했고, 얼마 뒤 우연히 영국군 제30군단의 보급종대 일부를 만나 그들을 흩어놓았다. 그 뒤 합류한 병력은 북쪽으로 방향을 바꿔 전차를 앞세우고 진격하다가 이동 중인 1개 남아프리카여단에게 심각한 피해를 안겨주었다. 이어서 그 부대는 크뤼벨 선봉부대의 배후를 가로질러 서쪽에서 동쪽으로 이동하던 영국군 제22기갑여단의 잔류 전차들과 부딪쳤다. 심각한 피해를 입은 양측은 어둠이 내리자 후퇴했다.

롬멜은 크뤼벨이 펼치는 작전들을 조금도 간섭하지 않았다. 그의 관심사는 토브룩 자체였다. 제90경사단이 수비대가 돌파하지 못하도록 막고 있는 동안, 그는 뉴질랜드 사단에 집중했다. 그럼에도 불구하고 그날 밤 그는 전투가 전개되는 방식이 마음에 들었다. 특히 크뤼벨이 영국군 제30군단의 기갑부대를 괴멸시킨다는 그의 임무를 달성한 것 같아서 흡족했다. 모든 것을 마무리 지어야 할 시간이 되었다. 이를 위해 롬멜은 독일아프리카군단의 남은 병력을 이끌고 남쪽으로 가서 영국군 제8군의 남쪽 측면을 서쪽으로 우회한 뒤, 여전히 버티고 있는 바르디아의 수비대와 할파야 고개의 수비대와 합류함으로써 영국군을 고립시키려고 했다. 영국군 제13군단이 아직 진격을 계속하고 있어서 정확하게 들어맞는 경우라고 할 수는 없었으나, 이것은 이미 패한 것이나 다름없는 적을 상대할 때 그가 즐겨 사용하는 대담한 작전이었다.

11월 24일 오전 10시 30분 영국군에게 '철책선을 향한 돌격dash to the Wire(철책선은 이집트와 리비아의 국경을 의미하는 일반적인 말이었다)'으로 알려진 작전이 시작되었다. 롬멜은 휘하의 지휘관들에게 측면에서 일어나는 일은 모두 무시하라고 명령한 뒤 제21기갑사단을 이끌었다. 모종의 이유로 그는 자신의 참모장인 가우제와 동행했다. 특히 뉴질랜드

사단이 토브룩으로 점점 더 가까이 접근해오고 있는 상황이었으므로, 참모진은 롬멜의 그러한 행동을 염려했다. 또 제30군단이 흩어진 것 같다는 사실 이외에 그 군단에 무슨 일이 벌어졌는지 분명하게 알 수 있는 어떠한 흔적도 찾을 수 없었다. 게다가 적의 전선 배후에서 독일아프리카군단의 재보급을 어떻게 가능하게 만드는가의 문제도 있었다. 그러나 그들이 재보급 문제를 해결하기 위해 할 수 있는 것은 아무것도 없었다.

앨런 커닝엄 커닝엄은 롬멜이 나타나자 공포에 사로잡혀 국경 너머로 후퇴하려고 했다. 오친렉은 화가 나서 커닝엄을 직위 해제하고 제8군을 직접 맡았다.

역시나 롬멜의 공격은 거의 아무런 성과를 얻지 못했다. 그는 몰랐으나 그가 택한 경로의 남쪽에는 2개의 영국군 보급기지가 있었다. 만약 그 기지들을 접수했다면 보급 문제를 해결하고 영국군 제8군에게 심각한 타격을 줄 수도 있었을 것이다. 그러나 그는 그 기지들을 놓치고 말았다. 그리고 그는 제30군단도 만나지 못했고, 국경수비대들도 구조하지 못했다. 성공한 것이라고는 뉴질랜드 여단 사령부를 유린하고 앨런 커닝엄Alan Cunningham 경을 제8군 사령부에서 제거한 것뿐이었다. 커닝엄은 롬멜이 나타나자 공포에 사로잡혀 국경 너머로 후퇴하려고 했다. 오친렉은 화가 나서 커닝엄을 직위 해제하고 제8군을 직접 맡았다. 한편 11월 25일 후방의 아프리카 기갑집단 사령부에서는 참모들이 그들의 말에 귀를 기울이며 매우 불안해하는 이탈리아군 최고사령관과 함께 있었다. 그들은 뉴질랜드 사단이 착실하게 진격하는 모습을 지켜보고 있었다. 뉴질랜드 사단은 노련하게 야간공격을 펼쳐서 시디 레제흐를 탈환했다. 토브룩 수비대 병력이 밖으로 뚫고 나와 그들과 뉴질랜드 사단을 연결하는 좁은 통로를 확보했다. 그러자 사령부의 작전참모 지크프리트 베스트팔Siegfried Westphal 중령이 재량권을 발휘했다. 11월 26일, 그는 제21기갑사단과 간신히 접촉하여 토브룩으로 돌아가라고 명령했다. 그는 자기가 한 일을 전문을 통해 롬멜에게 알리면서 독일아프리카군단은 재보급 문제 때문에 발이 묶일 수도 있으며 영국군은 현재 전장의 제공권을 장악하고 있다고 경고했다. 다음날 결국 롬멜은 마음을 돌려 독일아프리카군단과 함께 돌아갔다. 이 일은 롬멜의 결혼기념일에 벌어졌다. 그날 그는 루시에에게 이렇게 썼다.

"우리는 방금 나흘간의 사막반격작전을 아무런 실수 없이 마쳤소. 우리는 눈부신 성공을 거뒀소."[9]

롬멜은 애써 태연한 척했다. 영국군 제8군에 모종의 분열을 유발했을지는 모르지만, 점점 심각해지고 있는 토브룩 주변의 위기 상황을 완화하지는 못했던 것이다.

롬멜의 당시 임무는 뉴질랜드 사단을 시디레제흐에서 몰아내고 토브룩과 연결되는 통로를 봉쇄하는 것이었다. 28일 저녁 그는 감부트 근처에 있는 전진사령부로 크뤼벨을 불렀다. 크뤼벨은 사령부를 찾는 데 애를 먹다가 우연히 영국제 트럭과 마주쳤다. 그는 조심스럽게 트럭으로 다가갔다. 그는 트럭 안에서 수염도 깎지 못한 채 사막에서 까맣게 탄 얼굴로 잠이 부족한지 졸린 듯한 표정을 짓고 있는 롬멜과 가우제를 발견했다. 잠자리로 사용한 짚더미와 퀴퀴한 냄새가 나는 물 한 깡통, 그리고 식량 몇 깡통도 눈에 띄었다. 무선통신 트럭 2대와 몇몇 연락병이 사령부의 전부였다. 롬멜은 크뤼벨에게 뉴질랜드 사단을 포위하여 섬멸해주면 좋겠다고 말했다. 크뤼벨은 시디레제흐 북쪽과 남쪽에 있는 두 기갑사단을 모두 동쪽에서 진격시키려고 했으나, 롬멜은 그렇게 하면 뉴질랜드 사단을 토브룩 안으로 몰아넣어 수비대를 강화시킬 뿐이라며 그의 계획에 반대했다. 그 대신 제15기갑사단은 일단 남쪽의 시디레제흐를 통과한 뒤 북쪽으로 방향을 돌려 엘두다El Duda로 향하기로 했다. 작전은 대체로 성공적이었다. 이들이 비록 그 뒤 다시 잃기는 했으나 엘두다를 점령하자, 뉴질랜드 사단은 포위된 상태에서 후퇴할 수밖에 없었다. 그러나 토브룩으로 이어지는 좁은 통로는 아직 열려 있었다. 또 제21기갑사단의 용감한 사단장 라벤슈타인이 영국군의 포로가 되고 말았다.

:: 토브룩 점령 실패

추축군의 부대들, 특히 기동부대들이 지친 모습을 드러내기 시작했고, 보급 상황도 나빠지고 있었다. 12월 1일 롬멜의 정보부는 대체로 무전도청 덕분에 영국군의 전투서열을 상당히 정확하게 파악할 수 있었다. 그 전투서열은 제8군이 여러 가지 피해를 입었음에도 불구하고 여전히 건재하다는 것을 보여주었다. 또 같은 날 방송된 BBC 뉴스의 영향도 있었다. 그 뉴스는 지난 이틀간의 전투에 대해 짤막하지만 정확하게 보도한 뒤 이렇게 말했다.

"영국군은 재보급을 받아 강화된 반면, 독일군은 심각한 보급난에 시달리고 있습니다."[10]

롬멜은 시간이 없다는 사실을 깨닫기 시작했다. 그러나 국경수비대 구출 작전을 한 번 더 시도하기로 결심했다. 작전은 실패했고, 롬멜은 토브룩 주변의 동부지역을 포기할 수밖에 없으리라는 것을 깨달았다. 동시에 그는 영국군이 시디레제흐 남쪽의 비르엘고비Bir el Gobi 지역에 병력을 집결하고 있다는 보고를 받았다. 이들이 그 지역의 측면을 포위할 경우 토브룩 주변 지역 전체가 위험해질 것이 분명했다. 따라서 12월 4일에서 5일로 넘어가는 밤에 독일아프리카군단이 엘아뎀 공격에 투입되었다. 독일아프리카군단은 이탈리아군 제30군단과 협력하여 비르엘고비를 공격하기로 되어 있었으나, 이탈리아군 제30군단이 공격에 참가할 만한 상태가 아니었으므로 단독으로 공격을 실시했다. 이 공격은 어느 정도 성공했으나, 새로 도착한 1개 보병여단과 새로 개편된 2개 기갑여단으로 이루어진 영국군을 괴멸하는 데는 실패했다. 더 안 좋은 일은 토브룩 수비대가 공격에 나서서 엘두아에서부터 벨하메드까지 펼쳐진 고지대를 점령한 것이었다. 롬멜은 토브룩 주변의 동부지역에서 남은 병력을 철수시킬 수밖에 없었다. 같은 날 더 나쁜 소식이 전해졌다. 12월 5일 그는 로마의 이탈리아군 최고사령관으로부터 1달 동안 증원군이 없을 것이며 지중해를 통해 최소한의 보급품밖에 보낼 수 없다는 말을 들었다.

이제 롬멜에게는 토브룩에서 완전히 철수하는 길밖에 없었다. 12월 7일 밤 철수가 시작되었다. 롬멜은 독일아프리카군단이 넓은 사막의 측면을 엄호하는 가운데 가잘라로 후퇴했다. 영국군이 계속 추격해왔기 때문에, 독일아프리카군단이 그곳에 계속 남아 있는 것은 무모한 일이었다. 독일군의 방어선은 19킬로미터밖에 되지 않았으므로 쉽게 포위될 가능성이 있었다. 그래서 롬멜은 키레나이카를 완전히 벗어나기로 결심했다. 이탈리아군 사령부는 강하게 반대하면서 그에게는 그곳에 사는 이탈리아인들을 보호해야 할 의무가 있다는 점을 지적했다. 그러나 롬멜은 결심을 굳혔다고 응수했다. 필요할 경우 아프리카기갑군에 소속된 독일군만 데리고 가고 이탈리아군은 그들의 운명에 맡길 생각이었다. 그러자 이탈리아 사령부는 뒤로 물러설 수밖에 없었다. 보병사단들은 벵가지를 경유하는 해안도로를 따라 후방으로 이동하는 한편, 기동부대들은 키레나이카 돌출부를 가로질렀다. 동쪽 끝에 있는 바르디아와 할파야 고개의 국경수비대들이 계속 저항했으나, 결국 1942년 1월 2일과 17일에 각각 항복할 수밖에 없었다.

크리스마스 날, 롬멜은 아게다비아에서 휴식을 취했다. 영국군도 보급 문제에 시달리고 있었으므로, 그의 철수를 거의 방해하지 못했다. 12월 27일 그들은 아게다비아를 공격하기 시작했으나, 롬멜이 저지하자 사흘 뒤에 철수했다. 그럼에도 불구하고 아게다비아도 포위될 가능성이 있었으므로, 롬멜은 더 서쪽에 있는 메르사브레가로 후퇴하여 1942년 1월 12일까지 이 위치를 고수했다.

1941년은 롬멜에게는 행운과 불운이 뒤섞인 한 해였다. 그는 그 해를 화려하게 시작했으나, 토브룩 점령 실패로 인해 좌절로 마감했다. 그러나 수에즈 운하를 건너려는 그의 결심은 결코 약해지지 않았다. 보급전선이 개선되었다는 소식에 고무된 그는 이미 다음 작전을 준비하고 있었다.

4장
롬멜의 전성기

무한한 낙관주의와 열정을 기반으로 한 추진형 리더십

"전장에서의 승리는 먼저 공격하는 편의 것이며, 납작 엎드려서 상황을 지켜보는 자는 기껏해야 2등에 그치게 된다."

"롬멜은 피로에도 불구하고 쉬지 않고 계속해서 밀고 들어가 신속하게 목표물을 공격하는 무서운 추진력을 보여주었다."

"작전을 준비하는 동안 롬멜은 늘 그랬던 것처럼 지칠 줄 몰랐다. 그는 병참에 관여하는 부대들을 비롯하여 모든 부대들을 찾아다녔다. 그의 모든 명령에는 낙관주의가 배어 있었다."

"보급품 조달과 부대 지휘 등 건설적인 모든 일에는 교양 이상의 것이 필요하다. 그런 일에는 활력과 추진력, 그리고 개인의 이익과는 상관없이 대의에 봉사하려는 단호한 의지가 요구된다."

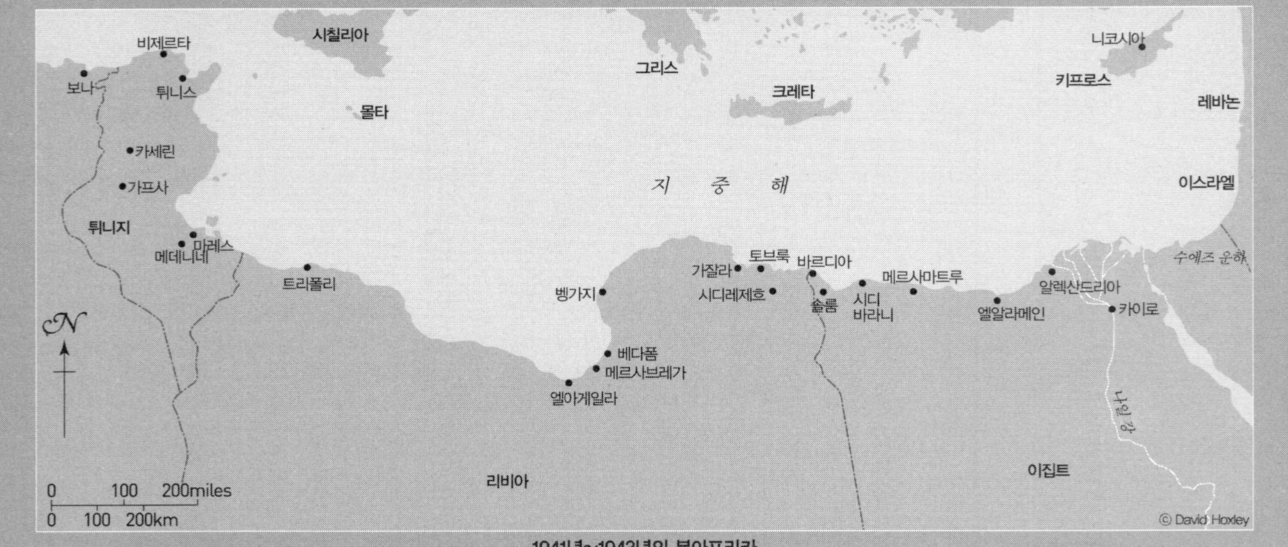

1941년~1943년의 북아프리카

∷ 전광석화와도 같은 작전

1942년 1월 5일, 롬멜은 트리폴리에 도착한 새 전차 45대와 장갑차 20대를 인수했다. 또한 키레나이카의 영국군 상황에 관한 정보를 전혀 생각지도 않은 정보원인 카이로의 미국 대사관부 육군 무관으로부터 확인받는 부가적인 보너스도 있었다. 히틀러가 지난달 미국에 선전포고를 하자, 미국과 영국은 일본보다 독일을 먼저 패망시키기로 합의했다. 그 뒤 미국은 북아프리카에서 벌어지는 전쟁에 큰 관심을 보였다. 보너 펠러스Bonner Fellers 대령은 영국군 고위사령부와 매우 좋은 관계를 맺고 있었으므로, 영국군이 상황을 어떻게 보고 앞으로 어떻게 하려 하는지를 담은 장문의 보고를 워싱턴 D. C.로 보냈다. 독일군과 이탈리아군은 모두 그가 사용하는 암호를 이미 해독한 상태였으므로, 그가 보내는 전문들은 롬멜에게 그대로 전달되었다. 그 후 6개월 동안 그 전문들은 롬멜에게 아주 중요한 역할을 하게 된다.

무전 도청과 펠러스를 통해 롬멜은 영국군이 트리폴리타니아를 공격할 거라는 사실을 알게 되었다. 그러나 이번에 영국군은 준비할 시간을 가질 예정이었다. 그들의 보급선이 다시 길어졌으므로 1년 전과 마찬가지로 최근의 공세에 참여했던 부대들은 철수하여 재정비를 실시할 필요가 있었다. 기갑부대의 경우, 새로 도착한 영국군 제1기갑사단은 새로운 환경에 적응하는 중이라서 1개 기갑여단만이 자리를 잡았을 뿐이었다. 키레나이카에 있는 제4인도사단은 여단들을 산개시켜놓고 있었다. 롬멜은 수적인 우위를 차지하고 있었으나, 그 우위가 오래가지 못할 것이 분명했다. 새로 교체된 전차들을 이미 받아놓은 상태였으므로 롬멜은 즉시 공격하기로 결심했다. 무엇보다 기습이 중요했으므로, 롬멜은 이탈리아군 고위사령부는 물론이고 독일군 고위사령부에도 자기 의도를 알리지 않았다. 특히 이탈리아군 고위사령부는 비밀을 잘 지키지 않았기 때문에 알릴 수 없었다. 본질적으로 그의 1차 목표는 벵가지였다. 그는 제90경사단에게 제21기갑사단 전차들의 지원을 받으며 해안도로로 진격하여 항구를 확보하게 할 생각이었다. 동시에 독일아프리카군단은 북동쪽으로 진격하여 므수스를 공격할 예정이었다.

공격 전날 저녁 롬멜은 베를린으로부터 좋은 소식을 들었다. 그는 오크나뭇잎 기장에 검 기장을 추가한 기사십자훈장을 받았던 것이다. 그 후 1월 21일 그는 일기장에 이렇게 썼다.

"손익을 꼼꼼하게 따져본 뒤 나는 모험을 하기로 결심했다. 나는 신이 우리를 계속 지켜주고 있으며 우리에게 승리를 안겨줄 것이라고 확

1942년 1월 제21기갑사단장 칼 뵈트처 Karl Böttcher**와 함께** 롬멜은 1월 21일 일기에 이렇게 썼다. "손익을 꼼꼼하게 따져본 뒤 나는 모험을 하기로 결심했다. 나는 신이 우리를 계속 지켜주고 있으며, 우리에게 승리를 안겨줄 것이라고 확신한다."

신한다."[1]

같은 날 저녁 5시 공격이 시작되었다. 영국군은 타이밍뿐 아니라 전차와 대전차포를 운용하는 방식 면에서도 독일군에게 완전히 기습을 당했다. 전차가 포탑만 내민 채 고정된 진지에서 엄호하는 가운데 대전차포가 전차부대를 지나 이동했다. 그 다음에는 대전차포가 위치를 잡고 전차가 전진하는 동안 전차를 엄호했다. 이런 식의 기동 속도가 너무 빨랐기 때문에, 영국군 기갑부대는 계속 후퇴하며 많은 사상자가 날 수밖에 없었다. 롬멜은 루시에에게 서둘러 몇 자 적어 보냈다.

"적은 마치 벌에 쏘인 것처럼 도주하고 있다오."[2]

22일 아침 아게다비아가 제90경사단에게 함락되었다. 그 후 롬멜은 계획을 수정했다. 제90경사단은 벵가지 동쪽으로 진군하여, 북쪽이나 동쪽으로 탈출하려고 모색하는 벵가지 수비대를 포위하는 한편, 독일

영국 수상 윈스턴 처칠 윈스턴 처칠은 1942년 1월 27일 의회 연설에서 적장인 롬멜에게 존경심을 표했다. "적에게는 아주 용감하고, 유능한 장군이 있습니다. 이 전쟁의 참상과 관계없이 개인적인 평가를 해도 된다면 나는 그를 위대한 장군이라고 말하고 싶습니다."

아프리카군단은 아게다비아에서 북동쪽으로 안텔라트Antelat로 이어지고 거기서 다시 사운누Saunnu로 연결되는 봉쇄선을 구축하기로 했다. 이틀 후 영국군이 계속 무너지고 있는 상황에서 롬멜은 다시 마음을 바꿨다. 그는 연료 비축량이 적어서 작전 범위가 제한되고 있다는 점을 인정하면서도 신속하게 이동할 경우 영국군을 키레나이카에서 말 그대로 완전히 몰아낼 수 있을 것이라고 생각했다. 그런데 1월 23일 로마의 이탈리아군 최고사령부에 있는 우고 카발레로 장군이 롬멜의 사령부에 도착했다. 그는 롬멜의 일방적인 작전에 대해 불쾌감을 표시했으나, 롬멜은 그의 말에 수긍하지 않고 자신은 대규모 독일군 병력을 동원하고 있다는 점을 이탈리아인들에게 강조했다. 1월 25일 그는 므수스 공격부대를 직접 이끌고 영국군 제1기갑사단의 많은 차량들을 추월했다. 그런 다음 그는 메칠리로 향하는 척하며 영국군의 혼란을 가중시켰다. 연료가 아주 많이 부족한 데다가 영국군이 최대한 빨리 동쪽으로 후퇴하고 있는 상황에서 롬멜은 벵가지 쪽으로 방향을 돌려 1월 29일 벵가지를 손에 넣었다. 영국군은 가잘라와 비르하케임Bir Hacheim을 연결하는 방어선으로 후퇴했다. 그 지역은 지난 12월 롬멜이 토브룩에서 철수한 뒤 잠시 머물렀던 곳이었다. 영국군은 그곳에 요새화된 방어선을 구축하기 시작했다. 롬멜은 그들을 추격하여 2월 4일 이 방어선 앞에서 정지했다. 그가 말한 대로 작전은 '전광석화' 처럼 진행되었다.[3]

:: 목표는 다시 토브룩 점령이다!

이제 4개월간의 휴식이 주어졌다. 양쪽 모두 다시 공격을 개시할 생각이었으나, 당분간은 어느 쪽도 그럴 여력이 없었다. 이탈리아군은 여전히 롬멜이 펼친 전투에 별다른 인상을 받지 못했다. 그들은 영국군이 키레나이카 돌출부의 기저부로 밀고 들어와 롬멜을 고립시킬지도 모른다며 롬멜이 철수하기를 바랐으나, 롬멜은 그들의 말을 무시해버렸다. 이에 대한 보복으로 그들은 롬멜의 휘하에 있던 이탈리아군 1개 군단을 철수시켰다. 그러나 롬멜은 자신의 부대가 아프리카기갑군Panzer Army Africa으로 이름이 바뀌었고 자신이 상급대장으로 진급되었다는 소식에 힘을 얻었다. 2월 15일 롬멜은 로마로 날아갔는데, 이것이 4주 동안 이어질 휴가의 시작이었다. 제90경사단의 전쟁일지에는 이렇게 기록되어 있다.

"모든 병사들이 큰 안도의 한숨을 내쉬며 고요한 날들이 이어질 것이라고 기대했다."[4]

집으로 가기 전 롬멜은 동프로이센 라슈텐부르크Rastenburg의 일명 '늑대소굴Wolf's Lair' 이라 불리는 독일 육군 작전지휘본부에 있는 히틀

1942년 3월 18일 히틀러를 방문한 롬멜 롬멜은 늑대소굴에 있는 히틀러를 방문하여 오크나뭇잎 검 기사십자훈장을 받았다.

러를 방문하여 오크나뭇잎 검 기사십자훈장을 받았다. 집에 도착했을 때 그는 자신이 시인했듯이 매우 불안한 상태에서 리비아의 상황만 계속 생각하고 있었다. 이번 휴가는 그와 루시에, 그리고 그가 끔찍할 정도로 사랑하는 아들 만프레트Manfred(당시 13세)에게 결코 편안한 휴가는 아니었다.

3월 19일 롬멜은 북아프리카로 돌아갔다. 늑대소굴에 머무는 동안 그는 북아프리카 전역의 앞날에 대한 자신의 생각을 논의할 수 있었다. 그는 이집트로 진격한 다음 그곳에서 팔레스타인과 시리아를 통해 위로 올라가 카프카스 지역의 소련군을 위협할 생각이었다. 히틀러도 그의 생각에 호의적이었다. 히틀러 역시 카프카스 지역, 특히 그곳의 유전에 눈독을 들이고 있었으므로 이 지역에 대한 남쪽 공격을 하절기 동부전선의 주안점으로 생각하고 있었다. 또한 몰타Malta 섬이 지중해를 가로지르는 보급선에 가하고 있는 위협을 인식하고 있던 롬멜이 몰타 섬을 집중 공습할 수 있는지 묻자, 히틀러는 이에 동의했다.

롬멜은 사기충천해 돌아갔고, 보급품이 쌓이기 시작하는 모습을 보고는 더욱 기분이 고양되었다. 그러나 단 한 가지 그를 실망시킨 것이 있었다. 그것은 바로 독일 육군최고사령부가 그에게 동부전선의 수요로 미루어볼 때 증원군을 기대하지 않는 편이 좋을 거라고 경고한 것이었다. 그럼에도 불구하고 3월 29일 그는 참모진과 고위 지휘관들에게 브리핑을 하면서 5월에 공격을 다시 시작할 생각이며 그 목표는 토브룩 점령이라고 말했다. 이 계획은 상급자들의 생각과도 일치했다. 4월 중순 베르히테스가덴Berchtesgaden에 있는 그의 알프스 안가에 머무는 동안 히틀러는 무솔리니와 카발레로, 그리고 지중해전구를 책임지는 남부전구 최고사령관으로 임명한 공군 장교 알베르트 케셀링Albert Kesselring 원수를 만났다. 그들은 롬멜이 5월에 공격해도 좋다는 데 동의했으나, 토브룩을 넘어서면 안 된다는 단서를 달았다.

이제는 가잘라선Gazala Line 공격을 위한 세부 계획에 착수할 수 있었다. 가잘라선의 방어시설은 일련의 여단 규모의 '사주방어진지들boxes'을 기반으로 하고 있었다. 각 진지에는 보병여단이 주둔하고 지뢰밭과 철조망으로 둘러싸여 있었다. 일부 진지들은 서로 너무 멀리 떨어져 있어서 서로 화력 지원을 할 수 없다는 약점이 있기는 했으나, 이 진지들은 난공불락인 것처럼 보였다. 진지의 배후에는 어떠한 침투도 저지할 태세를 갖춘 영국군 기갑부대가 있었다. 가잘라선 자체는 비르하케임 남쪽까지 80킬로미터 정도 이어져 있었으나, 기갑부대가 방어선을 우회하려는 모든 시도를 저지할 수 있도록 대기하고 있었다. 다만 그들이 집중되어 있지 않고 분산되어 있다는 것이 문제였다. 롬멜이 알

작전을 준비하는 동안 롬멜은 늘 그랬던 것처럼 지칠 줄 몰랐다. 그는 병참에 관여하는 부대들을 비롯하여 모든 부대들을 찾아다녔다. 그의 모든 명령에는 낙관주의가 배어 있었다.

고 있던 것처럼 영국군도 공격을 준비하고 있었다. 한 번은 그의 병사들이 그에게 영국군은 부활주일 다음 월요일Easter Monday인 4월 6일에 공격할 것이라고 말했다. 롬멜은 그답게 직접 확인했다. 그는 전차 1대의 호위만 받으며 영국군 방어진지들을 향해 차를 몰았으나, 공격이 임박했다는 것을 보여주는 분명한 조짐을 전혀 발견할 수 없었다. 그 순간 그는 포격을 당했다. 파편 하나가 그가 탄 차량의 방풍유리를 뚫고 들어와 가슴을 치는 바람에 그는 큰 타박상을 입었다. 이번에는 신중함이 용기를 이겼고, 그는 철수하기로 했다. 그러나 그렇다고 해서 그가 직접 정찰하는 것을 그만둔 것은 아니었다.

하지만 그는 이미 작전계획을 세워놓고 있었다. 그에게 필요한 것은 영국군 기갑부대의 관심을 딴 데로 돌려 자신의 기갑부대가 가잘라선의 배후로 돌아 토브룩으로 이동할 수 있게 하는 것이었다. 그래서 그는 보병이 정면을 공격하는 동안 기동부대가 남쪽으로 우회하여 영국군 제8군을 포위해 궤멸시킨 다음 토브룩을 향해 진격하기로 결심했다. 가장 큰 위험 부담은 기동부대의 보급선이 취약하다는 것이었으므로, 실제로 주력 전차부대가 연료가 떨어져 영국군 방어선의 뒤쪽에 갇혀버릴 위험이 있었다. 그러나 롬멜은 영국군이 특히 전술적인 차원에서 자기가 펼치는 작전 속도를 따라잡을 수 없을 것이라고 확신했다. 협동작전 부분에서 영국군은 여전히 독일군에게 훨씬 뒤처져 있었던 것이다.

작전을 준비하는 동안 롬멜은 늘 그랬던 것처럼 지칠 줄 몰랐다. 그는 병참에 관여하는 부대들을 비롯하여 모든 부대들을 찾아다녔다. 그의 모든 명령에는 그의 낙관주의가 배어 있었다. 롬멜의 통역장교인 빌프리트 아름브루스터Wilfried Armbruster 중위는 이렇게 말했다.

지칠 줄 모르는 낙관주의자 "독일군과 이탈리아군 병사들은 롬멜이 오기만 하면 얼굴이 밝아졌다."

"독일군과 이탈리아군 병사들은 롬멜이 오기만 하면 얼굴이 밝아졌다."[5]

또한 롬멜은 독일에서 계속 높아만 가는 자신의 유명세를 즐기고 있었다. 그는 종종 라디오 방송을 통해 "우리의 인기 있는 영웅, 롬멜 상급대장"[6]으로 일컬어졌고, 팬들로부터 수많은 편지를 받았다. 동시에 그는 오친렉이 휘하 지휘관들에게 성명서를 발표할 수밖에 없을 정도로 영국군에게도 존경을 받았다. 그 성명서에는 이렇게 기록되어 있었다.

"롬멜은 유령으로 돌변할지도 모르는 위험한 인물이다. …… 그는 활력이 넘치고 유능하기는 하지만 슈퍼맨은 아니다."[7]

5월 12일 롬멜은 휘하의 고위 지휘관들에게 자기 계획을 자세히 설

> 나는 내가 내 휘하의 모든 장교들과 병사들에게 기대하는 바와 똑같이 행동할 것이다.

명했다. 가잘라 지역 공격은 크뤼벨이 지휘하고 이탈리아군 제10군단과 제21군단 소속 4개 보병사단과 함께 제90경사단의 2개 연대전투단과 제15소총여단이 투입될 예정이었으며, 오후 2시에 시작되어 16킬로미터 정도 침투하기로 되어 있었다. 그런 다음에는 1개 전차대대와 포획한 영국군 전차로 편성된 또 다른 1개 전차대대가 전차부대 주공을 가장하여 영국군 기갑부대를 가잘라 쪽으로 유인하기로 했다. 롬멜 자신은 제15기갑사단과 제21기갑사단, 제15소총여단을 제외한 제90경사단, 아리에테기갑사단, 트리에스테차량화사단으로 편성된 기동부대를 이끌 예정이었다. 이 기동부대는 다음날 새벽 가잘라선을 우회하여 이동하기로 되어 있었다. 그는 이틀이면 영국군 제8군을 섬멸하고 토브룩을 향해 이동할 것이라고 예상했다. 5월 26일 그는 이동하기로 결심하고 아침에 루시에에게 편지를 썼다.

"우리는 오늘 결정적인 공격을 개시할 거요. 어려운 공격이 되겠지만, 우리 군이 승리하리라고 확신하오. 어쨌든 그들은 이번 전투가 무엇을 의미하는지 잘 알고 있으니까. 내가 어떻게 전투에 참여할지 당신에게 말하지 않아도 잘 알겠지. 나는 내가 내 휘하의 모든 장교들과 병사들에게 기대하는 바와 똑같이 행동할 거요."[8]

영국군은 독일군의 공격을 예상하고 있었다. 당시 영국은 독일군의 에니그마Enigma(암호체계) 통신문을 해독하기 위해 앨런 튜링Alan Turing을 비롯한 영국 최고 두뇌들을 비밀리에 소집하여 런던 근교 블레츨리 파크Bletchley Park에 있는 한 농촌 저택에 특별 센터를 설치하고 독일군 암호 해독 작전에 울트라Ultra라는 암호명을 붙였다. 이렇게 하여 얻은 울트라의 정보와 도청한 무전교신 내용은 독일군의 공격을 시사했다. 그러나 울트라의 정보는 가잘라선 중앙을 공격할 가능성을 시사한 반면, 포로들을 통해 입수한 정보와 도청 내용들은 독일아프리카군단이 비르하케임을 우회하여 이동할 가능성을 시사했다. 그러므로 오친렉과 제8군 사령관 닐 리치Neil Ritchie는 결정을 내리지 못하고 있었다. 두 사람 사이의 유일한 차이점이 있다면, 그것은 두 기갑사단을 배치하는 방법에 대한 것이었다. 오친렉은 롬멜이 어떤 선택을 하든 토브룩을 지키기 가장 좋은 위치를 차지하기 위해 두 기갑사단을 모두 북쪽에 배치하고 싶어한 반면, 리치는 실제로 제1기갑사단을 토브룩 바로 남쪽에 배치하고 제7기갑사단은 그보다 16킬로미터 더 남쪽에 배치했다. 리치는 모든 돌발 사태를 처리할 수 있는 적합한 곳에 두 사단을 배치했다고 확신했고, 오친렉은 전차들이 집결되어 있기보다는 산개되어 있었음에도 불구하고 마지못해 리치의 결정을 받아들였다.

제8군 사령관 닐 리치 북아프리카 가잘라 전투 당시 제8군 사령관 닐 리치(가운데)가 그의 군단장들과 지도를 보며 의논하고 있다.

5월 26일 오후 독일아프리카군단은 예정대로 공격을 개시했다. 그러나 공격은 계획대로 진행되지 않았다. 북쪽의 공격은 곧 지뢰밭에 발목이 붙잡혀 영국군 전차들을 롬멜이 바라는 방향으로 유인하지 못했다. 그 사이에 롬멜과 그의 기동부대는 남쪽으로 이동했으나 영국군 장갑차에게 발각되었다. 장갑차가 그들의 움직임을 보고하자, 리치는 기갑부대에게 경보를 내렸다. 27일 오전 4시 30분 그들은 가잘라선을 우회하며 영국군 2개 차량화여단을 괴멸시켰다. 그 후 그들은 2개 기갑여단과 부딪쳤지만 그 여단을 물리쳤다. 그 과정에서 그들은 제7기갑사단 사령부를 유린했다. 그러나 롬멜의 길은 순탄하지만은 않았다. 영국군은 신형 대전차포인 6파운드 포와 신형 전차 M3 제너럴 그랜트 M3 General Grant를 보유하고 있었다. 이 6파운드 포와 M3 제너럴 그랜트 전차는 모두 영국군이 지금까지 보유했던 그 어떤 것보다 효과적인 대전차 무기였으므로 롬멜이 보유한 전차 중 3분의 1이 파괴되거나 무력화되었다. 또 제90경사단이 기갑사단으로부터 분리되는 바람에 영국군은 그 간격을 이용해 독일군의 보급종대를 공격했다. 그러나 영국군의 전차 공격이 산발적으로 이루어졌기 때문에 그 공격을 각개격파할 수 있다는 것이 그나마 롬멜에게 희망을 주었다. 롬멜은 엘아뎀 지역에 주둔해 있는 제90경사단을 불러와 독일아프리카군단에 합류시킨 뒤 다음날 북서쪽으로 계속 밀고 올라갈 계획을 세웠다.

그러나 다음날은 시작이 좋지 않았다. 동이 튼 직후 롬멜의 지휘소가 영국군 전차의 공격을 받았으나, 그와 그의 차량들은 간신히 포위망을 벗어났다. 그는 이탈리아군 제20차량화군단을 찾아가 독일아프리카군단 뒤를 따르라고 명령했다. 그 후 제90경사단이 어려움을 겪고 있다는 소식이 전해졌다. 영국군의 전차 공격과 공습에 시달린 제90경사단은 비르엘하르마트Bir el Harmat 동쪽 10킬로미터 지점에 방어진지를 구축할 수밖에 없었으므로, 마찬가지로 수세에 몰린 독일아프리카군단에 합류할 수 있는 처지가 아니었다. 이어서 제15기갑사단의 일부가 탄약이 떨어졌다는 소식이 날아들었다. 롬멜은 상황을 파악하기 위해 위로 올라가 비르엘하르마트 북쪽 16킬로미터 지점의 한 고지에 도달한 뒤 그곳에서 독일아프리카군단이 영국군 공격을 계속 격퇴하고 있는 전투 장면을 볼 수 있었다. 그는 불타는 차량에서 치솟아 마치 구름처럼 시커멓게 깔린 연기가 사막에 "상서롭지 못한 묘한 아름다움"[9]을 안겨주었다고 말했다. 다음날 아침 일찍 그는 전에 독일아프리카군단 보급부대를 이끌고 갈 때 이용했던 통로를 이용하기로 결심했다. 사령부로 돌아오는 길에 그는 영국군 부대와도 부딪치고 이탈리아군 부대와도 만났다. 그는 사령부는 물론 일부 독일아프리카군단 보급종대도 공격을 받았다는 것을 알았다. 야음을 틈타 제90경사단이 비르엘하르마트 쪽으로 더 가까이 이동해왔기 때문에, 롬멜은 아리에테사단을 투입하여 경사단과 독일아프리카군단 사이에 여전히 있는 간격을 메우게 했다. 5월 29일 새벽 롬멜은 다시 독일아프리카군단을 찾아 나섰다. 이번에는 보급부대도 함께 갔다. 그들은 때를 잘 맞춰 도착했다. 이 무렵 모든 전차들이 연료가 떨어져 움직이지도 못하는 상태에서 다시 공격을 받고 있었기 때문이었다. 롬멜은 그날 남은 시간 동안 그들과 함께 머물러 있었다. 날이 어두워지면서 양측의 전차들은 표준 작전예규에 따라 철수하여 전차 야영지laager로 이동했다.

그날 밤 상황을 돌이켜보면서 롬멜은 가잘라선 남부의 동쪽 구역을 상당히 확고하게 장악하고 트리그엘아브드Trigh el Abd에 걸터앉음으로써 남쪽에 있는 엘구비El Gubi로 이어지는 통로를 확보했다는 사실에 만족했다. 더 큰 문제는 그곳에 주둔한 부대의 보급선을 유지하는 것이었다. 그는 비르하케임이 곧 함락될 것으로 예상했으나, 예상과는 달리 자유프랑스군 1개 여단이 완강하게 저항하고 있었다. 그는 비르하케임 북쪽에서 가잘라선을 돌파해 트리에스테사단을 진격시킴으로써 보급선을 줄여보려고 했으나, 사단은 지뢰밭에 갇혀버렸다. 북쪽 공격의 경우 방어부대들을 고착시키고는 있었으나, 여전히 방어선을 돌파할 수는 없었다. 크뤼벨은 타고 있던 피젤러 슈토르히 정찰기가 격추되는 바람에 영국군의 포로가 되었다. 그러나 방문차 그곳에 도착해 있던 케셀링이 크뤼벨의 빈자리를 메워 그가 담당했던 전선을 지휘하고 있었다. 롬멜은 보급 상황이 개선되기 전에 가잘라선 동쪽을 계속 공격하는 것은 너무 큰 모험이라는 결론을 내리고, 독일아프리카군단과 아리에테사단, 제90경사단에게 계속 방어태세를 유지하되 북동쪽을 정면으로 삼아 방어선을 단축하라고 명령했다. 그 사이 제90경사단과 기갑사단들은 가잘라선을 동쪽에서 돌파하고 이탈리아군 제10군단은 서쪽에서 돌파할 예정이었다. 좁은 통로를 확보하여 그 통로를 통해 보급을 원활하게 하고 비르하케임의 자유프랑스군을 고립시키는 것이 그의 의도였다.

다음날인 5월 30일 새로운 돌파작전이 시작되었다. 이탈리아군 제10군단과 동쪽에서 공격한 부대가 신속하게 지뢰밭에 통로를 확보한 덕분에 롬멜은 그 통로를 이용해 제10군단 군단장과 케셀링을 만나서 가잘라선의 남쪽 부분을 소탕한 뒤 다시 북쪽으로 공격을 계속할 계획

자유프랑스 Françaises Libres

1940년 5월, 독일군이 네덜란드와 벨기에를 침공하면서 시작된 서부 전역에서 1개월 만에 영국과 프랑스는 패배하여 영국군은 됭케르크에서 철수하여 대륙에서 완전히 쫓겨났고, 프랑스는 제3공화정이 붕괴하면서 필리프 페탱Philippe Pétain 원수가 새로 내각을 맡아 프랑스 남쪽의 비시Vichy에 정부를 세우고 독일에 항복한다. 이것이 비시 프랑스Vichy France다. 비시 프랑스를 독일의 괴뢰 정권으로 규정한 자유프랑스는 됭케르크 철수 후 프랑스를 탈출하여 런던으로 망명한 샤를 드골Charles de Gaulle이 BBC에서 계속 저항할 것을 주장한 라디오 연설에서 시작되었다. 그러나 그 연설을 듣고 모인 사람은 극소수였다.

자유프랑스와 영국, 캐나다는 비시 프랑스를 괴뢰 정부로 보았고, 윈스턴 처칠은 자유프랑스를 프랑스의 합법 정부로 지지했지만, 미국은 자유프랑스를 나라를 잃고 망명한 사람들이 세운 저항 단체로 보았다. 이 때문에 미국과 자유프랑스 사이에 갈등이 조장되었다. 미국과 자유프랑스 사이 갈등은 루스벨트가 사망하고, 해리 S. 트루먼이 대통령직을 계승한 이후에 해소되었다.

1942년 샤를 드골 드골이 독일과의 전투(아라스 전투)에서 선전한 기갑부대 지휘관이기는 했으나, 프랑스를 탈출하여 영국 런던으로 망명할 때까지만 해도 대중적인 인물은 아니었다.

이라고 설명할 수 있었다. 비르하케임의 자유프랑스군 이외에 이 작전의 주요 장애물은 영국군 제150여단[제50(노섬브리아Northumbrian)사단의 일부]이 1개 보병전차여단의 지원을 받아 방어하고 있는 사주방어진지였다. 5월 31일 롬멜은 이 진지를 공격하기 시작했다. 48시간 동안 격렬한 전투 끝에 진지를 점령했다. 롬멜은 그 전투가 "상상할 수 있는 가장 완강한 저항이었다"고 묘사한 뒤 "영국군은 상당히 노련하게 방어하며 최후까지 싸웠다"고 했다.[10] 이 전투에서 귀중한 그의 참모 2명이 다쳤다. 그의 참모장 가우제가 포탄 파편에 맞았으며 작전참모인 지그프리트 베스트팔 대령이 롬멜과 함께 서 있다가 박격포 사격에 부상을 당했던 것이다. 독일아프리카군단의 참모장 프리츠 바이얼라인Fritz Bayerlein이 가우제의 직책을 맡았다. 그러나 휴식은 없었다. 6월 1일에서 2일로 넘어가는 밤에 롬멜은 비르하케임으로 향했다. 그곳의 전투가 제150여단을 공격할 때보다 훨씬 더 치열했던 것이다. 자유프랑스군은 자그마치 10일이나 저항했고, 롬멜은 수많은 공격을 직접 지휘했다. 마침내 탄약이 다 떨어지게 되자, 방어군은 몰래 탈출하여 롬멜의 보급선을 괴롭히고 있던 제7차량화여단과 합류했다.

이 작전이 벌어지던 처음 며칠 동안 영국군 제8군은 두 차례 산발적인 공격을 한 것 외에 거의 한 일이 없었다. 그것마저도 독일아프리카군단과 아리에테사단이 쉽게 격퇴했다. 덕분에 롬멜은 공세를 개시할 때는 320대였다가 130대까지 줄어든 전차부대의 전력을 증강시킬 수 있는 여유를 얻었다. 그러나 리치는 콜드론Cauldron을 공격할 준비를 하고 있었다. 콜드론은 가잘라선에서 롬멜이 현재 장악하고 있는 지역을 일컫는 말이었다. 6월 5일 영국군의 공격이 시작되었다. 영국군은 1개 보병전차여단이 북쪽에서 공격하는 한편, 1개 기갑여단과 2개 보병여단은 동쪽에서 공격했다. 영국군은 처음에는 상당히 진격하여 중앙의 아리에테사단이 뒤로 밀렸다. 그러나 영국군의 북쪽 공세는 포격으로 저지되었고, 동쪽 공격은 롬멜이 직접 이끈 예비전투단과 2개 기갑사단이 영국군의 측면을 공격하자 좌절되었다. 영국군이 심각한 피해를 입자, 롬멜은 다시 비르하케임 쪽으로 관심을 돌렸다. 6월 11일 비르하케임을 함락하자, 마침내 그는 북쪽을 향해 다시 진격할 수 있게 되었다.

가잘라선의 북쪽 부분은 여전히 굳건하게 버티고 있었고, 제50사단의 남은 2개 여단과 제1남아프리카사단이 지키고 있었다. 그들은 제32육군전차여단(보병전차)의 지원을 받았다. 롬멜의 병력 앞에는 트리그카푸초Trigh Capuzzo를 동서로 가로지르는 방어선을 따라 주둔하고 있는 3개 여단의 사주방어진지들이 있었다. 서쪽에는 제201근위여단이 나이츠브리지Knightsbridge라는 진지를 확보하고 있었다. 그들 동쪽으로 89킬로미터 정도 떨어진 곳, 엘아뎀 바로 남서쪽에는 제29인도보병여단이 있었고, 그 너머에는 제21인도보병여단이 있었다. 근위여단과 인도보병여단 사이에는 3개 기갑여단(제2 · 제4 · 제22기갑여단)이 있었다. 6월 11일 오후 롬멜은 1개 정찰대대와 함께 제15기갑사단과 제90경사단을 직접 이끌고 출발했다. 저녁 무렵 그들은 엘아뎀 남쪽 약 10킬로미터 지점에 있었다. 다음날 아침 그들은 영국군 제2기갑여단과 지속적인 전투를 벌여 영국군에게 심각한 피해를 안겨주었다. 정오에는 엘아뎀이 독일군의 손에 들어왔으나, 영국군 제29인도여단은 여전히 사주방어진지 안에서 저항하고 있었다. 동시에 제21기갑사단 병력으로 편성된 1개 전투단이 동쪽으로 진격하기 시작했고, 그 결과 제32군 기갑여단에 합류한 영국군 기갑부대는 독일군 전투단과 제15기갑사단 사이에서 압박을 당했다. 평소처럼 직접 보고 싶었던 롬멜은 엘아뎀으로 올라가, 제90경사단이 두 인도여단을 공격하는 모습을 지켜보았다. 그 후 롬멜은 적진을 헤치고 제15기갑사단으로 가려고 했으나, 그의 전술사령부가 심한 사격을 받아 오랫동안 꼼짝 못하고 고착되어 있었다. 이날은 롬멜이 영국군 전투기의 공격을 받게 되어 어쩔 수 없이 폭탄을 투하하게 된 급강하폭격기들의 폭격 속에서 끝이 났다. 다음날인 6월 13일 독일군의 주력부대가 트리그카푸초 북쪽의 영국군을 압박했으므로 전차전이 계속되었다. 영국군 전차의 피해가 늘어나자, 근위부대가 나이츠브리지 사주방어진지에서 철수할 수밖에 없었기 때문에, 영국군의 반격이 약해졌다. 날이 저물 무렵 리치는 가잘라선의 남은 지역에서도 철수해야 한다는 사실을 받아들였다. 이제 그는 토브룩에서 남쪽으로 이어진 방어선을 지키기로 했다.

6월 14일~15일 영국군 제8군이 후퇴했다. 롬멜은 가잘라선에서 철수하는 부대들을 차단하려고 했으나, 그의 병력이 지쳐 있어서 그렇게 할 수 없었다. 오친렉과 처칠은 리치가 토브룩 동쪽으로 후퇴하지 말고 토브룩을 고수해주길 바랐으나, 리치는 그러기에는 병력이 너무 와해되었다고 판단하고 국경을 향해 철수하기 시작했다. 토브룩에는 제2남아프리카사단이 주둔하고 있었으나, 이 사단은 2개 여단과 제201근위여단의 남은 병력, 제32육군전차여단을 보유하고 있었을 뿐이었다. 방어진지들은 방치된 채 약화되었고, 가잘라선을 강화하기 위해 많은 지뢰들이 제거되었다. 6월 18일 롬멜은 요새를 고립시킨 다음 이틀 뒤 공격했다. 이탈리아군 제21군단과 제15소총여단이 남서쪽에서 위장공격을 하는 한편, 주력부대인 독일아프리카군단과 제20군단은 남서쪽에서 공격했다. 주력부대가 공격하기 전에 먼저 강력한 공습이 있었다. 이번에는 사실상 하루 만에 토브룩을 함락했다. 일부 거점들을 제외하고 방어군의 저항은 거의 없었다. 그날 저녁 한 장교는 롬멜이 바이얼라인과 함께 가물거리는 촛불 아래서 영국군 전투식량을 허겁지겁 먹는 모습을 보았다.

"그분의 눈만 흔들리지 않는 깊은 행복감으로 빛나고 있었습니다."[11]

:: 토브룩 함락으로 다시 영웅이 되다

다음날 동이 튼 직후 롬멜은 토브룩으로 차를 몰고 들어가 남아프리카 사단장 헨드릭 클로퍼Hendrik Klopper 장군의 항복을 받았다. 그 후 그는 지난 한 달 동안 부하들이 기울인 노력을 치하했다. 그 치사는 이렇게 끝을 맺었다.

"이제 적을 완전히 패배시켰다. 하지만 우리는 영국군 제8군의 잔여 병력을 완전히 소탕한 다음 휴식을 취할 것이다. 제군들이 한 번 더 분발하여 이 임무를 완수해주길 촉구하는 바이다."[12]

그러나 그 일은 말처럼 쉽지 않았다. 같은 날인 6월 21일 정오 토브룩 함락 뉴스가 독일 라디오 방송을 통해 발표되었다. 롬멜을 다루는 뉴스영화도 즉시 독일 전역에 배포되었다. 그는 다시 영웅이 되었다. 그가 육군 원수로 진급했다는 사실이 발표되었다. 그는 당시 원수 자리에 오른 최연소 장군이었다. 그러나 롬멜은 멈춰서 자기 손에 들어

토브룩에서 바이얼라인과 함께 1942년 6월 21일 정오 토브룩 함락 뉴스가 독일 라디오 방송을 통해 발표되었다. 롬멜은 다시 영웅이 되었다.

온 영광과 엄청난 양의 보급품을 음미할 마음이 전혀 없었다. 그는 동쪽으로 진격하기 위해 이미 다음 작전을 준비하고 있었다.

물론 롬멜은 이제 토브룩을 점령했으니 그만 멈추라는 말을 들었다. 지중해 중심 전략의 다음 단계는 몰타 점령이었다. 지난 수개월 동안 맹렬한 공습을 받고 극심한 보급난에 시달리면서 몰타는 저항을 계속했다. 공군과 해군이 공격작전을 펼치려면 반드시 제공권을 장악할 필요가 있었으나, 추축국 공군은 제공권을 장악하지 못했다. 롬멜이 보기에 상황은 너무나도 분명했다. 그가 영국군 제8군을 궤멸시키기 직전이었으므로, 그들에게 숨 쉴 여지를 주어 전력을 회복하게 한다는 것은 미친 짓이었다. 수에즈 운하로 나아가는 길이 활짝 열려 있는 데다가 특히 토브룩에서 얻은 전리품으로 보급 상황이 훨씬 개선되었기 때문에, 그는 수에즈 운하를 점령하고자 했다. 그는 상황을 같은 관점

> 토브룩을 함락한 롬멜은 다시 영웅이 되었다. 그가 육군 원수로 진급했다는 사실이 발표되었다. 그는 당시 원수 자리에 오른 최연소 장군이었다. 그러나 롬멜은 멈춰서 자기 손에 들어온 영광과 엄청난 양의 보급품을 음미할 마음이 전혀 없었다. 그는 동쪽으로 진격하기 위해 이미 다음 작전을 준비하고 있었다.

에서 보도록 간신히 케셀링을 설득한 뒤, 히틀러에게 직접 편지를 보냈다. 이러한 조치는 아주 시기적절했다. 이와 동시에 히틀러가 로마의 카발레로 원수로부터 편지를 받았기 때문이다. 카발레로 원수는 몰타 점령의 필요성을 다시 강조했다. 그는 이탈리아 해군은 연료가 매우 부족하므로 북아프리카로 향하는 제한된 수의 호송선단만을 호위할 수 있을 뿐이며 그들 호송선단도 몰타로부터의 공습에 노출된 벵가지가 너무 위험하기 때문에 트리폴리에서 물자를 하역할 수밖에 없다고 했다. 그러나 히틀러는 롬멜의 입장을 받아들이고는 무솔리니에게 이집트 침공을 진행할 것이라고 했다.

:: 메르사마트루 전투에서의 승리

롬멜은 이미 명령을 하달해놓은 상태였으므로, 국경에 바짝 접근해 있던 그의 병력은 6월 23일 국경을 넘었다. 영국군의 경우 리치는 국경을 지키려는 아무런 노력도 없이 국경으로부터 동쪽으로 240킬로미터 떨어진 메르사마트루Mersa Matruh로 철수했다. 그는 서둘러 그곳에 방어선을 구축했다. 메르사마트루 방어선도 가잘라선과 똑같은 방법으로 측면이 돌파당할 가능성이 있었기 때문에, 오친렉은 이 계획을 달가워하지 않았다. 그는 훨씬 더 방어하기 쉽고 동쪽으로 160킬로미터 더 멀리 있는 엘알라메인El Alamein을 주시하고 있었다. 사실 엘알라메인은 나일강 삼각주Nile Delta와 가까웠지만, 남쪽에 통과가 거의 불가능한 카타라 저지Qattara Depression가 있다는 큰 이점이 있었다. 이것은 롬멜이 정면공격으로만 그곳을 통과할 수 있기 때문에 영국군이 롬멜을 저지할 가능성이 훨씬 높다는 것을 의미했다. 오친렉은 롬멜을 저지하지 못할 경우 수에즈 운하로 철수할 것이며 필요하다면 팔레스타인에서 계속 싸울 생각이었다. 중요한 것은 병력을 무사히 보존하는 것이었다. 하지만 메르사마트루에서 모든 병력을 투입하여 전면전을 벌일 경우 전멸당할 가능성이 있었기 때문에, 6월 25일 오친렉은 리치를 직위 해제하고 제8군을 직접 맡았다. 그러나 리치의 계획을 변경하기에는 너무 늦은 터라, 메르사마트루에서는 단지 모든 병력을 엘알라메인으로 철수시킬 수 있는 시간을 벌려고 했을 뿐이었다.

영국군에게 조금도 쉴 틈을 주지 않겠다고 결심한 롬멜은 다음날 메르사마트루로 접근했다. 오친렉은 이미 제30군단에게 엘알라메인으로 철수하도록 명령했으므로 메르사마트루에는 제10군단이 그 남쪽에 있는 제13군단과 함께 주둔하고 있었다. 제13군단은 뉴질랜드사단과 제1기갑사단으로 이루어져 있었으나, 군단으로부터 그 예하에 이르는 모든 부대 단위에서 협조가 부족했고 방어선에 틈이 있었다. 6월 26일 롬멜은 적시에 공격하여 국경으로 이동하고 있던 연료를 추가로 포획했다. 그는 영국군 제1기갑사단을 멀리 밀어낸 다음 메르사마트루를 포위할 계획이었다. 독일아프리카군단이 영국군 기갑부대를 처리하는 동안, 제90경사단은 뉴질랜드사단의 남쪽을 통과한 다음 북쪽으로 돌아 해안도로의 남북에 걸쳐 위치를 확보했다. 이탈리아군 2개 보병사단이 트럭을 타고 제90경사단을 뒤따라 포위망을 마무리했고, 다른 병력들은 메르사마트루 서쪽과 남서쪽에 교두보를 확보했다. 그러나 남쪽의 브레시아사단Brescia Division과 파비아사단Pavia Division이 너무 느리게 이동하는 바람에, 뉴질랜드사단들이 밤중에 포위망을 돌파하기 시작했다. 또 제10군단 병력 일부도 돌파를 시도하여 제90경사단은 그들이 동쪽으로 도주하지 못하도록 밤새 전투를 벌였다. 6월 28일 롬멜은 메르사마트루를 뚫고 들어가기 시작했고, 독일아프리카군단은 계속 진격하여 날이 저물 무렵에는 64킬로미터 지점의 푸카Fuqa를 확보했다. 그러나 영국군과 독일군이 모두 같은 방향으로 달리고 있었기 때문에 상황은 매우 혼란스러웠다. 다음날 롬멜은 메르사마트루를 함락하여 6,500명의 포로와 많은 전리품을 얻었다. 롬멜은 루시에게 이렇게 썼다.

"이제 우리는 메르사마트루 전투에서도 승리했소. 우리 선두부대는 알렉산드리아Alexandria 201킬로미터 지점까지 진격해 있다오. 앞으로 조금만 더 전투를 치르면 목표지점에 도달하겠지만, 내 생각에 최악의 상황은 우리의 배후에 있는 것 같소."[13]

이것은 지나치게 낙관적인 말이었다. 특히 메르사마트루 방어 병력의 상당 부분이 이미 탈출에 성공한 데다가 "당황하고 있지만 용감한" 영국군 제8군이 아직 건재했기 때문이었다. 게다가 영국군 사막공군

Desert Air Force도 매우 적극적으로 활동하고 있었다.

:: 1차 엘알라메인 전투

6월 30일 롬멜은 엘알라메인 방어선에 접근했다. 그의 병력은 사실상 한계에 도달해 있었다. 그들은 탈진한 상태였다. 또한 병력도 크게 줄어들었다. 2개 기갑사단은 모두 합쳐 겨우 500명 정도의 차량화 보병만 남아 있었고, 아직까지 가동되는 전차는 55대뿐이었으며, 이탈리아 전차군도 30대밖에 없었다. 다른 주력부대인 제90경사단도 전투가 가능한 병력이 1,500명으로 줄어들어 있었다. 또한 포병, 특히 이탈리아군 포병도 이제는 완전히 정원 미달이었다. 사단들은 적어도 한동안은 연료가 충분했으나, 주로 영국군에게서 노획한 장비들을 사용하고 있는 수송부대는 차량이 부족한 데다가 영국군 사막공군에게 끊임없이 시달리고 있었다. 그러나 롬멜은 적이 훨씬 더 녹초가 되어 있다고 확신했다.

급하게 후퇴한 영국군 제8군은 독일군 아프리카기갑군보다 훨씬 더 큰 혼란을 겪고 있었으나, 여전히 막강한 전투력을 보유하고 있었다. 엘알라메인은 비록 작은 기차역에 불과했지만, 오친렉은 그곳을 자기 방어선의 중요한 버팀목이라고 생각했다. 그곳에는 1개 남아프리카여단이 주둔하여 사주방어진지를 구축했다. 제1남아프리카사단의 나머지 병력은 일종의 기동종대로서 사주방어진지의 남쪽에 배치되어 2개 기갑여단의 지원을 받았다. 롬멜이 엘알라메인을 고립시킬 것이라고

1942년 엘알라메인으로 전진하는 영국군 마틸다 전차 엘알라메인은 비록 작은 기차역에 불과했지만, 오친렉은 그곳을 자기 방어선의 중요한 버팀목이라고 생각했다.

예상하여 기동부대를 통해 그것을 막기 위한 조치였다. 남쪽에는 루웨이사트 능선Ruweisat Ridge이 우뚝 솟아 있었기 때문에 롬멜은 이 능선의 북쪽을 통과하게 하려고 능선의 서쪽 끝에 1개 인도여단을 배치했다. 그리고 루웨이사트 능선의 남쪽에 제13군단을 배치했다. 뉴질랜드사단은 1개 여단을 전진 배치하고, 나머지 병력은 데이르엘무나시브Deir el Munassib 지역의 뒤쪽에 배치했다. 남단의 훨씬 더 험한 지역에는 제7기갑사단의 나머지 병력과 제5인도사단을 배치했다. 영국군은 투입 가능한 온갖 종류의 전차를 250대 정도 보유하고 있었고, 그들이 북아프리카에 주둔한 이래 통신선이 가장 짧다는 점에서 큰 이점을 안고 있었다.

6월 30일 오후 롬멜은 공격 명령을 내렸다. 그의 계획은 메르사마트루에서 사용했던 것과 거의 같았다. 그러나 그가 갖고 있는 정보는 매우 부정확했다. 그는 엘알라메인의 사주방어진지 안에 사단 전체가 있고 루웨이사트 능선 앞쪽에 인도사단 전체가 있으며 뉴질랜드사단 앞에 1개 기갑사단이 있다고 믿었다. 너무 서두른 나머지 영국군 진지를 정찰할 시간을 거의 갖지 못했던 것이다. 제90경사단이 엘알라메인 동쪽의 해안도로를 차단하는 한편, 독일아프리카군단은 루웨이사트 능선을 남쪽으로 우회하여 영국군 제13군단을 주요 전투 지역에서 떼어놓을 계획이었다. 이탈리아군 제20군단이 뉴질랜드사단 앞쪽에 있을 것으로 예상되는 기갑부대를 묶어놓는 동안, 이탈리아군 2개 보병군단이 제90경사단이 만들어놓은 틈으로 밀고 들어가기로 되어 있었다. 공격은 오전 3시에 개시될 예정이었다. 그러나 롬멜이 공격 명령을 하달하기가 무섭게 영국군이 폭격을 감행하여 롬멜의 당번병이 부상을 당했다.

처음부터 상황이 좋지 않았다. 제90경사단은 정시에 공격을 개시했으나, 북쪽으로 너무 멀리 벗어나는 바람에 엘알라메인의 사주방어진지와 부딪치게 되었다. 날이 밝자 사단은 정확한 포격을 당해 고착된 상태에서 모래폭풍까지 견뎌야 했다. 탈진한 일부 소총병들은 너무 견디기 힘들어 뒤돌아서 달아났다. 이런 일은 이전 북아프리카 독일군에게서 결코 볼 수 없는 일이었다. 그러나 그들은 전선으로 다시 돌려보내졌다. 그 후 사단은 더 남쪽으로 이동한 뒤 오후에 공격을 계속할 생각으로 참호를 구축했다. 독일아프리카군단 역시 여러 가지 문제를 겪

엘알라메인 전투 Battles of el Alamein

2차 세계대전 중 두 차례에 걸쳐 이집트의 엘알라메인에서 영국과 추축국 사이에 벌어진 전투(1차: 1942년 6월~7월, 2차: 1942년 10월 23일~11월 6일). 북아프리카에서 이탈리아군이 영국군에게 참패를 당한 뒤, 1941년 2월 독일은 롬멜 장군을 추축국의 리비아 방면 군사령관으로 임명했다. 1942년 1월 롬멜은 수에즈 운하를 점령하기 위해 북아프리카 해안을 따라 동진을 시작했다. 그해 1월 벵가지를 빼앗긴 영국군은 5월까지 독일군의 진격을 저지했다. 그러나 독일군과 이탈리아군은 영국의 전차부대를 거의 전멸시키면서 토브룩을 점령한 다음 동진을 계속하여 1942년 6월 30일 마침내 이집트의 엘알라메인에 도착했다. 그러나 엘알라메인에서 롬멜은 7월 중순까지 봉쇄당한 채 더 이상 진격을 못하고 수세 입장에 놓이게 되었다. 이로써 1차 엘알라메인 전투는 끝이 났다.

그해 8월 해럴드 알렉산더Harold Alexander 장군이 중동군 사령관으로 부임했으며, 버나드 L. 몽고메리Bernard L. Montgomery 장군이 그의 야전군 사령관으로 임명되었다. 1942년 10월 23일 영국군 제8군은 엘알라메인으로부터 대대적인 공격을 개시했다. 이로써 2차 엘알라메인 전투가 시작된 것이었다. 23만 명의 영국군에 비해 8만 명도 안 되는 압도적인 수적 열세에 몰린 롬멜의 군은 괴멸되었다. 11월 6일 영국군은 2차 전투를 벌여 마침내 독일군을 이집트에서 서쪽의 리비아로 퇴각시켰다.

엘알라메인 인근의 방어진지에 있는 영국군 보병

고 있었다. 열악한 운송 능력과 재보급 지연, 모래폭풍, 공습 등으로 인해 오전 8시가 되어서야 공격이 시작되었다. 그 후 독일아프리카군단은 루웨이사트 능선의 인도여단과 부딪쳤다. 인도여단 병력이 강하게 저항해서 저녁때가 되어서야 완전히 제압할 수 있었다. 롬멜은 오전에는 독일아프리카군단과 함께 있었다. 제90경사단이 어려움을 겪고 있다는 소식을 들은 그는 해안을 돌파하려고 다시 시도하고 있는 경사단을 돕기 위해 예비전투단을 이끌고 갔다. 그들이 진격하자, 곧 영국군의 집중포격이 시작되었다. 포격이 시작되자마자 공격은 중단되었고, 롬멜은 바이얼라인과 함께 2시간이나 개활지에 엎드려 있을 수밖에 없었다. 일단 포격이 뜸해지자, 그는 사령부로 돌아와 제90경사단에게 밤에 한 번 더 공격하라고 명령했다.

밤중에 롬멜은 영국군 지중해함대가 알렉산드리아 기지를 빠져나갔다는 안 좋은 소식을 들었다. 영국 함대는 포트사이드Port Said와 베이루트Beirut, 하이파Haifa 등으로 흩어졌다. 같은 날인 6월 29일 카이로에 있는 중동군사령부HQ Middle East의 부대가 팔레스타인으로 철수하면서 기밀문서들을 모두 불살랐다. 영국 함대가 철수한 덕분에 롬멜은 공격을 계속하려는 결심을 굳힐 수 있었다.

"나는 우리 병력이 넓은 전선을 돌파하면 적이 완전히 공황상태에 빠지게 될 것이라고 확신했다."[14]

그러나 제90경사단이 그날 밤에도 전진을 거의 못하자, 롬멜은 독일아프리카군단에게 해안도로를 차단하는 제90경사단의 임무를 인수하라고 명령했다. 한편 울트라를 통해 롬멜의 계획을 이미 알고 있던 오친렉은 그의 기갑부대로 하여금 서쪽을 공격하게 하여 롬멜에게서 주도권을 빼앗기로 결심했다. 오후가 되어서야 북쪽으로 이동하기 시작한 독일아프리카군단은 곧 영국군 2개 기갑여단과 부딪쳤다. 전투는 땅거미가 질 때까지 계속되었고, 양측 모두 큰 피해를 입었다. 영국군은 독일아프리카군단을 몰아낼 수는 없었으나, 진격을 저지할 수는 있었다. 더욱 심각한 문제는 해질 무렵 독일군에게 쓸 만한 전차가 28대밖에 남아 있지 않았다는 것이었다. 다음날에도 전투는 계속되어, 독일아프리카군단은 루웨이사트 능선을 따라 진격했고, 아리에테사단은 남쪽에서 독일아프리카군단을 지원했다. 독일아프리카군단은 어느 정도 전진하기는 했지만 만족할 만한 정도는 아니었고, 영국군 제1기갑사단의 활약으로 전차를 더 잃었다. 이보다 더 안 좋은 일은 아리에테사단이 뉴질랜드사단에게 측면공격을 받아 거의 괴멸된 것이었다. 마침내 그날 저녁 롬멜은 자신의 병력이 거의 한계에 달했다는 사실을 깨달았다. 그 역시 탈진해 있었다.

7월 4일 이른 시각 롬멜은 독일아프리카군단에게 현재 위치를 이탈리아군 보병에게 넘겨주고 철수하라고 명령했다. 오친렉은 추축군이 방어로 전환하고 있다는 것을 감지하고는 제30군단에게 북서쪽을 공격하여 그들을 차단하라고 명령했다. 그러나 영국군도 거의 독일군만큼이나 지쳐 있어서, 명령은 흐지부지되었다. 추격에는 전혀 긴박감이 느껴지지 않았다. 유일하게 주목할 만한 점은 영국군 제1기갑사단이 철수 초기 단계에 있는 독일군 제15기갑사단을 따라잡아 어느 정도 경계심을 불러일으켰다는 것이었으나, 서둘러 실시된 대전차포 탄막 때문에 영국군 전차들은 정지할 수밖에 없었다.

다음 며칠 동안 양측 모두 병력을 강화했다. 롬멜에게 더없이 반가운 소식은 크레타Creta 섬에서 토브룩으로 날아온 독일 보병 2,000명이 도착했다는 것이었다. 그들은 나중에 제164경사단으로 편성될 부대의 핵심 전력이었다. 또 트리폴리에서 파견된 약간의 이탈리아군 증원군도 도착했다. 롬멜은 3개 이탈리아군 사단을 더 보내주겠다는 약속도 받았다. 전차는 오지 않았으나, 일부 전차들이 수리를 받고 전선으로 재배치되었다. 영국군의 경우 제9오스트레일리아사단이 시리아에서 도착했고, 전차가 200대로 증강되었다. 오친렉은 제13군단을 통해 남동쪽에서 결정적인 타격을 가하려던 계획을 포기했다. 그 대신 엘알라메인의 사주방어진지에서 나와 남서쪽을 공격하기로 했다.

자신의 병력이 짧은 휴식을 취하고 있는 동안, 롬멜 역시 또 다른 공격을 계획했다. 그는 루웨이사트 능선 남쪽의 뉴질랜드여단 주둔 지역이 영국군 방어선의 약점이라고 생각했다. 울트라를 통해 이 정보를 들은 오친렉은 전진 배치한 뉴질랜드여단을 기존의 노출된 사주방어진지에서 철수시켰다. 7월 9일 롬멜은 공격을 시작하며 틈새를 찾았다고 생각했다. 그는 제90경사단과 1개 정찰대대를 보내 동쪽으로 진격하여 주력부대가 영국군 제8군의 배후로 들어갈 수 있도록 통로를 확보하게 했다. 7월 10일 이른 시각 작전이 진행되는 동안 북쪽에서 불길한 포성의 울림이 들렸다. 그것은 엘알라메인에서 영국군이 공격을 개시하는 신호였다.

포병의 공격 준비사격은 이제까지 사막전에서 거의 유례가 없을 정도로 강력했다. 영국군이 해안을 점령하고 있던 이탈리아군 2개 사단을 완전히 기습하여 수많은 병사들이 포로가 되었다. 롬멜에게 훨씬 더 심각한 일은 그의 통신감청부대가 유린당해 부대장과 많은 감청병들이 전사하고 암호책자를 빼앗긴 것이었다. 주요 정보원을 잃어버린 것이었다. 롬멜은 독일아프리카군단과 함께 전진해 뉴질랜드여단이 버리고 간 사주방어진지 안에 있었다. 그가 자리를 비운 동안 기갑군 사령부의 작전참모 프리드리히 폰 멜렌틴Friedrich von Mellenthin은 즉시 크레타에서 새로 도착한 보병들을 일부 기관총 및 대공포와 함께 보내 상황을 복구하게 했다. 롬멜 역시 벌어지고 있는 일에 대한 보고를 듣자마자 루웨이사트 능선 남쪽의 작전을 중단한 뒤 제15기갑사단에서 차출한 전투단을 이끌고 전투 소리가 나는 곳으로 향했다. 이 두 기동 덕분에 영국군의 공격을 중단시킬 수 있었다. 그러나 롬멜은 이탈리아군의 전투력이 급격하게 약해지고 있다는 것을 알게 되었다. 그래서 그는 엘알라메인 사주방어진지를 또다시 공격하기로 결심했다. 이번에는 제21기갑사단이 그 진지를 뚫고 들어갈 예정이었다. 롬멜은 7월 13일 정오에 공격을 개시하기로 결정했다. 그가 이 시간을 선택한 이유는 아지랑이 때문에 영국군이 표적을 확실하게 식별하기 어려울 것이라고 생각했기 때문이다. 급강하폭격기들이 공격을 지원했고 운 좋게도 때맞춰 모래폭풍이 불어주었다. 초기 진행이 순조로운 것 같아 롬멜은 해안도로가 차단될 것이라는 희망을 품기도 했으나, 저녁때가 가까워지면서 상황은 더욱 악화되었다. 처음에는 보병부대가 전차부대와 너무 멀리 떨어진 곳에서 대형을 형성하는 바람에 전차와 보병, 그리고 전투공병 사이에 협동이 전혀 이루어지지 않았다. 또한 영국군의 효과적인 포격 때문에 마침내 공격이 중단되었다. 매우 실망한 롬멜은 공격부대들에게 출발선으로 돌아오라고 명령했다. 다음날 그는 다시 공격을 시작했다. 이번에는 오스트레일리아사단을 공격했다. 그 오스트레일리아사단은 사주방어진지에서 나와 공격한 끝에 점령하게 된 구역에 마련한 방어진지를 고수하고 있었다. 그러나 영국군의 포격과 폭격 때문에 독일군은 또다시 진격에 제한을 받았다.

롬멜은 다음날 다시 공격하려고 생각했으나, 그날 밤 영국군 뉴질랜드사단이 루웨이사트 능선 서쪽 부분을 공격해 이탈리아군 제10군단을 혼란에 빠뜨렸다. 뉴질랜드사단은 제1기갑사단의 지원을 받기로 되어 있었으나, 제1기갑사단이 너무 느리게 움직였다. 롬멜은 다시 독일아프리카군단을 불렀고, 독일아프리카군단은 능선의 왼쪽 끝에서 뉴질랜드사단에게 반격을 가했다. 영국군 제1기갑사단은 뒤에 머물며 반격할 순간을 기다리는 한편, 뉴질랜드사단이 스스로 잘 해나갈 수 있을 것이라고 생각했다. 그러나 불행하게도 뉴질랜드사단은 대전차포 포탄이 바닥나는 바람에 독일군에게 유린당하고 말았다. 결국 영국군 기갑부대가 개입하여 독일아프리카군단이 더 이상 동쪽으로 이동하지 못하도록 막았다. 그 후 이틀 동안 양측 모두 여러 차례 지엽적인 공격을 시도했으나, 롬멜은 영국군의 힘이 점점 강해지고 있는 데 반해, 자신의 병력은 방어선을 지키기 위해 말 그대로 마지막 기름 한 방울까지 긁어모아야 한다는 사실을 그 어느 때보다도 분명하게 인식하고 있었다. 7월 17일 케셀링과 카발레로가 방문했으나, 그의 기분은 나아지지 않았다. 롬멜은 보급 상황이 얼마나 절망적인지를 설명했다. 카발레로는 롬멜이 상황을 과장하고 있다고 생각하는 것처럼 보였다. 그러나 결국 그도 보급 상황을 어느 정도 개선해야 한다는 데 동의하고 이탈리아군을 더 보내주겠다고 다시 약속했다.

오친렉은 또 다른 공격을 준비하고 있었다. 롬멜은 아프리카기갑군이 더 이상 중요한 공격작전을 펼칠 수 없다는 사실을 받아들이고는 지뢰밭을 설치함으로써 방어진을 보완하는 일에 매달렸다. 7월 21일 롬멜은 독일 육군최고사령부에 긴 전문을 보냈는데, 이 전문 역시 울트라에 의해 도청당했다. 그는 영국군의 대대적인 돌파는 막을 수 있을 것으로 생각되지만, 제164경사단의 나머지 병력이 도착하여 방어진을 더욱 강화할 때까지는 안심할 수가 없다고 했다. 그는 특히 제대로 된 기동예비대를 편성할 자원이 더 이상 없다는 점을 우려하면서, 대전차포와 야포가 심각하게 부족하다고 말했다. 그는 영국군이 토브룩과 메르사마트루를 끊임없이 폭격함으로써 더욱 악화되고 있는 심각한 보급 상황을 거듭 강조했다. 또한 그는 이탈리아 증원군이 독일 증원군에 비해 너무 많은 선적 공간을 차지하고 있다는 사실에 대해 화를 내기도 했다. 이 모든 것이 오친렉에게는 매우 고무적이었다. 당시 오친렉은 남쪽 끝에서 위장공격을 하는 동안 제13군단을 투입하여 추축군의 주방어선을 돌파하고 푸카까지 롬멜을 추격할 생각을 하고 있었다. 그리고 제30군단 역시 지엽적인 공격을 하여 적을 묶어둘 생각이었다. 7월 22일 공격이 시작되었다. 그러나 이 단계에서 제8군에게는 독일군의 주방어선을 돌파할 능력이 없었다. 오스트레일리아사단과 인도사단, 뉴질랜드사단이 공격을 이끌었지만, 또다시 기갑부대의 지원이 계획대로 이루어지지 못했던 것이다. 그러나 영국군의 압박은 대단히 심각하여, 오후 5시 롬멜이 로마의 이탈리아 최고사령부로 절박한 전문을 보낼 정도였다. 그 전문은 이렇게 경고했다.

"우리는 매우 심각한 피해를 입었다. 소총부대가 특히 더 심각하다. 상황이 매우 위태롭다. 전 전선이 이렇게 심한 압박에 계속 저항할 수

> 후퇴는 곧 파멸이다. 현 위치를 이탈하는 병사에게는 적 앞에서 비겁하게 행동한 책임을 물을 것이다.

있을지 의문이다."[15]

그 후 며칠 동안 영국군은 적을 더욱 약화시키려고 시도했으나, 그들의 예비 병력이 바닥난 데다가 그들도 계속 공격하기에는 너무 지쳐 있었다. 그래서 7월 27일 오친렉은 마침내 공격을 멈췄다. 이로써 몸도 가누지 못할 정도로 지친 두 적이 계속 서로 치고받았던 첫 번째 엘알라메인 전투가 끝났다. 영국군은 수에즈 운하를 향해 나아가던 롬멜의 진격을 중지시켰으나, 그를 뒤로 밀어내지 못하고 잠시 교착상태가 이어졌다.

그 후 롬멜은 여전히 걱정이 되어 7월 29일 저녁에는 특별 명령까지 내렸다.

"사령부의 병사들을 포함하여 모든 병사들에게 후퇴하지 말고 현 위치를 고수할 것을 명령한다. 후퇴는 곧 파멸이다. …… 현 위치를 이탈하는 병사에게는 적 앞에서 비겁하게 행동한 책임을 물을 것이다."[16]

:: 과로로 인한 건강 악화

며칠 후 롬멜은 겨우 한숨 돌릴 수 있게 되었으나, 8월 2일 루시에게 보내는 편지에 특히 나이가 많은 장교들 병으로 고생하고 있다며 이렇게 덧붙였다.

"심지어 나조차도 완전히 녹초가 될 정도로 지쳐 있지만, 그나마 나는 잠시라도 짬을 내서 나 자신을 돌볼 수 있소."[17]

그러나 롬멜은 시간과 싸우고 있었으므로 휴가를 떠날 수 없었다. 그는 영국군이 전력을 강화하리라는 것을 알고 있었으므로, 그들이 너무 강해지기 전에 수에즈 운하에 도달하려는 시도를 다시 하기로 결심했다. 그와 그의 참모진은 영국군이 상당히 많은 증원군을 받을 것이라고 판단했다. 독일 공군의 위협 때문에 지중해는 너무 위험했으므로 증원군은 남아프리카 끝에 있는 희망봉으로 돌아와야 했다. 그것을 감안한 롬멜은 그들이 9월 초나 되어야 도착할 것이라고 계산했다. 그러므로 그때가 되기 전에 공격해야만 했다. 그는 목표일을 8월 28일로 잡았다. 공격을 성공시키기 위해 보급품을 비롯하여 힘을 비축할 시간은 겨우 4주밖에 없었다. 또한 이탈리아군이 부당하게 선적 공간을 너무 많이 차지한다는 문제도 있었다. 롬멜은 이 문제는 이탈리아군과 부두 공간을 협상하기로 되어 있는 로마 주재 독일군 무관 엔노 폰 린텔렌Enno von Rintelen 장군의 책임이라고 비난했다. 특히 그는 이탈리아군 피스토이아Pistoia 보병사단이 2주 전에 이미 도착했는데도 자기는 아직도 제164사단의 3분의 2 병력과 추가로 그에게 약속된 람케 공수여단Ramcke Parachute Brigade을 기다리고 있다며 격노했다. 또한 하사관, 특히 전차를 지휘할 하사관이 심각하게 부족했다. 그럼에도 불구하고 그 달 중순 무렵 상황이 개선되었다. 이제는 공격을 수행할 수 있는 병력과 무기를 충분히 갖추었다고 생각한 롬멜은 보유하고 있는 연료로도 열흘간은 충분히 작전을 펼칠 수 있을 것이라고 예상했다. 독일 국방군최고

버나드 몽고메리 몽고메리는 제8군 사령관에 임명된 뒤 곧 자신의 존재를 알렸다. 그는 제일 먼저 엘알라메인 방어선에서 철수하려던 모든 계획을 백지화하고 병사들에게 더 이상 후퇴는 없을 것이라고 발표하는 조치를 취했다.

사령부Oberkommando der Wehrmacht, OKW와 독일 육군최고사령부, 이탈리아군 최고사령부, 케셀링 등에게 보낸 8월 15일 상황 평가보고서에서 롬멜은 자기 의도를 설명했다. 그는 이탈리아군의 공격을 통해 영국군을 엘알라메인 방어선 북쪽에 묶어두는 한편, 독일군 기동부대가 남쪽으로 침투하여 해안으로 밀고 올라간 다음 엘알라메인에서 루웨이사트 능선에 이르는 지역에 있는 영국군을 괴멸시킬 계획이었다. 그리고 그 후 계속 동쪽으로 진격할 생각이었다.[18]

롬멜이 새로운 공세를 준비하는 동안 영국군 진영에도 여러 가지 급격한 변화가 있었다. 8월 3일 윈스턴 처칠과 참모총장 앨런 브룩Alan Brooke 경이 상황을 점검하기 위해 카이로Cairo에 도착했다. 처칠은 오친렉이 공격을 접었다는 사실과 애초부터 9월 중순까지는 롬멜을 몰아내려는 또 다른 노력을 기울일 생각조차 없다는 사실을 알고는 크게 실망했다. 그 결과 중동의 영국군 지휘체계가 철저하게 개편되었다. 중동사령관 오친렉이 해임되고 세련된 해롤드 알렉산더Harold Alexander 장군으로 교체된 한편, 제8군 사령관에는 역동적인 버나드 몽고메리Bernard Montgomery 장군이 임명되었다. 몽고메리는 영국군 전체에 이미 알려진 것처럼 곧 자신의 존재를 알렸다. 그는 제일 먼저 엘알라메인 방어선에서 철수하려던 모든 계획을 백지화하고 병사들에게 더 이상 후퇴는 없을 것이라고 발표하는 조치를 취했다. 병사들은 현 위치에서 맞서 싸워야 했다. 그는 롬멜이 다시 공격하려고 한다는 사실을 알고 있었기 때문에 그에 상응하는 계획을 세웠다. 이번에는 영국군의 기갑부대가 적에게 반격을 가하는 일은 없을 것이다. 영국 기갑부대는 과거에 특히 롬멜의 대전차포에 너무 많은 피해를 입었다. 그러나 이번에는 알람할파 능선Alam Halfa Ridge에 포진하여 독일군 주력전차들을 그곳으로 유인한 다음 파괴할 것이다.

그동안 독일군 주력부대는 한 차례 위기가 있었다. 롬멜이 건강을 잃었던 것이다. 지난 19개월 동안 그는 과로로 인해 생긴 만성 위장병과 장 질환, 감기, 순환기 질환, 탈진 등으로 시달리고 있었다. 가우제는 너무 걱정이 되어 롬멜에게 검진을 받게 했다. 그 후 롬멜과 의사는 그가 곧 있을 공격을 지휘하기에는 부적합하다는 보고서를 독일로 보냈다. 롬멜은 자기를 대신할 만큼 전차전을 잘 이해하고 있는 사람은 하인츠 구데리안Heinz Guderian뿐이라고 생각했다. 그러나 구데리안은 당시 나치 정권의 눈 밖에 나 있었기 때문에 독일 국방군최고사령부는 즉시 구데리안은 "절대로 받아들일 수 없다"[19]는 답변을 보내왔다. 따라서 롬멜은 자신이 계속 지휘를 맡을 수밖에 없다고 생각했다. 게다가 의료진의 보살핌을 계속 받을 경우 그 임무를 감당할 수 있을 정도로 건강이 어느 정도 회복되었다는 전문도 전달받았다. 또한 일단 작전이 마무리되면 롬멜이 집에서 쉴 수 있도록 휴가를 준다는 것도 합의가 되었다. 요제프 괴벨스의 선전부가 파견하여 전투 기간 내내 롬멜과 함께 있었던 알프레트 베른트Alfred Berndt 중위는 8월 26일 루시에 롬멜을 안심시키기 위해 편지를 썼다. 그는 루시에에게 롬멜이 전속 취사병을 둘 수 있도록 자신이 조치를 취했으며 원수가 평상시에 먹던 일반 전투식량보다 훨씬 더 좋은 특별식을 제공하고 있다고 했다. 롬멜이 스스로를 보살필 수 있도록 확실한 모든 조치가 취해지고 있었다.

"당연히 이런 '보살핌'이 편하지 않을 테니, 원수님이 이 사실을 모르게 해야 할 겁니다. 그렇지 않으면 원수님은 성격상 어떠한 특별식도 받아들이지 않을 겁니다."[20]

병사들에게는 롬멜이 건강하지 않다는 사실을 비밀로 했으나, 그의 참모진은 계속 걱정이 되었다. 게다가 연료 부족이라는 또 다른 큰 문제가 있었다. 약속한 추가 물자지원이 계속 지체되었고, 이제 남은 마지막 물자마저도 8월 28일이나 되어서야 도착할 예정이었다. 이것은 공격을 8월 30일로 연기해야 한다는 것을 의미했다. 영국군은 이 보급선단에서 유조선 3척을 가로채 침몰시켰다. 케셀링이 공군 물자 중에서 일부 연료를 추가로 제공했으나, 그래봤자 아프리카기갑군에게는 열흘이 아니라 나흘간의 작전을 감당할 수 있는 연료밖에 없었다. 8월 29일 롬멜은 다음과 같은 경고 전문을 독일 국방군최고사령부와 독일 육군최고사령부, 이탈리아군 최고사령부로 보냈다.

"엘알라메인 진지의 적군을 친다는 목표를 세웠으나, 제한적인 지엽전을 벌이는 것 이상의 작전을 펼치는 것은 불가능할 것이다."

연료가 더 도착해야만 초기의 성공을 계속 이어나갈 수 있었다.[21] 공격은 여전히 다음날 개시할 예정이었고, 롬멜의 원래 계획에서 근본적으로 바뀐 것은 아무것도 없었다.

5장
스타의 몰락

실패로부터 교훈을 얻고 끊임없이 연구하여 적용하는 변화혁신 리더십

"롬멜이 2차 세계대전 때 사용한 전투 방식의 상당 부분은 1차 세계대전 중 얻은 교훈을 발전시킨 것이었다."

"그는 기관총과 속사포가 전투에 투입된 결과 나타난 새로운 전술과 전기(戰技)를 부지런히 연구했다. 1차 세계대전이 후반부에 접어들 무렵에는 정밀조준에 의한 집중포화를 퍼붓고, 적의 거점은 우회하며, 최전방에서 지휘하면서 최신 정보를 입수하고 평가함으로써 공격 전문가임을 스스로 입증해 보였다."

"정밀한 집중포화를 퍼부어 적의 병력을 제압 및 분산시키는 롬멜의 화력통합, 그리고 그와 같은 화력지원을 효과적으로 이용한 대담한 기동은 베트남전 이후 미군의 군사사상 부흥에 상당한 기반을 제공했다. 당시 대부분의 독일군 및 연합군 장교들이 서부전선에서 있었던 참호전의 위험과 어려움을 극복하고 살아남는 것에 치중한 반면, 롬멜은 기동전술의 핵심을 가르쳤다."

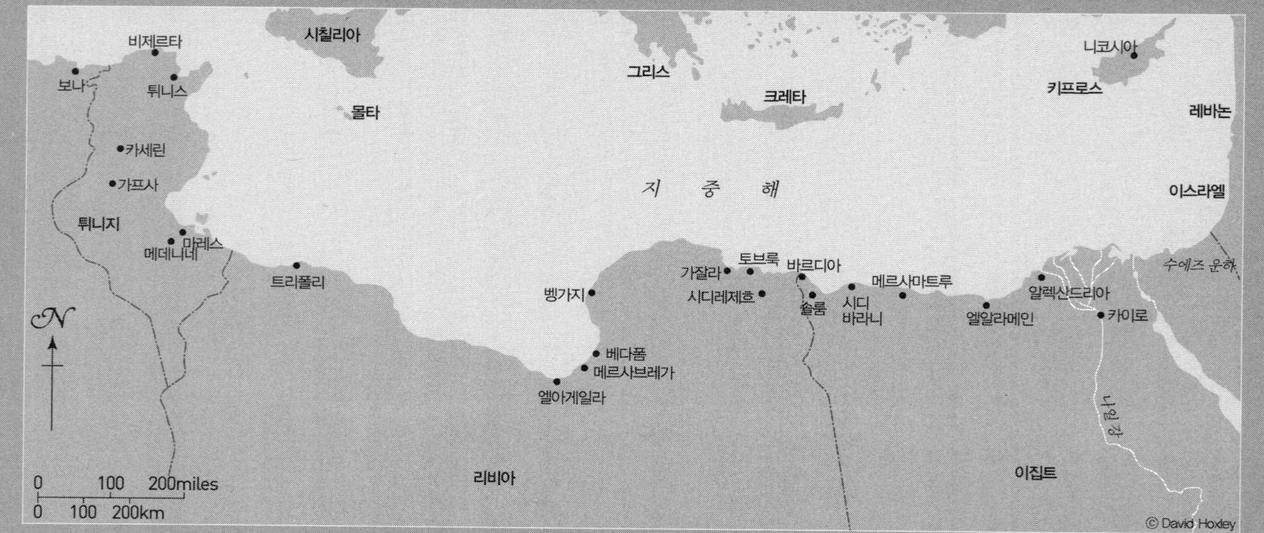

1941년~1943년의 북아프리카

:: 대담한 도박

1942년 8월 30일 아침, 롬멜은 얼굴에 근심이 가득했다. 롬멜의 주치의 포르스터Forster 교수는 취침용 트럭에서 나오는 롬멜을 만났다. 롬멜은 그에게 엘알라메인을 다시 공격하기로 한 결정은 "지금까지 내린 결정 중에서 가장 어려운 것이었다"고 털어놓았다. 롬멜은 소련에서 벌어지고 있는 일들을 이야기했다. 카프카스 지역에서 독일군 A집단군은 사력을 다해 그로즈니Grozny로 진격하려고 시도하고 있었다. 롬멜은 진격에 실패하여 수에즈 운하에 도달하지 못할 경우 독일은 완전히 패할 것이라고 말했다. 롬멜은 루시에에게 보내는 편지에서 보급품이 부족해서 걱정이 된다고 하면서도 자기가 처한 상황에 대해서는 애써 태연한 척했다.

"우리가 공격에 성공하면 전쟁의 전체 흐름이 어느 정도 결정 날 것이오. 설사 실패하더라도 최소한 적에게 심각한 타격을 안겨주길 바라고 있소."[1]

1942년 롬멜 롬멜은 엘알라메인을 다시 공격하기로 한 결정은 "지금까지 내린 결정 중에서 가장 어려운 것이었다"고 그의 주치의에게 털어놓았다.

롬멜은 자기가 도박을 하고 있다는 사실을 알고 있었다. 그러나 이번이 그에게 주어진 마지막 기회였다. 빠른 시일 내에 영국군의 방어선을 돌파하지 못하면 그 뒤에는 수세에 몰릴 게 틀림없었다. 왜냐하면 독일군이 다시 돌파를 시도하지 못할 정도로 영국군이 강력해질 게 분명했기 때문이다. 그는 후퇴한다는 생각은 용납할 수도 없었고, 현재 위치에 머물면서 아무것도 하지 않고 영국군이 공격해오기만을 기다리는 것도 그의 성격에는 어울리지 않았다. 그러나 그는 적이 이미 시간을 갖고 전력을 회복하여 7월 초에 부딪쳤던 것처럼 탈진하여 무질서해진 병력이 아니라는 것도 잘 알고 있었다. 또한 자기가 파악하지 못한 새로운 영국군 사령관과 맞서고 있다는 사실도 깨닫고 있었다. 자신의 건강 상태에 대한 불확실성을 비롯하여 롬멜이 안고 있는 불리한 점들을 고려하면, 매우 조급하고 필사적인 지휘관이 아닌 한 이런 상황에서 공격을 결심하지는 않을 것이다.

:: 알람할파 전투에서의 패배

어둠이 깔리자, 독일군 병력은 공격 위치로 이동했다. 공격 개시 시각은 오후 10시로 결정되었다. 롬멜의 의도는 독일아프리카군단으로 하여금 야간에 동쪽으로 48킬로미터 진격한 뒤 북쪽으로 선회하여 영국군 제8군의 전방 보급 구역으로 들어가게 하려는 것이었다. 이탈리아 제20군단이 독일아프리카군단의 측면을 맡는 한편, 제90경사단은 이탈리아군의 북쪽에 봉쇄진지를 구축하여 북쪽의 영국군이 개입하지 못하게 막을 것이다. 독일아프리카군단은 정시에 진격을 시작했으나, 곧 어려운 상황에 직면하여 진격 속도가 늦춰지고 혼란이 일어났다. 오전 10시 그들은 8킬로미터나 펼쳐진 지뢰밭을 만났다. 그들이 지뢰를 제거하는 동안 영국군이 공습을 가해 독일아프리카군단 사령관 발터 네링Walther Nehring 장군이 부상을 당했다. 그 와중에 박격포 사격까지 가세하는 바람에 제21기갑사단장 게오르게 폰 비스마르크George von Bismarck가 전사했다. 마침내 오후 5시 15분 직후 지뢰밭 건너편에 교두보를 확보했다. 차장부대screening force 임무를 맡고 있는 영국군 제7기갑여단(제7기갑사단 소속)은 독일아프리카군단의 움직임을 감시하고 있었다. 영국군 제7기갑여단은 새로 설치한 두 번째 지뢰밭 뒤로 물러나라는 명령을 받았다. 이 장애물 때문에 독일아프리카군단의 진격 속도는 더욱 느려졌다. 오전 7시 무렵 독일아프리카군단은 고작 16킬로미터 정도 전진했을 뿐 이미 기습의 효과는 완전히 사라졌다. 롬멜은 사령부에서 나와 상황이 어떻게 돌아가는지 직접 살펴보았다. 동쪽으로 계속 진격할 경우 그의 병력은 측면에서 집중 사격을 받게 될 것이 틀림없었다. 그래서 그는 제21·15기갑사단과 제20군단에게 북동쪽으로 우회하여 알람할파 능선과 그 동쪽의 한 고지를 공격하도록 명령했다. 그는 이 두 곳을 요충지로 보고 있었다. 독일아프리카군단은 재보급이 필요했으므로 오후 1시나 되어서야 다시 공격을 시작했다. 여러 차례의 모래폭풍과 그 여파로 인한 모래바람 때문에 진격 속도가 느려졌다. 알람할파 능선에는 새로 도착한 영국군 제44(홈카운티스Home Counties) 사단이 주둔하여 3개 기갑여단의 지원을 받고 있었다. 이 3개 기갑여단은 준비된 사격진지에서 투입될 때까지 대기하고 있다가 오후 늦게야 투입되었다. 이로 인해 목표지점에 도달하지 못한 롬멜의 병력은 오후 6시 30분 전차 야영지로 향했다.

독일아프리카군단과 이탈리아군 기동사단들은 밤새도록 심한 폭격에 시달렸다. 그러나 롬멜이 더 염려한 것은 연료 문제였다. 9월 1일까지 추가 물량을 보내주겠다는 약속을 받았으나, 또 다른 유조선이 침몰되어 연료가 전혀 도착하지 않았던 것이다. 게다가 그의 정보부가 알렉산드리아 항에 선박 수가 크게 늘었다고 보고했으므로, 그는 영국군 제8군에 상당한 증원군이 도착했다고 추론했다(신형인 미국제 M4 셔먼M4 Sherman 전차가 전달되었다). 연료를 구하기 어려운 상황이었으므로 롬멜은 제15기갑사단 1개 사단만으로 공격을 계속하기로 결정했다. 제15기갑사단은 간신히 목표에 접근했으나, 영국군의 사격과 연료 부족 때문에 멈춰서야 했다. 그날 밤과 9월 2일에도 똑같은 상황이 전개되었고, 롬멜이 자리 잡고 있던 좁다란 참호에 포탄 파편이 떨어져 겨우 목숨을 건지는 일이 다시 벌어졌다. 9월 1일 저녁 무렵에는 롬멜 역시 공격도 실패하고 공격을 계속할 자원도 없다는 사실을 분명히 알았겠지만, 아마 여전히 건강이 좋지 못한 탓에 기민하게 결정을 내릴 수 없었던 것 같다. 그는 자신의 군대가 확보한 지역 중 지뢰밭의 남쪽을 여전히 유지하고 있었지만, 9월 2일 저녁이 되어서야 비로소 병력을 사실상 처음 출발선으로 철수시키기로 결정했다. 철수는 다음날 적시에 이루어졌다. 그러나 몽고메리는 자신의 전차부대가 심각한 피해를 입을 수도 있는 위험을 감수할 준비가 되어 있지 않았기 때문에 기갑부대를 내보내 후퇴하는 적을 추격하지 않았다.

알람할파 전투 덕분에 영국군 제8군은 사기가 회복되었고, 새로운 사령관을 믿기 시작했다. 독일군의 경우는 카이로의 유흥가와 수에즈 운하에 도달한다는 꿈이 물거품이 되었다. 그러나 일부 독일군은 롬멜이 공격을 계속할 수 있을 것이라고 믿었다. 케셀링은 마음은 좋지 않았으나, 연료 문제는 영국군의 물자를 약탈함으로써 극복할 수 있을 것이라고 확신했다. 전쟁이 끝난 뒤 케셀링은 이렇게 썼다.

"나는 '과거의' 롬멜이라면 이 전투에서도 전혀 문제가 없을 것이라고 확신했다."[2]

그러나 2,500명 정도의 사상자와 행방불명자가 발생하는 것에 그쳐 그의 병력은 심각한 피해를 입지 않았으나, 병참의 관점에서 볼 때 트럭 400대가 파괴되었다는 것은 심각한 문제가 아닐 수 없었다. 이와 같은 상황에서 롬멜은 이제 수세를 취하기로 굳게 결심하고 방어선을 강

게오르크 슈툼메 롬멜이 1940년 제7기갑사단을 맡기 직전 전임 사단장이었으며, 그 후에는 소련에서 기갑부대들을 지휘했다.

화하라고 명령했다. 그는 광범위한 지뢰밭을 설치하여 불을 보듯 뻔한 영국군의 공격을 지연시켜야 한다고 확신했다. 그런 다음 영국군의 측면을 강타할 생각이었다.

롬멜은 임무를 다시 제대로 수행할 수 있으려면 우선 전쟁터에서 떠나 건강을 회복할 필요가 있다고 생각했다. 그러나 잠시 자신의 임무를 대신 맡아줄 사람이 도착하길 기다려야 했다. 그 사람은 바로 게오르크 슈툼메Georg Stumme였다. 그는 롬멜이 1940년 제7기갑사단을 맡기 직전 전임 사단장이었으며, 그 후에는 소련에서 기갑부대들을 지휘했다. 슈툼메는 1942년 여름 히틀러의 소련 공격 계획서를 분실하여 군법재판에 회부된 뒤 다시 일선 지휘관으로 복귀하게 되자 크게 기뻐했다. 그의 한 참모가 전선 부근을 비행할 때는 기밀문서를 소지하지 말라는 히틀러의 명령을 어기고 기밀문서를 소지하고 비행기를 탔다가 그가 탄 비행기가 격추되자 군단의 작전계획이 소련군의 손에 넘어갔던 것이다. 슈툼메는 롬멜보다 나이가 5살 많았지만, 9월 23일 전선에 도착했을 때 임시 직무 대행자일 뿐이라는 메시지를 받았다. 롬멜은 그에게 방어선 강화에 대해 여러 가지 지시를 한 뒤, 영국군이 공격할 경우 자기가 즉각 독일에서 날아올 것이라는 점을 분명히 밝혔다.

:: 우리는 손에 넣은 것은 끝까지 지킬 것이다

9월 23일 롬멜은 아프리카를 떠났다. 그는 독일로 날아가기 전에 로마에 있는 무솔리니를 방문하여 보급을 늘려달라고 부탁했다. 그러나 그는 곧장 집으로 갈 수 없었다. 그의 부관 베른트 소위가 마련해놓은 조치에 따라 요제프 괴벨스에게 가서 그와 그의 가족과 함께 지냈다. 롬멜이 최근 이집트에서 겪은 좌절은 선전용 아이콘으로서 그가 지닌 가치에 아무런 영향도 주지 않은 것 같았다. 뉴스 영화는 롬멜이 사람들의 시선을 의식하며 괴벨스의 여섯 자녀와 함께 서 있는 모습을 보여주었다. 롬멜은 북아프리카에서 있었던 무공담을 이야기하면서 괴벨스와 그의 부인을 계속 즐겁게 해주었다.

9월 말 그는 히틀러의 집무실Reich Chancellery로 가서 히틀러에게 육군원수의 지휘봉을 받은 뒤 베를린 슈포르트팔라스트Sportpalast 홀에서 열린 파티에 주빈으로 참석했다. 그 자리에서 히틀러는 롬멜의 업적을 칭송하는 연설을 했다. 그러나 그 무엇보다도 롬멜에게 중요했던 것은 더 많은 자원을 부탁할 수 있는 기회를 얻은 것이었다. 그는 이탈리아군을 심하게 비난하면서 자신이 그들 밑에서 일하며 겪고 있는 여러 가지 어려움을 히틀러에게 설명했다. 사실 그는 이탈리아의 첩자들이

> 우리는 뒤로 물러나려고 그 먼 길을 간 것이 아니다. 우리는 손에 넣은 것을 끝까지 지킬 것이다.

임박한 알람할파 공격에 대한 정보를 영국군에게 제공하는 바람에 귀중한 유조선들이 침몰당했다고 확신하고 있었다. 히틀러도 분명히 그의 말에 동조했기 때문에, 롬멜은 히틀러와 무솔리니가 추축국 군대가 강화될 때까지는 이집트에서 현 위치를 고수한다는 점에 모두 동의했다는 사실을 슈툼메에게도 전할 수 있었다.

"총통께서는 특히 가장 강력한 최신 전차와 로켓발사기, 대전차포 등으로 최대한 보강된 기갑군의 모습을 보게 되길 바란다고 나에게 약속하셨다."[3]

사흘 뒤 크게 자신감을 얻은 롬멜은 괴벨스의 부탁으로 기자회견에 참석하여, 그 자리에 모인 기자들에게 이렇게 말했다.

"오늘 우리는 알렉산드리아와 카이로에서 겨우 80킬로미터 떨어진 지점에 서 있습니다. 우리는 이집트 전역으로 들어가는 문을 손에 쥐고 있으며, 그 문을 열고 무엇인가 하려고 합니다! 우리는 단지 뒤로 물러나려고 그 먼 길을 간 것이 아닙니다. 독일은 우리를 통해 이집트를 얻을 것입니다. 우리는 손에 넣은 것을 끝까지 지킬 것입니다."[4]

기자회견을 끝낸 뒤 마침내 롬멜은 비엔나 행 비행기를 타고 루시에와 아들 만프레트와 다시 만나 치료를 시작했다.

:: 2차 엘알라메인 전투

이집트에서는 양쪽 군대가 모두 준비에 여념이 없었다. 추축국의 방어선은 롬멜의 계획대로 정면의 넓은 지뢰밭을 기반으로 소규모 전초기지들이 담당했다. 약 2킬로미터 후방에는 주방어지대가 있었다. 이 방어지대를 강화하기 위해 이탈리아군 부대 사이에 독일군을 배치했다. 그리고 이 방어지대 뒤에 독일 기갑사단과 이탈리아 기갑사단들을 배치하여 사격 지원을 제공하고 위협을 받고 있는 구역으로 신속하게 이동할 수 있도록 했다. 한 가지 문제가 있다면, 대부분의 지뢰들이 대전차지뢰였기 때문에 병사가 밟아도 몸무게가 너무 가벼워 지뢰가 터지지 않기 때문에 쉽게 제거될 수 있다는 것이었다. 또 다른 중요한 문제는 보급 상황이 여전히 만족스럽지 못하다는 것이었다. 연료가 여전히 부족하여, 영국군이 공격해왔을 때 차량 1대당 겨우 320킬로미터 정도 달릴 수 있는 분량밖에 없었다. 게다가 포탄 비축량도 많지 않았다.

영국군의 경우, 몽고메리는 알람할파 전투가 끝나기가 무섭게 공격계획을 세우기 시작했다. 9월 14일 그는 공격 계획 문서를 배포했다. 그는 제30군단과 함께 1개 전차여단의 지원을 받는 5개 보병사단을 투입하여 독일군 아프리카기갑군 방어선의 북쪽 부분에 돌파구를 형성하게 할 생각이었다. 그들은 지뢰밭에 2개의 통로를 낼 것이다. 제10군단 예하 2개 기갑사단은 이 통로들을 따라 내려가며 예상되는 전차들의 반격을 처리한 다음 지뢰밭을 돌파할 것이다. 전선의 남쪽 부분은 제13군단이 맡아서 견제 공격을 가하며 추축국의 기동예비부대를 묶어놓을 것이다. 제13군단은 추축국 정찰기의 눈에 띄도록 투입한 모의 전차를 비롯해서 각종 차량들로 보강되어 있었다. 독일 아프리카기갑군과 달리 영국군 제8군의 병참 상황은 매우 좋았다.

10월 10일부터 계속해서 추축군은 영국군의 공격을 예상하고 있었다. 10월 23일에서 24일로 넘어가는 밤에 대포 456문의 집중포격을 앞세우고 공격이 개시되었다(2차 엘알라메인 전투). 그 포격은 비록 1914년~1918년의 포격에 비하면 규모가 작았지만, 사막전에서는 최대 규모였다. 이어서 지뢰 제거 임무를 맡은 영국군 전투공병과 보병이 진격을 시작했다. 포탄이 부족했으므로 슈툼메는 영국군의 공격 준비사격에 대응하여 영국군 집결지로 예상되는 구역에 포격을 가하는 것을 금지했는데, 롬멜은 이것이 실수였다고 생각했다.[5] 영국군의 포격으로 유선통신이 두절되고 많은 중화기들이 파괴되었다. 동틀 무렵 영국군은 남쪽 통로를 확보하고 중요한 미테이리야 능선Miteiriya Ridge을 점령했다. 그러나 기갑사단은 이제 방어선을 돌파하기로 되어 있었으나 아직은 때가 아니라고 판단하여 그러지 않았다. 북쪽 통로는 그곳에 독일군이 있었기 때문에 쉽게 확보할 수 없었다. 후방의 기갑군사령부에 있던 슈툼메는 통신이 두절되는 바람에 상황을 거의 파악할 수 없었기 때문에 전방으로 나아가 직접 살펴보기로 결심했다. 그는 롬멜과는 달리, 베스트팔의 충고를 무시하고 호위차량과 통신차량도 동반하지 않은 채 단 1명의 참모만 데리고 제164경사단 본부를 향해 출발했다. 그러나 그들은 결코 그곳에 도착하지 못했다.

롬멜은 멀리 오스트리아 비너노이슈타트 근처 젬머링 산Semmering Mountain에 있는 요양소에 있었다. 그는 3주 정도 그곳에 있었는데, 그 기간은 건강을 충분히 회복할 만큼 긴 시간이 아니었다. 그러던 중 10월

2차 엘알라메인 전투 1942년 10월 24일 엘알라메인 전투 당시 영국군 보병이 사막의 먼지와 연기를 뚫고 진격하고 있다.

24일 오후 3시 그는 빌헬름 카이텔Wilhelm Keitel 육군 원수의 전화를 받았다. 독일 국방군최고사령부 사령관인 카이텔은 롬멜에게 영국군의 공격 소식을 전한 다음, 슈툼메가 행방불명되었다고 이야기했다. 이어서 그는 롬멜에게 북아프리카로 돌아가서 지휘를 다시 맡을 수 있을 만큼 건강이 회복되었는지 물었다. 롬멜이 그 정도는 회복되었다고 대답하자, 카이텔은 때가 되면 알려주겠다고 했다. 롬멜은 "매우 불안한 상태에서" 몇 시간을 지냈다. 그때 히틀러가 직접 전화를 걸어 슈툼메가 여전히 행방불명이라고 말한 뒤 롬멜에게 즉시 북아프리카로 날아갈 준비가 되어 있냐고 물었다. 그 말을 들은 뒤, 롬멜은 다음날 아침 7시 비행기를 준비하라고 명령하고는 비너노이슈타트에 있는 집으로 돌아갔다. 롬멜이 집에 도착하자마자 히틀러가 다시 전화를 걸어 그가 아프리카로 돌아갈 것인지 확인했다. 히틀러의 요구대로 롬멜은 아프리카로 돌아갔다.

"보급 물량이 내가 요구한 최소 양보다 훨씬 부족하다는 장교들의 보고서를 읽고 난 뒤, 아프리카에서 더 이상의 영광은 기대할 수 없다는 사실을 알게 되었다."[6]

10월 25일 한낮에 그는 로마에 내려 심각한 소식을 들고 온 린텔렌을 만났다. 슈툼메는 여전히 행방불명이었고, 사상자 수는 엄청났다. 더욱 안 좋은 일은 롬멜이 떠나 있던 몇 주 동안 선박이 부족하기도 하고 영국군이 선박을 침몰시키기도 해서 이탈리아군이 연료를 추가로 보급하지 못했다는 것이었다. 이 문제로 인해 선택할 수 있는 방책이 상당히 제한되리라는 것을 깨달은 롬멜은 무거운 마음을 안고 북아프리카로 날아갔다.

그날 저녁 롬멜은 사령부로 돌아가 슈툼메의 시신을 발견했다는 소식을 들었다. 그가 탔던 차가 적의 매복공격을 당해 그와 동행했던 장교가 사망했다. 운전병이 차를 급선회하는 바람에 슈툼메는 차에서 튕겨나가 차가 안전한 장소를 향해 내달리는 동안 차에 매달려 있었다. 슈툼메는 그때 심장마비를 일으켜 차에서 떨어진 것으로 보였고, 운전병은 그 사실을 전혀 몰랐다고 말했다.

전술 면에서 보면 연료 문제는 모든 것을 지배한다. 연료가 없을 경우 기동부대가 할 수 있는 것은 제한된 범위에서 지엽적으로 반격하는 것밖에 없다. 제15기갑사단도 이런 반격작전을 많이 벌였으나, 주로 영국군 제8군을 지원하는 사막공군의 공습과 포병의 포격을 당해서 공격을 시작할 당시 보유했던 전차 119대 중에서 31대밖에 남지 않는 등 전력이 크게 약해졌다. 영국군이 롬멜의 주요 방어진지 안에 참호를 구축해놓고 있었기 때문에, 롬멜은 며칠 안에 그들을 참호에서 몰아낸다는 목표를 세웠다. 그러나 몽고메리는 조금도 쉴 틈을 주지 않고 계속 압박을 가해왔다. 10월 25일에서 26일로 넘어가는 밤에 영국군 제30군단은 공격을 계속하여 미테이리야 능선 북서쪽 1.6킬로미터 지점에 있는 키드니 능선Kidney Ridge으로 알려진 28고지를 확보했다. 다음날 독일군은 영국군을 이 고지에서 몰아내기 위해 필사적으로 반격했다. 독일군의 반격작전은 실패로 끝났으나, 적어도 영국군이 서쪽으로 계속 진격하는 것은 막을 수 있었다.

몽고메리는 제30군단의 공격 방향을 바꿔 해안으로 향했으나, 공격진영을 다시 갖추는 데 며칠이 걸렸다. 그러나 영국군은 지엽적인 압박을 계속 가했다. 독일군 유조선 1척이 토브룩 외항에서 폭격을 받아 침몰하는 바람에 독일군의 보급 상황은 계속 악화되었다. 영국군의 저지선을 돌파한 이탈리아 선박들은 대부분의 보급품을 벵가지에 내려놓았다. 이는 그 보급품이 전선에 도착하려면 운송 시간이 더 필요하다는 것을 의미했다. 롬멜은 마음 같아서는 전차를 대대적으로 투입하여 대규모 반격작전을 펼치고 싶었다. 그러나 연료가 부족하여 그럴 수 없었으므로 그가 할 수 있는 것은 산발적인 공격뿐이었다. 전과 마찬가지로 그는 끊임없이 전장으로 가서 어떤 일이 벌어지고 있는지 상황을 직접 살펴보았다. 10월 28일 모든 기갑부대가 북쪽에 투입된 상

> 롬멜은 끊임없이 전장으로 가서 어떤 일이 벌어지고 있는지 상황을 직접 살펴보았다.

대에서 아프리카기갑군이 얼마나 오래 버터줄 수 있느냐가 문제였다. 같은 날 롬멜은 루시에에게 보내는 편지에 이렇게 썼다.

"누가 알겠소? 내가 며칠 후 이렇게 앉아서 평화롭게 편지를 쓰고 있을지, 아니면 다시 …… . 전투는 점점 치열해지고 있소. 모든 상황이 우리에게 불리하지만, 우리는 끝까지 포기하지 않을 것이오. 그러나 일이 잘못될지도 모르지. 그럴 경우 전쟁의 전체 흐름에 여러 가지로 매우 심각한 영향을 주게 될 것이오."[7]

롬멜은 공적인 자리에서는 여전히 후퇴는 없을 것이라고 선언했으나, 개인적으로는 서쪽 96킬로미터 지점의 푸카로 철수할 계획을 마련하기 시작했다. 10월 29일 오후 그는 이 계획을 베스트팔과 의논했으며, 전투에 필요하지 않은 병력은 훨씬 더 서쪽의 메르사마트루로 철수시키기 시작했다.

해안에 도달하여 독일군 아프리카기갑군의 북쪽 부분을 차단하려던 몽고메리의 시도는 거의 성공할 뻔했으나 결국 실패했다. 몽고메리는 계획을 다시 세웠다. 독일군의 모든 기갑부대가 현재 북쪽에 집결해 있으므로, 영국군 제30군단이 다시 서쪽을 공격하는 동안 제10군단이 독일군 전차를 북서쪽에 묶어놓을 것이다. 잠시 한 차례 소강상태가 있었으나, 아프리카기갑군에 대한 공격은 계속되었다. 롬멜에게 한 가지 작은 위안이 있다면, 자신이 요구한 것만큼 충분하지는 못했지만 독일 공군이 연료를 어느 정도 보급받아 현재 하늘을 날아다니고 있다는 것이었다. 10월 30일 그는 루시에에게 이렇게 전할 수 있었다.

"상황이 조금 더 진정되었소. 잠을 어느 정도 자서 기분이 한결 좋군. 이런 기분이 계속 이어졌으면 좋겠소."[8]

31일 영국군이 해안에 도달하자, 또다시 위기를 맞았다. 롬멜은 직접 그곳으로 달려가 반격을 가해 영국군을 해안도로를 따라 남쪽으로 이어진 철길 너머로 몰아냈다. 위기는 모면했으나, 상황을 점검한 결과 병력과 전차, 야포 등 전력 면에서 영국군은 점점 더 수적 우위를 보이는 반면 아프리카기갑군은 계속 열세에 몰리고 있는 것이 분명했다. 한때는 난공불락이었던 방어선도 간신히 명맥만 유지하고 있었다.

11월 2일 암호명 슈퍼차지Supercharge라는 몽고메리의 대규모 공격이

그랜트 전차를 탄 몽고메리 11월 2일 암호명 슈퍼차지라는 몽고메리의 대규모 공격이 시작되었다.

시작되었다. 뉴질랜드사단이 키드니 능선에서부터 선두에 섰다. 롬멜은 이 공격을 완전히 격파하기로 결심하고는 세 방향에서 공격할 계획을 세웠다. 제21기갑사단은 북쪽에서 공격하고 제15기갑사단은 7월에 이탈리아에서 도착한 리토리오Littorio사단과 아리에테사단 등 이탈리아군 2개 기갑사단의 남은 병력의 지원을 받아 서쪽과 남서쪽에서 공격할 예정이었다. 몽고메리는 울트라를 통해 독일군의 공격이 있을 거라는 것을 미리 알았고, 이것을 뉴질랜드사단에게 전했다. 그 후 벌어진 전투에서 양측 모두 심각한 피해를 입었으나, 가장 큰 피해를 입은 것은 아프리카기갑군이었다. 아프리카기갑군의 저항 덕분에 영국군의 돌파를 저지하기는 했으나, 저녁 무렵 아프리카기갑군에게 남아 있는 전투 가능한 전차는 독일군 전차 35대와 이탈리아군 전차 20대뿐이었으며, 이탈리아군 2개 기갑사단은 모두 큰 혼란에 빠졌다. 롬멜은 자신의 보급 상황과 영국군 사막공군, 몽고메리의 압도적인 수적 우세를 고려할 때 아프리카기갑군을 구하려면 철수할 수밖에 없다는 결론을 내렸다. 그는 방어선 남쪽 부분에 있는 사단들을 영국군이 공격하기 전에 확보해놓은 알람할파 진지로 철수시키기 시작했다. 북쪽에 있는 나머지 기갑사단과 제90경사단은 보병이 최대한 철수할 수 있도록 더욱 느린 속도로 후퇴할 것이다. 그의 명령은 이런 말로 시작했다.

"수적 우위를 점하고 있는 적에게 압박을 받고 있는 상황이니만큼 아프리카기갑군은 계속 저항하면서 단계별로 철수할 준비를 갖춰라."[9]

이제 문제는 롬멜의 결정 사항과 상급자들의 바람을 조율하는 일이었다. 11월 2일 오후 독일 국방군최고사령부에 보낸 전문에서 롬멜은 이렇게 경고했다.

"현재 영국군이 돌파를 다시 시도할 경우 아프리카기갑군은 그 돌파를 저지할 만한 상태가 아니며, 그들이 모범적인 군인정신을 발휘하여 영웅적으로 저항하더라도 조금씩 무너질 것이다. 이것은 불가피한 일이다."[10]

전문은 철수에 대해서는 조금도 언급하지 않았으므로, 철수하려는 롬멜의 의도를 맨 처음 들은 것은 로마의 이탈리아군 최고사령부였던 것으로 보인다. 그 정보를 전한 사람은 카발레로가 롬멜에게 보낸 연락장교였다. 카발레로는 롬멜이 전차 250대를 보유하고 있고 보급품도 충분하다고 믿고 있었으므로 크게 화를 냈다. 그러므로 11월 3일 그는 롬멜에게 전문을 보내, 롬멜이 반드시 현재 위치를 고수해야 한다는 무솔리니의 생각을 전하며 현재 롬멜에게 보급품이 가고 있는 중이라고 장담했다.

당시 히틀러는 그가 동부전선의 작전을 지휘할 때 이용하던 동프로이센 라슈텐부르크의 늑대소굴에 머물고 있었다. 오전 8시 30분 히틀러는 롬멜이 밤에 보낸 상황 보고를 통해 롬멜이 보병사단들을 철수시키고 있다는 소식을 들었다. 그 후 롬멜이 아침에 보낸 보고에는 철수가 계획대로 진행되고 있다는 말이 있었다. 격노한 히틀러는 롬멜에게 보낼 전문을 작성했다. 그 전문은 독일의 전 국민이 그를 지켜보고 있으며 그와 그의 병력을 믿고 있다는 내용을 담고 있었다.

"현재 상황에서 귀관이 생각할 수 있는 것은 오직 끈질기게 버텨 한 발자국도 물러나지 않고 동원 가능한 포와 병력을 모두 전투에 투입하는 것뿐이다."

롬멜은 대규모 독일 공군 증원부대의 지원을 받게 될 것이고, 무솔

승리 아니면 죽음뿐을 외치는 히틀러 "귀관이 귀관의 병사들에게 제시할 수 있는 유일한 길은 '승리 아니면 죽음' 뿐이다."

리니와 그의 참모진은 롬멜이 요구하는 보급품을 조달하기 위해 최선을 다할 것이다. 히틀러는 전문을 이렇게 마무리했다.

"그러므로 귀관이 귀관의 병사들에게 제시할 수 있는 유일한 길은 '승리 아니면 죽음' 뿐이다."[11]

11월 3일 아침 롬멜은 해안도로 지역에서 병력이 철수하는 모습을 지켜보며 시간을 보내고 있었다. 다행스럽게도 영국군은 그 상황을 즉시 이용하지 못하고 있었다. 그는 점심식사를 위해 기갑군 사령부로 돌아갔다. 식사 중에 그의 한 참모가 히틀러의 전문을 들고 왔다. 롬멜은 그 전문을 읽고 혼란에 빠졌다. 철수는 이제 기정사실이었으나, 히

명령 복종과 철수 사이에서 고민하는 롬멜 롬멜은 여전히 히틀러의 명령에 철저하게 복종할 것이냐, 아니면 철수하여 부대를 구할 것이냐를 결정하지 못하고 있었다.

틀러의 명령에 복종하지 않는 사람은 아무도 없었다. 총통에게 많은 빚을 졌을 뿐만 아니라 총통에게 충성을 맹세한 그는 특히 더 그랬다. 그는 히틀러의 전문에 대한 답신으로 많은 전문을 작성했으나, 하나도 보내지 않았다. 그 후 롬멜은 독일아프리카군단장 빌헬름 폰 토마 Wilhelm von Thoma와 이야기를 나누었다. 그의 전차들이 후위를 맡을 것이므로 북쪽에서 추축국 주력부대를 구출하는 것은 거의 그의 손에 달려 있었다. 토마는 자기에게 남은 전차는 41대밖에 없다고 했다. 롬멜은 사력을 다해 싸우라고 한 다음 히틀러의 명령을 다 읽어주었다. 그 명령에서 히틀러의 광기를 느낀 토마는 소규모 병력의 철수는 해도 좋다는 롬멜의 동의를 간신히 얻어냈다. 롬멜은 다른 부대들에게도 비슷한 명령을 하달한 뒤 자기 부대의 피해가 50퍼센트에 달하며 자신이 보유한 운용 가능한 전차가 24대뿐이며 이탈리아군 기갑사단들도 사실상 괴멸했다는 전문을 독일 국방군최고사령부로 보냈다. 그 후 그는 참모 장교보다는 나치 열성당원이 더 영향력이 클지도 모른다고 생각하여, 충직한 베른트를 라슈텐부르크로 보내 히틀러를 직접 만나 명령을 철회하도록 설득하게 했다. 또 그는 루시에에게 보내는 편지를 베른트 편에 보냈다. 그는 그 편지에 이렇게 썼다.

"나는 그 일이 성공하리라고 더 이상 아니, 조금도 믿지 않소. …… 우리의 앞날은 이제 신의 손에 달려 있소."[12]

그는 편지에 소액의 이탈리아 돈을 동봉했다.

다음날 아침 8시 영국군이 돌파를 위한 공격을 시작했다. 남아 있는 독일군 방어선의 북쪽 16킬로미터는 독일아프리카군단과 제90경사단이 맡고 있었다. 그 밑에는 이탈리아군 기갑군단이 있었고, 그 남쪽에는 이탈리아군 제10군단이 자리 잡고 있었다. 주공격 대상은 독일아프리카군단이었으나, 독일아프리카군단은 완강하게 저항했다. 롬멜은 여전히 히틀러의 명령에 철저하게 복종할 것이냐, 아니면 철수하여 부대를 구할 것이냐를 결정하지 못하고 있었다. 케셀링이 그를 만나러 오자, 롬멜은 상황에 대해 지나치게 낙관적인 보고를 보낸 공군을 비난했다. 케셀링은 히틀러가 이러한 명령을 내리게 된 것은 이러한 보고들 때문이 아니라, 동부전선에서 얻은 그의 경험 때문이라고 했다. 롬멜은 히틀러가 소련에서 얻은 경험을 아프리카에 그대로 적용할 수 없으며 자기에게 결정을 맡겨야 했다고 응수했다. 그러자 케셀링은 롬

1942년 롬멜과 케셀링 케셀링이 그를 만나러 오자, 롬멜은 상황에 대해 지나치게 낙관적인 보고를 보낸 공군을 비난했다.

멜에게 일선 지휘관으로서 최선이라고 생각하는 바를 행해야 할 것이라고 말했다. 케셀링은 뒷일을 염려하여 롬멜이 히틀러의 명령에 복종하지 않을 경우 그것에 대한 모든 책임을 회피하려 했던 것이다. 독일 국방군 총사령관인 히틀러가 직접 내린 명령에 복종하지 않는다는 것은 매우 심각한 일이었으므로, 롬멜은 어떻게 해야 할지 아직 확신이 서지 않았다. 케셀링의 조언에 따라 롬멜은 병력 피해가 심각하므로 현재 방어선을 고수할 수 없을 것이라는 전문을 히틀러에게 보냈다. 북아프리카를 조금이라도 건질 수 있으려면 싸우면서 후퇴할 수 있도록 허락을 받아야 했던 것이다. 그는 독일아프리카군단으로 가서 어떤

알베르트 케셀링 Albert Kesselring (1885~1960)

케셀링은 북아프리카에서 롬멜의 병력을 공중 지원하는 작전으로 큰 성과를 거두었으나, 약속한 항공 지원을 종종 이행하지 않아 원성을 듣곤 했다.

1차 세계대전 당시에는 육군으로 참전했지만, 나치당 집권 이후 공군(루프트바페)이 창설되자 공군으로 전속되었다. 2차 세계대전이 개시되자, 처음에는 공군 지휘관으로 복무했으나, 1943년 이탈리아에 연합군이 상륙하자 육군 부대를 포함한 지휘를 맡아 잘 막아냈다. 전후에 포로가 된 이탈리아 파르티잔을 사살한 혐의로 기소되어 전범재판에서 사형 선고를 받았으나, 종신형으로 감형되었고 나중에 병으로 풀려났다.

일이 벌어지고 있는지 직접 살펴보았다. 그는 남쪽의 이탈리아군이 맡았던 방어선은 이미 무너져 현재 어려움을 겪고 있다는 사실을 알고 있었다. 독일아프리카군단은 아직 잘 버텨주고 있었다. 그러나 토마와 함께 있는 독일아프리카군단 직할부대가 심각한 공격을 받고 있었다. 그 직후 이 부대는 유린당해 독일아프리카군단장 토마는 영국군의 포로가 되었다. 몽고메리는 토마에게 저녁식사를 제공하고 하룻밤 머물게 했다. 간신히 걸어서 빠져나온 참모장 바이얼라인이 독일아프리카군단장을 맡았다. 롬멜은 영국군이 이탈리아군의 방어선을 돌파했다는 소식을 들었다. 마침내 그는 자기 부대가 헛되이 전멸하는 모습을 지켜볼 수 없다고 결심하고는 오후 3시 독일아프리카군단에게 우선 엘다바El Daba 남서쪽으로 후퇴하라는 명령을 내렸다. 그날 저녁 히틀러는 롬멜에게 답신을 보냈고, 그 답신은 다음날 도착했다.

"지금까지 진행된 상황을 고려하여 귀관의 요청을 수락한다."[13]

야전 지휘관이 가장 두려워하는 딜레마 가운데 하나는 멀리 떨어져 있어 전투 상황을 제대로 알지 못하는 상관이 재앙으로 이어질 게 분명한 명령을 내리는 경우다. 그런데 롬멜이 바로 그러한 딜레마에 직면했던 것이다. 신속하게 결정을 내리던 롬멜에게 그토록 오랫동안 고민하는 모습은 전혀 어울리지 않았다. 물론 알람할파에서도 똑같은 고민을 한 적이 있지만 말이다. 그러나 롬멜은 히틀러에게 충성을 맹세한 것은 제쳐놓더라도 독일의 독재가가 자기에게 복종하지 않는 사람에게는 무자비하다는 사실을 잘 알고 있었다. 오늘날 최소한 서구 민주국가에서 지휘관이 부당하다고 판단한 명령에 불복종할 경우 받게 되는 가장 큰 처벌은 직위해제일 것이다. 성실한 지휘관이라면 특히 자기 부대가 도저히 받아들일 수 없는 위험에 놓이게 될 경우 이러한 위험을 감수할 각오를 할 것이다. 그러나 롬멜의 경우에는 상황이 훨씬 더 어려웠다. 주된 이유는 그가 히틀러에게 충성을 맹세했기 때문이었다. 하지만 롬멜이 엘알라메인에서 철수할 수 있게 해달라는 요청을 히틀러가 거절하면서부터 두 사람의 사이는 멀어지기 시작했다. 그리고 이 틈은 시간이 지나면서 계속 벌어지게 되었다.

2차 엘알라메인 전투에서 아프리카기갑군은 1만5,000명의 사상자가 발생했고, 전차 400대와 야포 및 대전차포 1,000문을 잃었다. 영국군이 추격을 시작한 처음 며칠 동안 2만3,000명이 포로로 잡혔는데, 대부분이 수송 수단이 부족하여 탈출하지 못한 이탈리아군 보병이었다. 영국군의 기갑부대가 일련의 허술한 포위망으로 롬멜을 차단하려고 여러 차례 시도했으나, 롬멜은 그때마다 남은 병력을 이끌고 포위망을 빠져나왔다.

:: 철수 속도는 오직 적과 연료 상황에 달려 있다

영국군의 또 다른 공격으로 인해 푸카를 사수하려던 희망이 물거품이 되자, 롬멜은 다시 메르사마트루로 후퇴했다. 11월 6일 밤비가 내려 영국군의 추격 속도가 느려지자, 롬멜은 메르사마트루에서 잠깐 숨을 돌릴 여유를 얻었다. 그곳에서 롬멜은 상황을 찬찬히 검토했다. 그에게 남아 있는 전차는 12대밖에 없었다. 독일아프리카군단은 병력을 다 모아도 연대 정도밖에 되지 않았고, 제90경사단과 제164경사단도 상황이 비슷했다. 람케공수여단도 마찬가지였다. 주요 탈출로인 해안도로도 차량 때문에 막혀 있는 데다가 연료 상황도 위태로웠다. 연료 상황이 위태로웠다는 말은 조금도 과장이 아니었다. 롬멜은 새로운 전차 35대가 11월 8일 벵가지에 도착할 예정이지만 그것을 받기까지는 여러 날이 걸릴 것이라는 말을 들었다. 이로써 곧바로 후퇴할 수밖에 없다는 것이 분명해졌다.

같은 날인 11월 6일 카발레로의 사절이 롬멜을 찾아왔다. 그는 롬멜에게 전선을 고수하라고 요구하는 이탈리아군 최고사령부의 전문을 들고 왔다. 롬멜은 불가능한 일이라는 것을 알고 있었으므로 사실대로 말했다. 이틀 후 다시 후퇴를 시작했다. 롬멜에게는 정력적인 칼 뷜로비우스Karl Bülowius라는 새로운 공병대장이 있었다. 그의 부대는 후위를 맡은 제164경사단과 함께 장애물, 위장용 및 실제 지뢰밭, 부비트랩을 설치하는 등 영국군의 진격을 지연시킬 수 있는 모든 것을 설치하는 작업에 착수했다. 또한 베른트도 히틀러의 새로운 명령서를 들고 독일에서 돌아왔다. 롬멜은 아프리카에 새로운 전선을 구축해야 했으나, 위치를 정하는 것은 히틀러의 몫이었다. 히틀러는 아프리카기갑군의 전력을 최대한 끌어올려주겠다는 약속을 했다.

상황은 다시 호전되기 시작했다. 그러나 곧 롬멜의 후위로 약 3,200킬로미터 떨어진 지점인 프랑스령 북아프리카에 영미 연합군 부대가 상륙했다는 소식이 전해지자 다시 그늘이 졌다. 롬멜은 그 소식을 듣고 두 가지를 염려했다. 첫째, 그 부대는 규모는 작지만 아프리카기갑군에게는 새로운 위협을 안겨주었다. 둘째, 그 부대는 히틀러가 약속한 증원군과 보급품을 위태롭게 할지도 모른다. 그는 새로운 아프리카전 전략을 협의하기 위해 케셀링과 카발레로에게 방문해달라고 요청했다. 그러나 그의 요청은 무시되었다. 아무도 튀니지를 고수할 것이라는 점을 보장해주지 않았기 때문에, 롬멜은 그의 부대를 리비아에서 철수할 수 있도록 허락을 받기 위해 히틀러를 다시 만나도록 베른트를 독일로 보냈다. 11월 12일 베른트는 뮌헨München에서 히틀러를 만나 이야기를 했다. 히틀러는 짜증을 내며 독일군 증원군이 이미 공수되기 시작했으니 튀니지는 고수될 것으로 여기고 더 이상 튀니지에 대해서는 신경 쓰지 말라고 롬멜에게 전하라고 말했다. 아프리카기갑군이 리비아에서 철수하는 것은 불가능했다. 그들은 메르사브레가Mersa Brega에 진지를 구축하고 반격작전을 펼칠 준비를 해야 했다. 롬멜에게 필요한 증원군과 보급품은 트리폴리로 보낼 예정이었다.

그러는 동안에도 철수는 계속되었다. 롬멜은 토브룩에서 잠시 멈춰 그곳에 있는 1만 톤의 보급품을 구할 생각이었다. 연료만이라도 공수해달라고 계속 요청했으나, 그의 요청은 번번이 무시되었다. 오히려 그는 공수를 통해 1,100명의 증원병력을 받았으나, 그들은 전투 장비도 제대로 갖추지 못한 데다가 수송 수단도 없어서 가뜩이나 자원이 부족한 상태에서 부담만 안겨주고 있었다. 또 그는 로마에서도 후퇴하는 동안 최대한 시간을 벌어달라는 요청을 거듭 했다. 롬멜은 그것에 대해 이렇게 썼다.

"이제 철수 속도는 오직 적과 연료 상황에 달려 있다."[14]

11월 13일 아프리카기갑군의 첫 병력이 메르사브레가에 도착했으나, 본대는 여전히 토브룩에서 철수하고 있는 중이었다. 다음날 롬멜은 루시에에게 편지를 썼다.

"적이 우리에게 접근하지 않고 있는 것에 대해 우리는 매일 감사해야 하오. 나도 우리가 어디까지 철수해야 하는지 모르오. 모든 것은 앞으로 우리에게 공수될 연료에 달려 있소."[15]

사실 독일 공군은 연료를 공수하고 있었으나, 어느 곳에서도 롬멜이 요구한 1일당 250톤에는 미치지 못했다. 다시 롬멜은 리비아에 있는 케셀링에게 와서 만나줄 것을 부탁했다. 그러나 이탈리아군 참모총장은 로마 주재 독일 공군 무관에게 롬멜은 키레나이카에서 최소한 1주일은 다시 멈춰야 하며 어떤 대가를 치르더라도 메르사브레가를 사수

> "보급품 조달과 부대 지휘 등 건설적인 모든 일에는 교양 이상의 것이 필요하다. 그런 일에는 활력과 추진력, 그리고 개인의 이익과는 상관없이 대의에 봉사하려는 단호한 의지가 요구된다."

하라는 명령을 들려 보냈다.

나중에 롬멜은 이탈리아군에게 보급품을 제대로 보급해주지 않는 카발레로에 대해 품고 있던 좋지 않은 감정을 표현했다. 그는 카발레로에 대해 "교양은 있으나 의지가 박약한 책상물림 군인"이라고 했다.

"보급품 조달과 부대 지휘 등 건설적인 모든 일에는 교양 이상의 것이 필요하다. 그런 일에는 활력과 추진력, 그리고 개인의 이익과는 상관없이 대의에 봉사하려는 단호한 의지가 요구된다."[16]

카발레로는 롬멜처럼 공식적인 참모 훈련도 받지 못하고 학위도 없는 야전 지휘관을 멸시하는 경향을 보였기 때문에 롬멜은 상당히 언짢아했다. 전문적인 참모형 장교와 야전군 장교를 차별하는 문제는 모든 군대가 안고 있는 문제였다. 오늘날에는 이러한 문제가 크게 완화되었다. 대부분의 군대들이 장교들에게 야전군과 참모를 교대로 거치게 하여 서로의 시각을 더욱 잘 이해하게 함으로써 그들 사이의 알력을 최소화하는 정책을 택하고 있기 때문이다.

롬멜은 연료를 실은 배들이 벵가지에 도착하기 전에 회항했으며 유조선 1척은 연료를 그대로 실은 채 항구를 빠져나갔다는 사실을 알고는 더욱 큰 좌절감에 사로잡혔다. 이런 일이 벌어진 이유는 이탈리아군 군수참모가 항구에 남아 있는 보급품을 없애고 시설물들을 파괴하는 작전에 착수했기 때문이었다. 다행히 비가 더 많이 쏟아져서 므수스에 홍수가 나는 바람에 키레나이카 돌출부를 가로지르는 도로를 이용하려던 영국군의 시도가 좌절되었다. 11월 19일 롬멜은 벵가지에서 완전히 철수했다. 같은 날 독일아프리카군단은 메르사엘브레가Mersa el Brega에 도착했다. 그곳에는 이탈리아군 보병사단들이 주둔하여 방어선을 강화하고 있었다. 영국군은 이 진지로 돌진하려는 아무런 시도도 하지 않았다. 몽고메리는 자신의 보급선이 현재 너무 길어졌다는 사실을 잘 알고 있었으므로, 계속 진격하기 전에 먼저 벵가지 항을 다시 열고 싶었다. 그러나 사막의 거의 다른 모든 곳과 마찬가지로 메르사브레가 진지 역시 측면이 쉽게 뚫릴 가능성이 있었다. 물론 그러기 위해서는 공격군이 남쪽으로 어느 정도 돌아야 했다. 롬멜도 이러한 사실을 너무 잘 알고 있었다. 또한 뒤로 트리폴리까지 이어지는 자신의 보급선이 길다는 사실도 잘 알고 있었다. 게다가 롬멜에게 전차와 연료가 부족하다는 것은 곧 적의 측면 이동을 성공적으로 저지할 기동부대가 부족하다는 것을 의미했다. 뿐만 아니라 몽고메리가 키레나이카 서부로 독일군보다 더 빨리 병력을 집결시킬 것이 분명했다. 또한 롬멜은 연합군이 튀니지로 진격해 들어가기 시작했다는 사실도 알고 있었다. 그러므로 그가 볼 때 더 이상 지체할 경우 재앙으로 이어질 게 틀림없었다. 그는 이탈리아군 기갑군단장이며 자기가 매우 존경하는 몇 안 되는 이탈리아군 장교 가운데 한 사람인 주세페 데 스테파니스Guiseppe de Stefanis 장군을 로마로 보내, 아프리카기갑군이 처한 상황과 메르사브레가에서 싸울 경우 치명적인 결과를 맞게 되리라는 점을 무솔리니와 카발레로에게 설명하게 했다. 데 스테파니스 장군이 떠나 있는 동안 롬멜은 히틀러의 전문을 받았다. 그 전문은 현재 위치를 고수할 것을 거듭 강조하면서 필요한 보급품을 지원하겠다고 다시 약속하고 있었다. 또한 그 전문은 롬멜이 이탈리아군 북아프리카 총사령관 에토레 바스티코Ettore Bastico 원수의 휘하에 있다는 사실도 상기시키고 있었다. 하지만 이것은 롬멜이 여름에 이집트로 진격하기 전의 상황이었고, 그 이후에는 로마의 이탈리아군 최고사령부와 독일 국방군최고사령부에 직접 보고했다.

11월 22일 롬멜은 바스티코를 만났다. 그는 더 뒤로 철수하고 싶어 하는 이유들을 설명한 뒤, 트리폴리타니아에는 합당한 방어진지가 전혀 없다고 주장했다. 그래서 그는 아프리카기갑군이 현재 집결 중인 제5기갑군과 합류할 수 있도록 튀니지로 후퇴할 것을 제안했다. 그래야 그들이 리비아 국경 서쪽 193킬로미터 지점에 있는 가베스Gabès 기지에서 튀니지 서쪽의 연합군을 공격한 다음, 튀니지로 들어가기 전에 보급품을 확보할 시간이 필요한 몽고메리를 공격할 수 있었다. 바스티코는 처음에는 당연히 롬멜의 계획을 반대했으나 결국에는 그 계획을 이탈리아군 최고사령부에 전하는 데 동의했다. 이틀 뒤 드디어 케셀링과 카발레로가 롬멜을 만났다. 그 만남은 이탈리아군이 트리폴리타니아와 키레나이카 접경을 가로지르는 해안도로에 세웠으며 영국군에게 마블아치Marble Arch로 알려진 한 개선문에서 이루어졌다. 롬멜은 현재 위치를 고수하라는 명령을 일방적으로 어기려고 하지 않았다. 그는 자신의 제안이 튀니지에서 벌어지고 있는 상황에 영향을 줄 것이라는 점과 자기가 작전을 펼치는 데 필요한 제5기갑군과의 조율은 추축국 최고사령부만 할 수 있다는 점을 잘 알고 있었다. 그러므로 그는 그들을 부추기며 설득해야 했다. 당시 그는 자기 부대가 엘알라메인에서부터 심각한 보급 문제로 고생하고 있다는 점을 케셀링과 카발레로에게 지적하면서 이야기를 시작했다. 현재 독일군은 허약한 1개 사단 규모로 축소되어 있고, 실제로 방어선을 고수하고 있는 이탈리아군 3개 사단의 장비는 전투가 불가능할 정도로 열악한 상태에 놓여 있었다. 따라서 철수가 유일한 해결책이었다. 롬멜이 트리폴리타니아 전역에서 철수해야 한다고 하자, 두 사람은 얼굴이 창백해졌다. 11월 26일 케셀링과 카발레로가 롬멜의 요구에 대한 응답을 전해왔다. 케셀링은 병력을 파견하여 트리폴리를 보호하라고 롬멜에게 명령했다. 카발레로는 무솔리니가 어떤 대가를 치르더라도 현재 위치를 고수하고 롬멜이 최대한 빨리 영국군을 공격할 것을 요구하고 있다는 말을 전했다. 영국군이 공격해올 경우 철수 문제는 롬멜이 아니라 바스티코가 결정할 것이다. 이제 문제를 해결할 수 있는 길은 롬멜이 히틀러를 직접 만나는 것뿐이었다.

바스티코의 허락도 구하지 않고 롬멜은 베른트와 함께 독일로 날아갔다. 11월 28일 오후 그는 루시에에게 잠깐 보자고 전화를 한 뒤, 라슈텐부르크에 있는 늑대소굴에 도착했다. 롬멜은 카이텔과 참모총장인 알프레트 요들Alfred Jodl을 만났다. 그들은 롬멜에게 그곳에서 하고 있는 일이 무엇인지 물어본 뒤 히틀러에게 안내했다. 히틀러는 우선 롬멜이 허락도 없이 임지를 떠난 이유를 물었다. 롬멜은 즉시 자기가 안고 있는 문제들을 설명하기 시작했으나, 곧 히틀러가 다른 것을 생각하고 있다는 것을 알게 되었다. 히틀러는 롬멜의 오랜 지인인 프리드리히 파울루스가 지휘하는 독일군 제6군이 스탈린그라드Stalingrad에서 포위되어 있었으므로 현재 그 병력을 구출하려는 노력을 기울이고 있는 중이었다. 그러므로 동부전선에 비해 사소한 전쟁 무대에서 겪고 있는 어려움을 고려하는 친절을 베풀 여력이 없었다. 이어서 롬멜이 북아프리카에서 완전히 철수해야 한다고 하자, 히틀러는 크게 화를 냈다. 그렇게 되면 이탈리아에 미치는 영향이 매우 클 게 틀림없었다. 무솔리니가 물러나게 될 것이고, 그럴 경우 추축국으로서 이탈리아의 위상은 불확실해질 게 분명했다. 히틀러는 롬멜이 원하는 모든 무기를 그가 원하는 것보다 더 많이 주겠다고 선언했다. 그리고 케셀링이 롬멜의 보급수송대를 위해 공중 엄호를 지원할 것이라고 덧붙였다. 히틀러는 자기가 무솔리니에게 전문을 보낼 것이며 롬멜이 문제를 해결하기 위해 로마를 방문할 때 헤르만 괴링Hermann Göring이 동행할 것이라는 말로 마무리를 지었다. 그날 저녁 롬멜은 충직한 베른트와 함께 괴링의 전용열차를 탔다. 이 열차는 루시에가 남편과 함께 소중한 시간을 가질 수 있도록 하기 위해 뮌헨에 잠깐 멈춰 루시에를 태웠다. 롬멜은 곧 괴링의 태도에 화가 났으며, 공군 사령관 겸 총통대리가 아프리카를 직접 통제하길 원한다고 확신하게 되었다.

롬멜은 베른트의 재능을 활용하여 괴링을 자기 편으로 만들기로 결심했다. 베른트의 설득력은 큰 성공을 거두어 괴링은 제5기갑군과 아프리카기갑군이 함께 모로코와 알제리를 공격한다는 생각을 열렬하게 지지하게 되었다. 또한 베른트는 롬멜이 엘알라메인에서 철수한 것은 연합군을 튀니지에서 괴멸시키기 위해 의도적으로 이동한 것이라고 말하기도 했다. 그러나 일행이 로마에 도착하자 케셀링은 특히 롬멜이

스탈린그라드 전투 Battle of Stalingrad 와 프리드리히 파울루스 Friedrich Paulus

스탈린그라드 전투는 1942년 8월 21일부터 1943년 2월 2일까지 스탈린그라드 시내와 근방에서 소련군과 추축군 간에 벌어진 전투를 말한다. 2차 세계대전의 가장 중요한 전환점이 된 이 전투는 약 200만 명이 죽거나 다침으로써 인간사에서 가장 참혹한 전투로 기록되고 있다. 독일 제6군과 다른 추축국 군대의 스탈린그라드 포위와 이후 소련군의 반격으로 점철된 이 전투를 기점으로 소련군의 전투력은 대폭 향상되어 독일군과 대등하게 싸울 수 있는 능력을 갖추게 되었다.

스탈린그라드 전투에서 프리드리히 파울루스는 소련군의 완강한 저항으로 시가전을 벌이던 중 천왕성작전, 고리작전 등에 의해 소련군에 역포위되어 2개월간 그야말로 극한의 상황 속에서 처절하게 저항했으나 제6군을 구원하기 위해 만슈타인이 계획한 겨울폭풍작전이 결국 실패로 돌아가버리고 이후 소련군의 소토성작전에 의한 대대적인 공세에 밀려 결국 항복했다. 항복하기 직전 히틀러에 의해 원수로 승진했는데, 이는 자살하라는 무언의 암시였다(독일의 원수가 항복한 전례는 그때까지 없었음). 이후에 비겁하게 포로가 되느니 자결하라는 히틀러의 말을 전해듣고, 그는 "보헤미아의 상병(히틀러의 최종 군 계급이 상병이었다)을 위해서 죽을 수는 없지"라고 응수했다고 한다.

폭격으로 화염에 뒤덮인 스탈린그라드

후퇴할수록 연합군 항공기의 비행거리가 짧아지므로 독일 공군의 지중해 기지들이 더 위험해진다는 이유를 들며 그 생각을 비웃었다.

무솔리니 및 그의 장성들과 만나 여러 차례 회의를 하는 동안에도 논쟁은 계속되었다. 마침내 무솔리니가 절충안을 제시했다. 몽고메리가 롬멜을 공격하려고 하는 경우에만 메르사브레가에서 철수하는 것을 허락한다는 것이었다. 그리고 튀니지까지가 아니라 트리폴리 동쪽 321킬로미터 지점인 부에라트Buerat까지만 철수를 허용한다고 단서를 달았다. 이 절충안은 트리폴리에서 즉각 철수하겠다는 롬멜의 요구에는 훨씬 못 미치는 것이었으나 현재 위치를 고수하라는 명령보다는 더 나았다.

그러나 더 좋지 않은 일이 일어났다. 회의가 끝난 뒤 점심식사를 하는 자리에서 괴링이 롬멜을 공개적으로 모욕했던 것이다. 그 후 보급 문제를 놓고 회의를 계속하는 자리에서 롬멜을 위해 따로 떼어놓았던 보급품 중 많은 양이 실제로 튀니지로 향했다는 사실이 분명하게 드러났다. 이제 아프리카기갑군은 현재 보유하고 있는 제한된 자원만으로 살아남아야 했다.

:: 부에라트 방어선을 최대한 사수하라

12월 2일 아침 일찍 롬멜은 리비아로 돌아갔다. 롬멜의 통역장교 암브루스터Ambruster 소위는 일기에 이렇게 썼다.

"사령관께서는 총통 각하에게 호된 질책을 받은 것 같았다."[17]

롬멜은 분명히 풀이 죽어 있었다. 그가 루시에에게 보내는 편지에 이렇게 썼다.

"기분이 좋지 않소. 나는 지금 만신창이가 되었다오."[18]

괴링은 히틀러에게 자기가 판단하기에 롬멜은 더 이상 적임자가 아니라고 말했다. 그럼에도 불구하고 롬멜은 아직 해야 할 일이 많았다. 철수를 마무리해야 했으므로 부에라트 진지를 점검할 필요가 있었다. 또한 철수가 이루어질 수 있도록 최대한 많은 연료를 확보하고 싶었다. 12월 6일 그는 이탈리아군 1개 사단이 철수할 수 있을 정도의 연료를 확보했다. 영국군이 공격 준비를 마무리하고 있다는 것을 감지한 롬멜은 바스티코의 동의를 얻어 그날 밤 사단을 철수시켰다. 불을 켜지 말고 철수해야 한다는 명령에도 불구하고 그 사단은 전조등을 환하게 켜고 트럭을 몰고 갔다. 그러나 영국군은 상황을 파악하지 못한 것 같았다. 이 작전이 밤마다 계속되어 12월 11일까지 기갑부대를 제외한 모든 병력이 빠져나가자, 롬멜은 기분이 조금 나아졌다. 그날 밤 영국군 대포가 메르사브레가 방어선을 향해 포격을 시작하는 한편, 측면 우회 공격부대가 진격하기 시작했다. 이제는 이탈리아군의 남은 전차와 독일아프리카군단이 철수할 차례였다. 철수가 성공적으로 이루어져서 동이 틀 무렵 메르사브레가 진지에는 독일군 부대가 하나도 남아 있지 않았다. 롬멜이 나중에 말한 것처럼, 영국군은 포격을 개시하기 전에 먼저 측면 우회 공격부대가 해안도로로 접근할 수 있게 하지 않는 중대한 실수를 범했던 것이다.

롬멜은 메르사브레가를 빠져나오는 데는 성공했으나, 전차들이 48킬로미터 정도 달릴 연료밖에 없는 데 반해 부에라트까지 가려면 아직

322킬로미터나 남아 있었다. 전차병들은 그저 연료를 더 확보할 수 있기를 바랄 뿐이었다. 다음 며칠 동안 이렇게 겨우 버티는 상황이 계속 이어졌다. 몇몇 경우에는 연료가 바닥나서 일부 전차들은 기동작전을 벌이려면 다른 전차로부터 연료를 얻어야 할 정도였다. 게다가 영국군의 사막공군도 그들을 계속 괴롭혔다. 그나마 후위부대의 노련한 작전 덕분에 아프리카기갑군은 근근이 버티며 12월 26일 부에라트 방어선으로 겨우 철수할 수 있었다. 11일 동안 338킬로미터 정도를 후퇴했던 것이다. 처음부터 롬멜은 부에라트 방어선은 측면 공격을 받을 가능성이 있기 때문에 만족스럽지 못한 진지라는 것을 알고 있었다. 그러므로 그는 영국군을 저지할 수 있을 정도만 머물렀다가 계속 후퇴하여 타르후나Tarhuna와 홈스Homs를 연결하는 방어선에서 멈출 생각이었다. 그는 이탈리아군 보병을 먼저 철수시키는 똑같은 작전을 펼치고자 했다. 롬멜에게 보내는 유조선 10척 중에서 9척을 영국군이 침몰시킨 상태였으므로, 보급 상황은 여전히 형편없었고, 트리폴리로 이어지는 보급선도 여전히 길었다. 바스티코도 롬멜의 생각에 완전히 동의했으므로, 그들은 상황에 대한 공동평가서를 이탈리아군 최고사령부로 보냈다. 이에 대해 무솔리니는 아프리카기갑군은 부에라트 방어선을 "사수하라"고 명령하는 회신을 보냈다. 롬멜은 대답 대신 영국군이 그 방어선으로 직접 오지 않고 우회할 경우 어떤 일이 벌어지게 될 것인지 카발레로에게 물었다. 카발레로는 엘알라메인에서 철수하는 동안 이탈리아군이 당했던 희생을 반복할 수는 없다고 대답했다. 화가 난 롬멜은 그 즉시 부에라트를 "최대한" 사수하여 이탈리아군 보병이 무사히 철수할 수 있도록 할 수 있을지 보장할 수 없다는 전문을 바스티코에게 보냈다. 바스티코는 분명한 답신을 보내지 않았으나, 롬멜은 그의 입장을 이해했다. 바스티코는 리비아 총독이기도 했기 때문에 식민지 전체를 포기하는 일에 열의를 보일 수 없었던 것이다.

롬멜과 바스티코에게 다행스럽게도, 몽고메리는 부에라트를 즉시 공격하지 않고 그 앞에서 멈춰 섰다. 자기 보급부대가 따라잡을 수 있도록 하기 위해서였다. 이렇게 지체하면 자칫 너무 조심하는 것처럼 보일 수도 있었으나, 몽고메리는 전에 치른 사막전들을 통해 보급선이 너무 길어지면 어떤 일이 벌어지는지 아주 잘 알고 있었다. 1991년과 2003년에 벌어진 두 차례의 이라크전에서도 연합군 병참부대가 어려움을 겪은 것도 똑같은 문제 때문이었다. 노먼 슈워츠코프 장군과 토미 프랭크스Tommy Franks 장군도 각자 작전계획을 세우면서 이러한 문제를 잘 알고 있었으나, 그들에게는 이러한 돌발사태에 대비할 시간이 롬멜이나 몽고메리보다 더 많았다. 그리고 엘알라메인으로 진격하는 동안 롬멜이 처했던 경우와는 달리, 그들은 작전권을 완전히 쥐고 있었으므로 원활한 보급 지원을 국적이 다른 상급자에게 크게 의존할 필요가 없었다. 그래서 그들은 공격을 개시하기 전에 먼저 보급품을 비축해놓을 수 있었고, 항공로와 육로를 통해 보급품을 운반할 수송 수단도 충분히 확보할 수 있었다. 그 덕분에 연료 탱크가 바닥나는 일도, 탄약이 부족하여 무기체계가 마비되는 일도 없었다.

몽고메리가 부에라트에서 멈춘 뒤 1월 중순까지는 서쪽으로 더 이상 진격하려고 하지 않은 덕분에, 롬멜은 자기가 처한 상황을 알릴 기회를 얻었다. 12월 31일 롬멜은 바스티코와 다시 만났다. 비록 아프리카기갑군의 파멸이 분명한 경우에만 철수하라는 단서가 붙기는 했지만, 이탈리아군 최고사령부도 결국 굴복하여 부에라트에서 철수해도 된다는 데 동의했다. 그들은 롬멜이 튀니지로 철수하기 전에 먼저 최소한 2달 동안은 트리폴리타니아에서 계속 저항하여 항구를 완전히 파괴할 준비를 할 수 있도록 시간을 벌어주길 바랐다. 롬멜은 바스티코에게 이탈리아군 보병은 적어도 8일이면 홈스로 철수할 수 있을 것이라고 했다. 이 무렵 튀니스Tunis를 주요 보급항으로 삼은 덕분에 보급 상황이 개선되고 있었다. 음식이 나아지자, 병사들의 건강과 사기도 좋아졌다. 그러나 연료는 여전히 부족했기 때문에, 롬멜은 공격을 받기 전에 부에라트 방어선에서 철수하기로 결심했다. 1월 6일 롬멜과 바스티코는 케셀링과 카발레로를 다시 만났다. 카발레로는 이탈리아군 최고사령부가 이제 관심사는 북아프리카 독일군의 마지막 중요한 보급항인 튀니스이므로 트리폴리타이아는 더 이상 고수하지 않아도 된다는 데 마지못해 동의했다고 전했다. 트리폴리타니아는 11월 말 이후 튀니지 서쪽의 연합군에게 위협을 받고 있었다. 한 번은 그들이 튀니스 32킬로미터 지점까지 접근했다가 제5기갑군에게 격퇴당한 적도 있었다. 그래서 바스티코는 롬멜에게 그의 사단 중 하나를 튀니스로 보낼 수 있냐고 물었다. 롬멜은 선뜻 동의하고는 제21기갑사단을 언급하면서 이 사단은 모든 장비를 버리고 튀니지에서 장비를 다시 갖춰야 한다고 했다. 케셀링이 철수하려는 롬멜의 생각에 계속 반대했던 것은 사실 롬멜이 부에라트에서 영국군에게 반격해주기를 바랐기 때문이다. 롬멜은 베른트를 다시 라슈텐부르크로 보냈다. 이제 히틀러는 튀니지가 트리폴리타니아보다 더 중요하다고 생각했기 때문에 롬멜의 편을 들었다. 그러나 철수를 허락한다는 합의에는 한 가지 단서가 붙었다. 그것은 바로 아프리카기갑군이 최소한 6주 동안 트리폴리타니아를 방어해야 한다는 것이었다.

독일군 정보부는 무전 도청을 통해 영국군이 1943년 1월 15일 공격을 개시하려고 한다는 사실을 알아냈다. 영국군은 실제로 그날 공격을 개시했다. 롬멜은 계속 교전하며 철수했고, 제15기갑사단과 제90경사단은 영국군의 공격을 잘 막아냈다. 롬멜은 다시 신경불안에 시달렸다. 그는 루시에에게 보내는 편지에 이렇게 썼다.

"…… 신경이 극도로 예민해져서 정말 자제력이 필요할 정도요."[19]

타르후나와 홈스를 연결하는 방어선을 고수한다는 생각은 곧 완전히 사라졌다. 영국군은 우세한 병력으로 신속하게 이동하고 있었다. 게다가 연료도 다시 부족했다. 롬멜은 바스티코에게 이 문제에 대해 알리는 동시에, 빠르면 1월 20일에 영국군이 트리폴리에 도착할 것이라고 경고했다. 그는 늘 하던 것처럼 이탈리아군 보병을 먼저 철수시키면서 타르후나와 홈스 방어선이 시간을 어느 정도 벌어주기를 바랐다. 남쪽 지역은 고지가 많고 험하여 다른 지역보다 측면을 돌파하기가 더 어렵기 때문이었다. 1월 19일 영국군이 다시 공격해왔으나 타르후나 지역을 집중적으로 공격한 덕분에, 롬멜은 북쪽의 홈스를 우회하여 병력을 계속 철수시킬 수 있었다. 영국군은 타르후나 주변의 방어진지들을 고착시키는 한편 측면을 우회하는 전술을 펼치고 있었다. 롬멜은 계속 저항하면서 나머지 병력들도 철수시킬 준비를 하고 있었다. 1월 20일 이른 아침 트리폴리 방어선이 이미 무너지고 있는 상황에서 롬멜은 로마에서 보낸 전문을 받았다. 그 전문에는 롬멜이 무솔리니의 명령을 따르지 않았으며, 프랑스군이 구축한 마레트선Mareth Line을 기반

1943년 초 파괴된 트리폴리 카스텔 베니토 비행장 격납고 1943년 1월 22일 롬멜은 타르후나 진지와 트리폴리에서 철수하라고 명령을 내렸다. 독일군은 트리폴리 서쪽으로 이동했고, 영국군은 다음날 의기양양하게 트리폴리에 입성했다.

으로 하는 튀니지 방어진지들을 강화할 수 있도록 적어도 3주 동안 현재 위치에 남아 있어야 한다고 되어 있었다. 롬멜은 전선에서 멀리 떨어져 있어서 실제 상황도 모르면서 그런 전문을 보낸 사람들에게 크게 화를 냈다. 그는 카발레로에게 어려운 선택을 하라고 했다. 트리폴리를 며칠 동안 방어하고 병력을 전멸시킬 것인가? 아니면 병력을 무사히 보전하여 차후에 튀니지에서 싸울 것인가? 롬멜은 영국군이 자기가 생각하는 것보다 더 의욕적으로 우회기동을 하고 있고 그 목표는 트리폴리 서쪽 48킬로미터 지점이라는 정보를 입수했다. 1월 22일 그는 타르후나 진지와 트리폴리에서 철수하라고 명령을 내렸다. 독일군은 트리폴리 서쪽으로 이동했고, 영국군은 다음날 의기양양하게 트리폴리에 입성했다. 1월 25일 아프리카기갑군은 국경을 넘어 튀니지로 들어갔다.

:: 직위해제당하다

로마에서는 격노했다. 1943년 1월 26일 롬멜은 그의 병력이 일단 마레트선 안으로 들어왔으므로 건강을 이유로 사령관에서 해임한다는 전문을 받았다. 루시에에게 보낸 편지에서 롬멜은 자기 건강이 그리 좋지 않다는 사실을 털어놓았다.

"순환기 문제를 비롯해 심한 두통과 신경과민 때문에 조금도 편히 쉴 수가 없다오."

그러나 그는 자신의 직위 해제 이유가 건강 때문이라기보다는 "일차적으로 (이탈리아군에 대한) 체면 때문"[20]이라고 확신했다. 롬멜만 쫓겨난 것이 아니었다. 바스티코도 해임되었고(롬멜은 이에 대해 유감스러워했다), 카발레로 역시 물러났다(롬멜은 이를 크게 기뻐했다). 또한 롬멜의 부대는 이탈리아 제1군First Italian Army으로 이름이 바뀌었고, 이탈리아인이 지휘관으로 임명되었다.

한편 롬멜은 후임자가 도착하기 전에 해야 할 일이 많았다. 마레트선을 점검한 결과 취약성이 드러났다. 이 방어선 역시 측면 공격을 받을 위험이 있었던 것이다. 1938년 프랑스군이 트럭을 이용하여 한 차례 실험을 한 뒤, 마레트선의 남쪽 측면(그 반대편은 바다로 막혀 있었다)으로 우회하는 것은 불가능하다는 결론을 내린 적이 있었다. 그러나 롬멜은 몽고메리의 제8군이 그럴 능력이 있다고 확신했다(그리고 이러한 판단은 옳은 것으로 증명되었다). 이러한 우발사태를 막으려면 그의 기동부대들을 투입할 필요가 있었으나, 그 병력은 튀니지의 중추 산맥인 이스턴도르살레Eastern Dorsale 남단의 가프사Gafsa에 배치되어 튀니지 서쪽에 있는 영국군 제1군의 위협에 대처하기로 되어 있었다. 그래서 롬멜은 정면으로만 공격이 가능한 64킬로미터 북쪽의 와디 아카리트Wadi Akarit로 철수하자고 제안했다. 그러나 그의 제안이 무시되는 바람에 아프리카기갑군은 마레트선에 주둔했다. 2월 2일 롬멜은 그의 후임자로 임명된 지오반니 메세Giovanni Messe가 와서 함께 점심식사를 했다. 롬멜은 그와 좋은 관계를 유지했으나, 실제로 밀려날 때까지 지휘권을 계속 행사하기로 결심했다. 케셀링의 계획은 바로 이 때문에 나온 것이었다.

케셀링은 몽고메리가 트리폴리 항을 완전히 가동시키고 병력을 재편할 필요가 있으므로 마레트선으로 진격하게 되기까지 어느 정도 시간이 있을 것이라고 판단했다. 서쪽에서는 북쪽의 영국군 제5군단을 시작으로 중앙의 프랑스군 제19군단을 거쳐 남으로는 미군 제2군단이 영국군 제1군 소속으로 엷게 배치되어 대략 560킬로미터나 되는 긴 전선을 담당하고 있기는 했다. 그러나 한스 위르겐 폰 아르님Hans-Jürgen von Arnim 휘하의 제5기갑군은 여전히 튀니지에서 연합군에 비해 상대적으로 협소한 지역만을 장악한 채 튀니스를 기지로 삼고 있었다. 그러므로 케셀링은 서쪽에서 일련의 파쇄공격spoiling attacks(방어지역 전방에서 적이 공격을 개시하기 전에 공격을 준비하는 중이거나 이동 중인 적을 공격하는 것—옮긴이)을 가하여 연합군을 계속 교란시키는 동시에 그들을 뒤로 몰아낼 생각이었다. 이 계획은 이탈리아군 최고사령부와 독일 국방군 최고사령부의 승인을 모두 받았다. 1월 30일 아르님은 3개 이탈리아군 사단과 장비를 새롭게 갖춘 독일군 제21기갑사단을 프랑스군이 점령한 파이드 고개Faid Pass로 보내면서 선두에 섰다. 파이드 고개는 이스턴도르살레 산맥 중앙을 거쳐 튀니지의 해안평야로 나아가는 통로였다. 아르님이 이 작전에서 성공하자, 프랑스군은 뒤로 밀려났다. 롬멜은 미군 점령 지역에 있는 가프사를 염려했다. 이곳을 돌파당하면 추축군 2개 부대가 분리될 게 분명했다. 그는 공격을 제안하면서 몽고메리가 이동하기 시작할 경우를 대비해 제15기갑사단은 투입하고 싶지 않았기 때문에 아르님의 병력 일부를 이용할 수 있게 해달라고 요청했다. 그러나 아르님은 파이드 고개에서 거둔 성공을 이용하여 시디부지드Sidi Bou Zid로 계속 이동해 이스턴도르살레 산맥에 대한 자신의 지배력을 강화하고 싶었기 때문에 롬멜에게 병력을 넘겨주고 싶은 마음이 없었다. 이 두 사람이 서로에 대해 반감을 갖고 있었다는 사실 또한 문제 해결에 도움이 되지 않았다. 2월 9일 케셀링이 두 사람이 만나는 자리를 마련하여 합의가 이루어졌다. 아르님은 2월 12일에 공격을 하고, 롬멜은 이틀 뒤에 공격하기로 했다. 점령지를 확보하기보다는 비교적 피를 덜 흘린 미군에게 최대한 피해를 안겨주는 것이 목표였다. 케셀링이 롬멜의 주치의에게 롬멜이 그러한 작전을 지휘할 수 있을 만큼 건강이 좋으냐고 묻자, 주치의는 롬멜이 2월 20일까지는 아프리카를 떠나야 한다고 대답했다. 그래서 케셀링은 롬멜에게 "명예를 회복할 수 있는 마지막 기회"[21]를 주기로 동의했다.

∷ 명예를 회복할 수 있는 마지막 기회

아르님이 공격을 한 날은 롬멜이 아프리카에 도착한 지 만 2년이 되는 날이었다. 제8전차연대의 군악대가 아침에 그를 위해 세레나데를 연주했고, 처음부터 그와 함께했던 독일아프리카군단 일부 장교들(모두 19명)이 조출한 축하 파티에 참석했다. 아르님의 공격은 잘 진행되었다. 시디부지드는 미군 제1기갑사단이 장악하고 있던 곳이었다. 그들은 그곳에서 밀려났고, 2월 17일에는 그곳에서 북서쪽으로 40킬로미터 떨어져 있는 스베이틀라Sbeitla도 아르님의 수중에 들어갔다. 롬멜은 가프사를 공격하기 위해 독일아프리카군단의 남은 병력으로 임시전투단을 편성했다. 2월 15일 어둠이 내리자 그들은 가프사에 도착했으나, 적은 이미 떠나고 없었다. 아르님이 더 북쪽을 공격하자, 미군이 철수해버린 것이었다. 다음날 아침 롬멜은 전속력으로 그곳으로 가서, 미군이 버리고 간 장비를 비롯하여 서둘러 철수한 흔적들을 목격했다. 미군은 알제리 국경 너머의 테베사Tebessa로 후퇴하고 있는 것 같았다. 롬멜은 자신이 여러 가지 질병을 앓고 있다는 사실을 잊은 듯 비행장을 갖춘 중요한 통신기지인 테베사를 점령하여 연합군에게 심각한 타격을 가하려고 했다. 그러나 아르님이 동의하지 않자, 롬멜은 남부전구 최고사령관

한스 위르겐 폰 아르님 히틀러가 롬멜의 튀니지 철수 요청을 거절했을 때, 아르님은 상급대장으로 승진했고(1942년 12월 4일 승진), 아프리카기갑군과 독일아프리카군단을 1943년 3월부터 지휘했다.

의 끊임없는 낙관주의가 자기에게 유리하게 작용하길 바라는 마음으로 케셀링에게 접근했다. 그는 케셀링의 동의도 얻어내고 이탈리아군 최고사령부의 승인도 얻어냈으나, 테베사로 대표되는 연합군의 배후를 직접 공격하기보다는 테베사 북서쪽 48킬로미터 지점의 탈라Thala를 일차 목표로 삼아야 했다. 따라서 롬멜이 처음에 생각했던 대로 연합군에게 심한 타격을 줄 수 있는 작전은 기대할 수 없었다. 그러나 롬멜에게는 제10기갑사단과 제21기갑사단이 주어졌다.

2월 19일 작전이 시작되었다. 독일아프리카군단은 공격 개시 시각에 이미 가스파 북쪽 64킬로미터 지점의 페리아나Feriana에 이미 도착해 있었으므로, 이제는 그곳에서 북동쪽으로 32킬로미터 떨어진 카세린 고개Kasserine Pass를 향해 진격했다. 동시에 제10기갑사단이 스베이틀라에서 고개를 향해 진격하고 제21기갑사단의 일부가 북쪽의 스비바Sbiba를 향해 진격했으나, 영국군과 미군이 합류한 병력에게 격퇴당했다. 다음날 오후 미군이 점령하고 있던 카세린 고개가 확보되었다. 이탈리아군 센타우로Centauro기갑사단의 일부 병력이 테베사를 향해 진격하는 한편, 이 사단의 다른 병력은 북쪽의 탈라로 밀고 올라갔다. 2월 21일 탈라를 방어하기 위해 영국군은 1개 기갑여단을 서둘러 투입하여 하루 종일 간신히 롬멜의 진격을 막았다. 밤새 모로코에서 미군 포병을 수송하여 전력이 강화된 방어군은 다음날 아침 독일군을 향해 엄청난 포격을 가해 다시 공격하기 위해 대형을 형성 중이던 독일군에게 심각한 피해를 입혔다. 롬멜은 탈라 방어군이 이제는 너무 강력해졌다고 판단하고는 공격을 중단하라고 명령했다. 곧이어 케셀링이 롬멜을 찾아왔고, 두 사람은 공격을 멈추고 점진적으로 철수를 시작해야 한다는 데

카세린 고개 전투 1943년 2월 26일 튀니지에서 미 육군 제16보병연대 제2대대가 카세린 고개를 거쳐 카세린과 페리아나를 향해 행군하고 있다.

동의했다. 바로 이 자리에서 케셀링은 이제 독일군 제5기갑군과 이탈리아군 제1군을 통합해서 지휘할 지휘관을 임명할 때가 되었다고 말하고는, 새로 편성된 아프리카집단군Army Group Africa의 지휘를 롬멜이 맡아주길 바란다고 했다. 롬멜은 아르님이 그 자리를 맡기로 이미 내정되어 있다는 사실을 알고 있었고 개인적으로는 이탈리아군 최고사령부에 신물이 났기 때문에 케셀링의 제안을 거절했다. 케셀링은 롬멜의 주치의와 다시 상의했다. 주치의는 롬멜이 한 달 더 머물러 있을 수는 있으나 그 뒤에는 치료를 위해 독일로 돌아가야 한다고 했다. 이 말을 듣고 케셀링은 마음을 굳혔다.

다음날인 2월 23일 롬멜은 메세의 승인하에 자기가 이탈리아군 제1군의 사령관으로 임명되었다는 사실을 공식적으로 통보받았다. 케셀링의 입장에서 보면, 이것은 많은 면에서 이례적인 결정이었다. 이미 그 자리에 내정되어 있는 사람을 놔두고 건강이 좋지 않아 곧 전쟁터를 떠나야 할 사람을 임명한다는 것은 이치에 맞지 않는 일이었다. 그렇게 결정하게 된 이유는 롬멜이 과거의 마법을 다시 부릴 수 있을지도 모른다는 케셀링의 낙관주의 때문이었다. 최근에 치른 카세린 작전에서 과거의 모습을 어렴풋이나마 보여준 롬멜이 튀니지 전역에서 펼칠 작전들을 조율하는 위치를 맡을 경우 추축국에게 다시 행운을 안겨줄지도 모르는 일이었다. 한편 롬멜의 부관인 베른트는 자기가 롬멜을 승진시키는 조치를 취한 것은 약해진 롬멜의 정신건강을 회복시키기 위한 방법이었다고 주장했다. 루시에에게 보낸 편지에서 베른트는 이렇게 썼다.

"제가 그런 조치를 취한 이유는 우리가 오랫동안 후퇴한 뒤에라도 사람들이 여전히 그분을 믿고 있다고 그분이 생각하도록 하기 위해서입니다. 그러나 그분은 이미 정반대로 생각하기 시작했습니다."[22]

무슨 이유로 승진했든, 롬멜은 사령부가 제대로 편성되어 있지 않다는 것을 알았다. 또한 그는 자기가 따돌림을 당하고 있다는 사실도 곧 깨달았다. 아르님과 메세는 계속 이탈리아군 최고사령부와 직접 연락하고 있었고, 케셀링 역시 롬멜에게는 알리지도 않고 이탈리아군 최고사령부와 튀니지 문제를 상의했다. 그럼에도 불구하고 롬멜은 최선을

"롬멜은 자기가 따돌림을 당하고 있다는 사실을 곧 깨달았다. 아르님과 메세는 계속 이탈리아군 최고사령부와 직접 연락하고 있었고, 케셀링 역시 롬멜에게는 알리지도 않고 이탈리아군 최고사령부와 튀니지 문제를 상의했다. 그럼에도 불구하고 롬멜은 최선을 다했다."

다했다. 그는 우선 제5기갑군 사령부의 작전참모와 앞으로 펼칠 작전에 대해 협의하면서 튀니스 서쪽 64킬로미터 지점인 메드제즈엘바브Medjez el Bab 지역의 연합군을 공격할 계획에 대해서 들었다. 롬멜은 그 계획을 승인했으나, 공격 후 즉시 철수한다는 생각은 인정하지 않았다. 그는 빼앗긴 지역을 되찾고 싶었다. 2월 24일 저녁 그는 제10기갑사단이 카세린에서 철수하는 것을 중지시켜달라는 케셀링의 요청을 받았다. 아르님이 메드제즈엘바브 서쪽 39킬로미터 지점인 베자Beja를 공격하는 데 제10기갑사단이 협력해주길 바랐던 것이다. 이 계획을 처음 들은 롬멜은 아르님이 그 공격에 대해 자기와 협의하지 않았다는 사실에 크게 화를 냈다. 롬멜은 베자를 공격하는 것은 현재 동원 가능한 병력으로는 너무 벅찬 목표라고 생각했다. 여하튼 제10기갑사단은 이미 철수를 시작한 상태인 데다가, 현재 위치에 머물러 있을 경우 공격을 받아 고립될 위험이 있었다. 2월 26일 암호명 옥스 헤드Ox Head라는 아르님의 공격이 시작되었다. 그들은 처음에는 영국군을 기습했으나, 영국군은 곧 전세를 회복했다. 전투는 3주 정도 계속되어 일부 지역은 되찾았으나, 베자에는 도달하지 못했다.

그러나 롬멜은 이제 동쪽으로 눈을 돌렸다. 2월 7일 영국군 제8군은 그동안 기다렸던 튀니지로 향한 진군을 시작했다. 열흘 뒤 제8군은 마레트선 남쪽 32킬로미터 지점인 메데닌Medenine에서 멈춘 뒤 마레트선 공격을 준비하기 시작했다. 롬멜은 영국군이 방어선을 구축하기 전에 공격하면 그들을 혼란에 빠뜨려 마레트선 공격을 상당히 지연시킬 수 있을 것이라고 생각했다. 2월 23일 이탈리아군 최고사령부가 그 계획을 승인했으나, 공격을 위해 병력을 편성하는 데 며칠이 걸렸다. 제10·15·21기갑사단이 강습부대가 되고, 제90경사단과 브레시아사단이 영국군의 시선을 주력부대로부터 돌리기로 했다. 롬멜의 문제는 몽고메리가 적시에 울트라를 통해 독일군이 공격하리라는 정보를 미리 입수하고 공격에 대비했다는 것이었다. 게다가 롬멜은 측면으로 우회하여 적을 포위하는 특유의 전술을 펼치기보다는 정면공격을 하고 있었다. 공격 자체는 3월 6일 짙은 어둠 속에서 시작되었다. 영국군의 장갑차가 롬멜의 이동 경로를 추적했다. 일단 안개가 걷히자, 롬멜의 전차는 위치를 잘 잡은 영국군 대전차포와 야포의 집중포격을 받았다. 이것은 독일군에게 재앙이었다. 영국군은 거의 피해가 없었으나, 독일군 전차는 50대 이상이 파괴되었고, 나머지 전차들은 후퇴할 수밖에 없었다. 롬멜의 공격은 그것으로 끝이 났다.

이제 롬멜은 튀니지가 적의 손에 함락된 것이나 다름없기 때문에 추축군을 철수시키는 길밖에 없다고 결론을 내렸다. 롬멜은 자기가 아프리카를 떠날 때가 되었다고 생각하고는 드디어 치료도 할 겸 이 문제를 히틀러에게 직접 이야기했다. 아마 최후의 일격은 롬멜이 메세에게 엔피다빌Enfidaville로 철수할 것을 건의했을 때 받은 그것을 승인하지 않는다는 독일 국방군최고사령부의 전문이었을 것이다. 그렇게 됐다면 아프리카집단군의 방어선은 160킬로미터 정도로 줄어들어 보급 상황이 개선되었을 것이다. 3월 8일 롬멜은 서류상 그의 대리인으로 임명되었으나 그가 돌아올 경우 더 이상 대리인 역할을 할 수 없는 아르님에게 지휘권을 넘겨주었다. 롬멜과 마찬가지로 아르님 역시 좌절감에 사로잡혀 있었다. 다음날 롬멜은 좌절감에 사로잡혀 거의 기가 꺾인 채 아프리카를 떠났다. 1942년 6월 말에 전성기를 맞은 이래로 그의 운은 점점 기울기 시작했다. 당시 그는 틀림없이 야전 지휘관으로서 자신의 시대는 막을 내렸다고 생각했을 것이다.

6장
마지막 불꽃

부하들을 독려하고 자신감을 고취하는 임파워링empowering 리더십

"롬멜은 긴박한 상황에서도 특유의 열정으로 모든 병사들에게 더욱 힘을 내라고 끊임없이 독려했다."

"롬멜은 평상시처럼 지칠 줄 모르고 직접 최전방까지 찾아다니면서 단호하게 저항하도록 격려하며 사기를 높였다."

"롬멜은 공격을 성공시키기 위해 부하들이 그들의 임무를 완벽하게 이해할 수 있도록 몇 차례 리허설을 실시하는 등 세밀하게 준비했다."

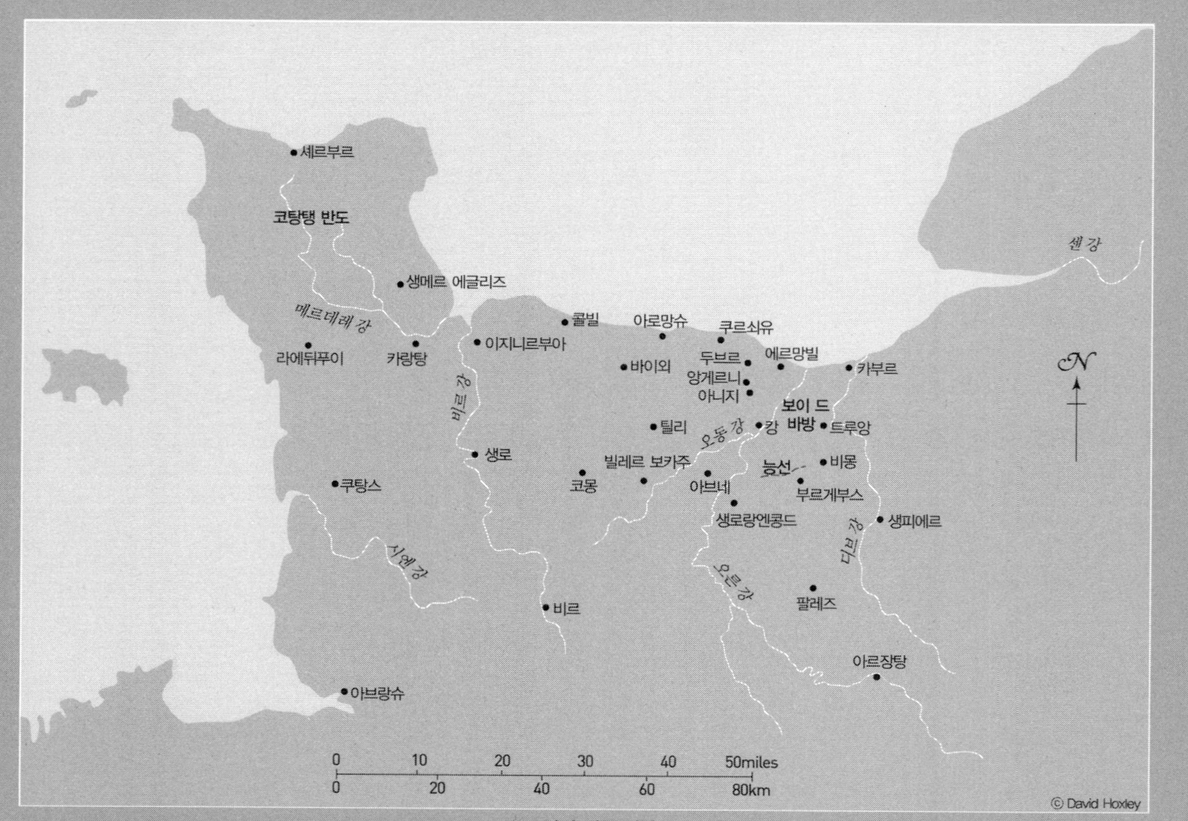
셰르부르
코탕탱 반도
생메르 에글리즈
메르데레 강
라에뒤푸이
카랑탕
이지니르부아
콜빌
아로망슈
쿠르쇠유
두브르
에르망빌
카부르
바이외
앙게르니
아니지
보이 드
바방
트루앙
틸리
오동 강
강
비르 강
생로
빌레르 보카주
능선
비몽
코몽
아브네
부르게부스
쿠탕스
생로랑엔콩드
생피에르
디브 강
시엔 강
오른 강
팔레즈
비르
아르장탕
아브랑슈
센 강
N
0 10 20 30 40 50miles
0 20 40 60 80km
© David Hoxley

노르망디 전투 지역

:: 롬멜이 여전히 아프리카에 있다고 믿게 만들라

롬멜은 몸도 마음도 모두 지친 상태로 아프리카를 떠났다. 그는 반드시 다시 돌아오겠다고 다짐했으나, 그러지 못할 가능성도 이미 받아들이고 있었고 부하들을 버리고 떠난다는 죄책감도 느꼈다. 아프리카에서 보낸 마지막 8개월은 롬멜에게는 우울한 기간이었다. 지금까지 누려왔던 눈부신 성공은 더 이상 거둘 수 없었고, 압도적인 열세에서 악전고투하는 상황만 이어졌을 뿐이다. 그가 할 수 있는 일이라고는 아프리카집단군이 전멸하는 상황을 막는 것뿐이었다.

롬멜은 우선 로마에 들러 무솔리니와 만나 이야기를 나눴다. 무솔리니는 메데닌에서 어떤 일이 벌어졌는지 묻고는 롬멜이 튀니지에 남겨놓은 이탈리아군 제1군이 방어하고 있는 마레트선이 얼마나 견고한지 롬멜의 견해를 물었다. 롬멜은 방어 반경을 상당히 줄여야 한다고 무솔리니에게 각인시켜주려고 했으나, 무솔리니는 그의 말을 묵살하고는 튀니지는 어떤 대가를 치르더라도 반드시 사수해야 하며 그것은 의지력의 문제일 뿐이라고 선언했다. 그는 롬멜이 패배주의자라는 뜻을 비치고는 롬멜에게 황금무공훈장Gold Medal for Military Valor을 주려던 생각을 바꿨다. 그러나 두 사람은 아주 화기애애한 분위기 속에서 헤어졌다.

롬멜의 다음 기착지는 우크라이나 빈니차Vinnytsia에 있는 히틀러의 야전사령부였다. 암호명이 베레볼프Werewolf인 이 사령부에서 독일의 지도자 히틀러는 스탈린그라드 사태 이후 에리히 폰 만슈타인이 펼치는 반격을 감독하고 있었다. 롬멜은 괴링과 마주쳤다. 괴링이 롬멜에게 자기 전용열차를 제공하려고 했으나, 롬멜은 그의 제안을 거절했다. 1943년 3월 10일 오후 롬멜은 히틀러의 야전사령부에 도착했다. 마침 히틀러가 만슈타인을 방문하기 위해 자리를 비워서 롬멜은 몇 시간을 기다려야 했다. 그날 저녁 롬멜은 히틀러의 초청을 받아 그와 함께 차를 마셨다. 또다시 롬멜은 히틀러에게 튀니지 상황의 심각성을 알리려고 했다. 무솔리니를 만났을 때처럼 방어 반경을 줄이고 튀니지에서 완전히 철수해야 한다는 그의 말은 완전히 무시되었다. 롬멜은 빈니차에서 사흘을 머문 뒤에야 마침내 히틀러에게서 작은 양보를 얻어냈다. 히틀러는 마레트선을 방어하는 보병이 와디아카리트Wadi Akarit로 철수해도 좋다는 데 동의했고, 최근에 독일 해군 최고사령관에 임명된 칼 되니츠Karl Dönitz 제독을 로마로 보내 필요한 보급품을 튀니지로 보내야 함을 각인시키겠다고 약속하고, 롬멜에게 다이아몬드 기장 기사십자훈장을 수여했다. 그러나 임지로 즉시 복귀하게 해달라는 롬멜의 부탁은 거절하며 그가 병가 중임을 상기시켰다. 연합군으로 하여금 롬멜이 여전히 아프리카에 있다고 믿도록 하기 위해 이 일은 비밀로 해야 한다는 지시가 있었다.

칼 되니츠 1차 세계대전과 2차 세계대전에 참전한 독일 해군 제독으로, 2차 세계대전 당시 독일 잠수함대 사령관, 독일 해군 총사령관 및 히틀러 사후 독일 대통령을 지냈다.

롬멜은 비너노이슈타트로 돌아가 이번에도 젬머링 요양소에서 여러 가지 질병을 치료하기 시작했다. 그는 개인적인 시간을 많이 가졌다. 아프리카에서 문서를 많이 가져온 그는 요양소에서 자신이 치른 전투에 관한 글을 쓰기 시작했다. 이 글들은 나중에 영국 전쟁사학자인 바실 리델 하트Basil Liddell Hart의 저서 『롬멜전사록The Rommel Papers』에 수록되었다. 롬멜은 튀니지에서 들려오는 암울한 소식을 듣고 우울해졌다. 몽고메리는 롬멜이 염려한 대로 측면으로 멀리 우회하여 마레트선을 넘었으나, 이탈리아군 제1군이 철수하는 것은 막지 못했다. 그 후 4월 초 그는 와디아카리트 방어선을 돌파하는 한편, 서쪽의 영국군 제1군을 통해 모든 전선에 압박을 가하기 시작했다. 하지만 몽고메리가 엔피다빌 공격을 시도했다가 좌절하자, 방어진지로서 엔피다빌의 가치를 인정한 롬멜의 평가가 옳았다는 것이 증명되었다. 그 결과 영국군은 제1군에 역점을 두었고, 4월 말 제1군은 대규모 공세를 취하기 시작했다. 추축국 부대들은 영국군 해군과 공군의 활약으로 보급선이 차단되었음에도 불구하고 계속 최선을 다해 싸웠으나, 전세를 뒤집지 못해 5월 7일 튀니스와 비제르타Bizerta가 함락되었다. 아프리카집단군의 나머지 병력은 봉 곶의 반도로 후퇴한 뒤 항복했다.

:: 히틀러의 총애를 잃다

튀니지가 항복하기 이틀 전인 1943년 5월 9일, 롬멜은 베를린으로 소환되었으나 그가 여전히 아프리카에 있는 것으로 위장하기 위해 민간인 복장을 했다. 그가 히틀러를 만났을 때, 히틀러는 24만 명이나 되는 전쟁포로를 연합군에게 안겨준 튀니지 패전으로 인해 흔들리고 있었다. 스탈린그라드의 재앙에 더하여 이런 일까지 겹치게 되자, 전세가 빠른 속도로 연합군에게 유리하게 변하고 있었다. 이제 히틀러와 독일 국방군최고사령부의 관심사는 이탈리아의 미래, 특히 연합군이 이탈리아를 침공할 경우 그 사태를 어떻게 처리해야 하는가 하는 문제였다. 히틀러가 생각하기에 그들이 의지할 수 있는 인물은 무솔리니밖에 없었으나, 그가 권좌에서 축출될 경우 많은 이탈리아 점령군이 주둔하고 있는 발칸 지역과 이탈리아를 잃어버리게 될 것이 틀림없었다. 롬멜은 수많은 회의에 참석했고, 그 결과 한 가지 계획이 마련되었다. 히틀러는 이탈리아가 침공당할 경우 동부전선에서 8개 기갑사단과 4개 보병사단을 옮겨와 롬멜의 지휘하에 이탈리아 북부로 이동시키기로 했다. 이를 위해 롬멜은 집단군 사령부 기간조직을 편성하고 그러한 우발사태에 대한 세부계획을 세우기 시작했다. 그는 일선으로 다시 돌아오게 된 것을 기뻐했다. 무엇보다도 아프리카에서 같이 싸운 옛 동료 알프레트 가우제를 참모장으로 삼을 수 있게 되어 그 기쁨은 더욱 클 수밖에 없었다. 롬멜의 주요 관심사는 이탈리아로 연결되어 있는 알프스 고개들이었다. 그는 이탈리아군이 그 고개들을 봉쇄할 능력을 충분히 갖추고 있다는 것과 이탈리아 국경 전역에는 적재적소에 요새들이 있다는 것을 잘 알고 있었다. 그러므로 이탈리아군이 국경을 봉쇄하는 사태를 막으려면 독일군을 아주 신속하게 배치해야 했다. 그러나 두 가지 시나리오가 가능했다. 암호명 알라릭Alaric이라는 첫 번째 시나리오는 이탈리아가 여전히 전쟁 중에 있으나 전력이 강화될 필요가 있다고 가정했다. 이 경우, 독일군은 오스트리아와 바이에른을 통해 침투할 것이다. 그러나 그럴 경우 이탈리아인들이 감정이 상해 연합군의 품에 안기게 되는 상황이 벌어지지 않도록 조심스러운 정치적 조치가 필요할 것이다. 암호명 악세Unternehmen Achse라는 두 번째 시나리오는 더 극단적이었다. 이탈리아가 배신할 경우 아주 신속하게 이탈리아군의 무장을 해제해야 할 것이다. 이 두 계획이 거의 동시에 실행될 필요가 있을지도 모르는 일이었고, 이탈리아를 방어하기 위한 전략을 마련할 필요도 있었기 때문에, 롬멜은 해야 할 일이 많았다.

롬멜은 히틀러의 전략회의가 어느 곳에서 열리든 계속해서 자주 참석했다. 그래서 7월 초 동프로이센에 있는 히틀러의 야전사령부인 늑대소굴에 머물면서 동부전선의 쿠르스크Kursk 돌출부를 괴멸시키려는 대공세인 치타델레 작전Unternehmen Zitadelle이 개시되는 것을 목격할 수 있었다. 독일군은 처음에는 전세가 유리했으나, 소련군의 단호한 저항에

연합군의 시칠리아 침공 1943년 7월 10일, '이터너티Eternity' 전차 승무원들이 시칠리아 섬 레드 비치 2Red Beach 2에 상륙한 뒤 그들의 전차를 살펴보고 있다.

직면하여 힘을 잃기 시작했다. 7월 10일, 미영 연합군 부대들이 이미 시칠리아Sicilia에 상륙했다는 소식이 전해졌다. 이 소식은 히틀러에게 쿠르스크 공세를 중단할 구실을 제공했다. 히틀러는 우선 더욱 많은 병력을 보내, 이미 시칠리아 섬에 주둔하고 있는 2개 독일군 사단과 합류하도록 했다. 한스 후베Hans Hube 장군이 1개 기갑척탄병사단 및 2개 공수연대와 함께 파견되었다. 당시 그곳에서는 이탈리아군 장성이 전반적인 책임을 맡고 있었으나, 히틀러는 독일 장군이 실제적인 지휘를 맡도록 요구했다. 롬멜은 후베 장군을 추천했으나, 괴링은 병력의 상당 부분이 공군 소속 공수부대로 편성되어 있다는 이유를 들며 공군 장성이 지휘를 맡길 원했다. 히틀러는 후베를 선택하여 롬멜을 기쁘게

쿠르스크 전투 Battle of Kursk

2차 세계대전 동안 동부전선에서 일어난 가장 주목할 만한 전투 중 하나다. 쿠르스크 전투는 역사상 최대 규모의 전차전이었으며 하루 동안 벌어진 공중전으로 가장 치열했던 전투 중 하나로도 꼽히고 있다. 독일군은 오랫동안 이 전투를 준비하여 선제공격을 했지만, 소련군은 프로호로프카 전투Battle of Prokhorovka에서 독일군을 저지하는 데 성공, 곧 반격을 개시하여 오룔Oryol, 벨고로드Belgorod, 하르코프Kharkov를 재탈환했다. 이 전투에서 독일군 전력은 막대한 피해를 입게 되어 회복에 시일이 걸렸으며, 이후로 독일군은 두 번 다시 공세로 전환하지 못하고 소련의 파상공세에 동부전선 전체가 무너지기 시작했다.

지상 최대의 전차전 쿠르스크 전투에 참가한 6호 전차 티거 1이 오룔에서 진격하고 있다.

했으나, 이틀 뒤인 7월 18일 롬멜은 일기에 이렇게 썼다.

"총통이 내가 이탈리아인들에게 좋지 않은 감정을 갖고 있으므로 나에게 지휘를 맡기지 말라는 조언을 받았다는 말을 들었다. 내 생각에는 그 배후에 공군이 있는 것 같다."[1]

이것은 충격이 아닐 수 없었으나, 롬멜에게는 곧 다른 임무가 주어졌다.

시칠리아를 침공하기 전 연합군은 독일군으로 하여금 그들이 다른 곳으로 상륙할 것이라고 믿게 만들려고 수많은 기만작전을 펼쳤다. 그 중 하나가 민스미트 작전Operation Mincemeat인데, 이 작전에서 연합군은 영국군 해병대 장교 복장을 한 시체 1구를 잠수함을 이용해 스페인에 갖다놓았다. 그의 몸에서는 당시 튀니지의 연합군을 지휘하고 있던 해럴드 알렉산더 장군에게 보내는 편지가 1통 발견되었는데, 그 편지에는 현재 그리스 침공 계획을 세우고 있는 중이라고 기록되어 있었다. 이 정보가 독일군에게 들어가게 되자, 히틀러는 그리스로 증원군을 파견할 정도로 연합군이 그리스를 침공할까 봐 걱정했다. 연합군이 시칠리아로 꾸준히 진격하고 있는 상황에서도 히틀러는 그리스 공격이 임박했을지도 모른다고 염려하고 있었다. 7월 23일 히틀러는 롬멜에게 그리스로 날아가 그곳의 지휘를 맡을 준비를 하고 그곳의 방어 상태를 자기에게 직접 보고하라고 명령했다. 이틀 뒤 롬멜과 가우제가 살로니카Salonika에 도착했을 때, 그들은 한직으로 밀려났다는 느낌을 받았다. 그날 저녁 그들은 발칸 지역 독일군 총사령관인 공군 알렉산더 뢰르Alexander Löhr 장군을 만났다. 롬멜은 다음날 비행기를 타고 발칸 지역을 돌아보며 그곳의 상황을 알아보려고 계획하고 있었으나, 그날 밤 독일국방군최고사령부에서 온 전화가 모든 것을 바꿔놓았다.

시칠리아가 곧 이탈리아의 긴 패배 목록에 포함될 것 같은 상황이 되자, 대부분의 이탈리아인들은 나라를 구하고 더 이상의 피해를 막으려면 연합군에게 항복하는 길밖에 없다고 생각했다. 무솔리니는 그 길을 가로막고 있는 장애물이었고, 그의 지도력은 재앙과도 같았다. 7월 25일 국왕 비토리오 에마누엘레Vittorio Emanuele의 동의하에 파시스트 대평의회Fascist Grand Council는 무솔리니 불신임안을 통과시키고 그를 체포했다. 피에트로 바돌리오Pietro Badoglio 원수를 정점으로 하는 새로운 정부가 들어섰으며, 이 정부는 즉시 연합군과 은밀하게 협상하기 시작했다. 독일 국방군최고사령부에서 온 전화는 무솔리니가 연금 상태에 있다는 소식을 전한 뒤, 롬멜에게 곧장 히틀러의 사령부로 돌아오라고 했다. 26일 정오에 그곳에 도착한 롬멜은 대부분의 나치 수뇌들이 모여 있다는 것을 알았다. 이탈리아의 상황은 여전히 애매했으나, 이탈리아가 항복할 것이며 연합군이 이탈리아 북부에 상륙할 것이라는 점은 분명했다. 롬멜의 임무는 전과 거의 마찬가지로 독일군 부대들을 이탈리아 북부에 배치하는 것이었다. 시칠리아의 병력도 그에게 맡기자는 이야기도 있었으나, 카이텔과 요들이 반대했다. 괴벨스는 이렇게 말했다.

"그들은 롬멜이 너무 많은 권한을 갖고 너무 많은 부대를 지휘하는 모습을 보고 싶어하지 않는다. 그들은 그를 시기하고 있다."[2]

롬멜은 뮌헨 지역의 한 기차역에 뮌헨 독일 국방군최고사령부 재활부대OKW Rehabilitation Unit Munich라는 가명으로 사령부를 세웠다. 히틀러는 롬멜과 가우제를 비롯한 참모들에게 당분간 오스트리아나 이탈리아에는 발을 들여놓지 말라고 특별히 지시했다. 이탈리아군이 국경 방어선에서 저항하기로 결정할 경우를 대비해 롬멜에게는 2개 보병사단과 산악훈련학교의 일부 병력, 그리고 다른 훈련소에서 차출한 강력한 6호 전차 티거Tiger를 장비한 3개 전투단이 주어졌다. 이제는 히틀러의 명령을 기다리는 일만 남았다. 얼마 후 그의 명령이 떨어졌다.

7월 29일 독일군은 처칠과 프랭클린 루스벨트Franklin Roosevelt 대통령이 대서양을 가로지른 직통전화로 통화하는 내용을 도청했는데, 이 전화에서 처칠은 이탈리아와의 휴전이 임박했다고 알렸다. 다음날 히틀러는 알라릭 작전을 개시하라고 명령했다. 제25기갑사단이 선봉에 서서 이탈리아로 들어갈 예정이었다. 롬멜은 선두대대 지휘관에게 직접 브리핑을 했다. 그는 그 지휘관에게 이탈리아인들을 친절하게 대하고, 자신들이 시칠리아로 급파된 증원군이라고 설명하라고 했다. 그리고 공격을 받는 경우에만 발포하고, 육교와 교량의 모든 폭발물을 해체하라고 지시했다. 롬멜은 처음에는 부대와 동행하는 것을 허락받지 못했으나, 평상시처럼 기분이 좋았다. 그는 특히 케셀링이 자기가 하고 있는 일에 아무런 통제권을 갖고 있지 않은 것으로 봐서 곧 자신이 그의 남부전구 최고사령관 직책을 인수하게 될 것이라고 생각했다. 가끔 긴장상태가 발생하거나 이탈리아인들이 비협조적으로 나오기도 했지만, 이제 공식적으로 B집단군이 된 롬멜 부대의 이동은 비교적 순조로웠다. 그러다가 이탈리아군이 어려움을 안겨주기 시작했다. 그들이 롬멜의 병력이 도로나 철도로 이동하는 것을 방해하려 하자, 롬멜은 외교적인 접근법으로 해결하려 했다. 이탈리아군이 라스페치아La Spezia 해군기지로 가는 길을 막았을 때야 비로소 롬멜은 그들이 편을 바꾸려 한다고 확신하게 되었다. 8월 11일 롬멜은 히틀러의 야전사령부로 돌아가 히틀러와 협의하라는 명령을 받았다. 롬멜과 마찬가지로 히틀러 역시 이탈리아군이 편을 바꾸려고 한다고 생각했고, 다르게 생각하는 린텔렌과 로마 주재 독일 대사인 케셀링을 비난했다. 롬멜은 히틀러가 자기를 신뢰하는 모습을 보고 매우 기뻐했다. 그는 요들에게 B집단군이 이탈리아 북부의 독일 병력만 지휘하기보다는 이탈리아 전역의 독일군을 지휘해야 한다고 했다. 그러나 요들은 그런 확신이 없었다. 히틀러가 롬멜에게 이탈리아로 가서 이탈리아군 지휘관들을 방문하여 그들이 어느 편인지 입장을 확실히 밝히게 하라고 지시하자, 롬멜은 더욱 큰 힘을 얻었다.

8월 15일 아침 롬멜은 요들과 함께 볼로냐Bologna 공항에 내렸다. 그들은 B집단군 휘하에 있는 제프 디트리히Sepp Dietrich의 제1친위기갑사단 라이프슈탄다르테 아돌프 히틀러Leibstandarte SS Adolf Hitler의 1개 대대로부터 호위를 받으며 도시 외곽의 한 저택으로 차를 몰고 가서 이탈리아군 장성들을 만났다. 롬멜은 요들이 대화를 주관하도록 내버려두었다. 회의는 순조롭지 못했다. 이탈리아군 대변인 마리오 로아타Mario Roatta 장군은 요들의 질문에 모호한 대답으로 일관했다. 또한 그는 무장친위대가 이탈리아에 주둔하는 것에 대해서도 강력하게 반대했다. 요들이 그에게 자신의 의도는 롬멜이 이탈리아 북부의 추축군 부대들을 지휘하는 한편 케셀링이 남부의 병력을 지휘하게 하려는 것이라고 말하자, 로아타는 롬멜이 병력을 중부와 남부로 이동시킬 것을 제안했다. 물론 이러한 배치는 북부를 이탈리아군이 맡음으로써 남부의 독일군을 고립시키겠다는 의미였다. 이틀 뒤 비토리오 암브로시오Vittorio Ambrosio 장군은 분노 섞인 편지를 독일 국방군최고사령부에 보내 롬멜을 이탈리아에서 내보내라고 요구했다. 그는 이탈리아군 최고사령부가 롬멜을 튀니지에서 내보낸 적이 있기 때문에 이탈리아에서 롬멜에게 지휘를 맡기는 것은 완전히 부당하다고 주장했다. 같은 날 롬멜은 자기가 사령부를 세우려고 하는 가르다 호수Lake Garda로 갔다. 그날 조지 S. 패튼

조지 S. 패튼 1943년 8월 17일 조지 S. 패튼(왼쪽) 장군이 이끄는 미 제7군이 메시나에 입성했다. 이는 시칠리아 전투가 끝났다는 것을 의미했다.

George S. Patton 장군의 미 제7군이 메시나Messina에 입성했는데, 이는 시칠리아 전투가 끝났다는 것을 의미했다. 그러나 시칠리아 섬에 주둔했던 독일군 사단들은 이탈리아 본토로 무사히 철수했다.

사령부를 세우는 일은 이탈리아군이 독일과 연결되는 전화선을 가설하도록 허락하지 않은 사건 이후 별다른 어려움이 없었으나, 롬멜은 다른 문제들로 걱정하고 있었다. 독일에 대한 연합군의 전략적 공세가 점점 더 가열되는 가운데 특히 영국공군폭격기사령부RAF Bomber Command가 수행한 '파이어스톰firestorm' 공습이 함부르크Hamburg를 불바다로 만

'파이어스톰' 공습으로 초토화된 함부르크 1943년 '파이어스톰' 공습으로 함부르크가 불바다가 되자, 롬멜은 자기 집이 파괴되지 않을까 걱정하지 않을 수 없었다.

들었다. 비너노이슈타트는 메서슈미트Messerschumitt 항공기 생산 공장들과 가까웠으므로 롬멜은 자기 집이 파괴되지 않을까 걱정하지 않을 수 없었다. 그는 모든 서류들과 은을 비롯한 귀중품을 안전한 곳으로 옮기기로 했다. 뷔르템베르크 산악대대에서 같이 있었던 동료 장교 중 1명이 바이에른 교외의 외진 곳에 농장을 갖고 있다는 것을 생각해낸 롬멜은 8월 22일 그를 만나러 날아갔고, 그 동료는 롬멜의 소유물을 잘 보관하겠다고 약속했다. 그리고 롬멜은 루시에에게 뷔르템베르크로 이사할 집을 알아보라고 했다. 그의 말대로 일이 처리되자, 롬멜은 다시 이탈리아 쪽으로 관심을 돌렸다.

그는 상륙하려는 연합군과 부딪칠 가능성이 매우 크다는 것을 깨닫고는, 연합국이 라스페치아를 손에 넣을 경우 그곳에 정박해 있는 이탈리아군 함선들을 포획할 수 있을 것이므로 그곳이 그들의 목표가 될 가능성이 가장 크다고 생각했다. 동시에 그는 당연히 악세 작전을 펼쳐야 할 것이다. 그는 바다를 통한 상륙을 격퇴하려면 해변에서 싸우는 길밖에 없다는 결론을 내렸다. 그는 병력을 배치하여 해안선을 지키고 싶었으나, 이것은 그에게 이탈리아군을 무장 해제시키고 그들과 싸우는 일을 동시에 펼칠 만한 힘이 없다는 것을 의미할 수도 있었다. 그래서 그는 이탈리아에 있는 독일군의 모든 힘을 북쪽에 집중시켜야 한다고 생각했다. 그렇게 해야 할 또 다른 이유는 연합군이 이탈리아의 남쪽으로 상륙할 경우 이탈리아 북부로 올라오면서 계속 전투를 해야 하므로 남부 상륙은 군사적으로 거의 의미가 없기 때문이었다.

그러나 케셀링은 공군의 입장에서 상황을 다르게 보고 있었다. 연합군이 상륙하려면 전투기의 공중 엄호가 필요할 것이다. 시칠리아에서도 공중 엄호를 지원할 수 있겠지만, 그렇게 한다 하더라도 그 위치라면 이탈리아 북부는 연합군 전투기의 유효 사정거리 밖에 놓여 있는 셈이었다. 게다가 이탈리아에서 쓸 만한 비행장들은 모두 남부에 있었으므로 그 비행장들이 함락될 경우 독일 공군은 북쪽의 지상군을 제대로 지원하지 못할 게 뻔했다. 그래서 8월 17일 케셀링은 자기 휘하의 공군 지휘관 볼프람 폰 리히트호펜Wolfram von Richthofen을 롬멜에게 보내 자신의 견해를 설명하게 했다. 그들은 이탈리아군을 다룰 방법, 즉 무자비하게 다뤄야 한다는 점에는 동의했으나, 그 외의 모든 문제에 대해서는 서로 의견이 달랐다. 리히트호펜은 이렇게 썼다.

"롬멜은 대국적인 시각이 부족하다. 전략적인 상황은 무시하고 모든 것을 아주 편협한 육군의 관점에서만 보려고 한다. 융통성이라고는 조금도 찾아볼 수 없고, 아프리카 이후 보급 문제에 대해 약간 병적인 집착을 보이며 전술적인 관점에서만 생각하는 것 같다."[3]

공교롭게도 상황을 정확하게 파악한 것은 케셀링이었다. 연합군은 공중 엄호를 염두에 두고 상륙 위치를 선정했던 것이다. 9월 3일 그들은 상륙을 시작했다. 몽고메리의 제8군은 사실상 아무런 저항도 받지 않고 이탈리아의 발끝에 상륙하여 신속하게 북쪽으로 진격하기 시작했다. 같은 날 이탈리아군은 시칠리아에서 강화조약에 서명했으나, 당분간은 그 사실을 비밀에 부쳤다. 닷새 뒤 본대인 마크 클라크Mark Clark 장군의 미 제5군이 살레르노Salerno에 상륙했다. 지중해전구 연합군 최고사령관 드와이트 D. 아이젠하워Dwight D. Eisenhower 장군은 병력이 상륙하기 직전 이탈리아가 항복했다는 뉴스를 발표했으나, 이것은 실수였다. 이 뉴스는 병력이 해변에 상륙한 뒤에 발표하기로 되어 있었기 때문이다. 독일 국방군최고사령부는 행동을 취하기 전에 바돌리오 원수와 함께 뉴스가 과연 사실인지 확인했다. 같은 날 9월 8일 오후가 되어서야 뮌헨에 머물러 있던 롬멜은 악세 작전을 실시하라는 암호문을 받았다. 밀라노Milano와 토리노Torino에서 벌어진 공산주의자들의 폭동은 신속하게 진압되었고, 이탈리아군은 무장 해제되어 독일의 포로수용소로 보내졌다. 롬멜은 나중에 이렇게 말했다.

"한 군대의 종말 치고는 얼마나 수치스러운 종말인가!"[4]

독일군도 신속하게 로마를 점령한 뒤 돌진하여 살레르노 해안교두보를 확보했다. 롬멜이 할 수 없었던 한 가지는 라스페치아에 정박해 있던 이탈리아 전함들이 바다로 빠져나가 항복하는 사태를 막지 못한 것이었다. 9월 9일 마침내 가르다 호수에 B집단군 사령부가 세워지자, 모든 것이 잘 풀리는 것 같았다. 닷새 뒤 롬멜은 갑자기 건강이 나빠졌다. 9월 14일 밤 그는 복통과 구토에 시달렸다. 맹장염이었다. 그는 급하게 병원으로 후송되어 수술을 받고 9월 27일이 되어서야 퇴원했다. 그날 오후 그는 히틀러의 야전사령부 늑대소굴로 소환되어 이탈리아에 대한 미래 전략을 논의했다.

롬멜이 입원해 있는 동안 케셀링은 살레르노 해안교두보를 향해 여러 차례 맹렬한 반격을 가했으나, 그 교두보를 없애는 데는 실패했다. 연합군의 제5군과 제8군이 이미 그곳에 합류해 있었던 것이다. 케셀링은 싸우면서 북쪽으로 철수해도 좋다는 히틀러의 허락을 얻어냈다. 그들은 폭약을 최대한 이용하여 연합군의 진격을 저지해야 했다. 한편 무솔리니는 독일군 최정예 공수부대 지휘관 쿠르트 슈투덴트Kurt Student 장군의 과감한 작전 덕분에 구출되어 이탈리아 북부 살로Saló에 새로운 파시스트 공화국을 세울 계획을 세우고 있었다. 9월 30일 회의가 열렸고, 그 자리에 케셀링도 참석했다. 롬멜과 케셀링이 모두 상황보고서를 제출하자, 히틀러는 케셀링이 연합군의 진격을 늦추기 위해 행하고 있는 것들을 분명하게 승인했다. 사실 연합군을 이탈리아 남부에 묶어두면 힘이 약해질 것이므로 오래 묶어둘수록 좋았다. 물론 이 전략은 로마 북쪽의 아펜니노Appennino 산맥의 요새화된 방어선으로 철수한다는 롬멜의 계획과는 완전히 상반되는 것이었다. 연합군을 로마 남쪽의 산악지대에 묶어놓자는 그의 제안을 히틀러와 독일 국방군최고사령부가 모두 받아들이자, 케셀링의 위치는 더욱 강화되었다. 롬멜은 그 계획에는 연합군이 육 · 해 · 공군 합동 상륙작전을 통해 이른바 구스타프

방어선Gustav Line을 우회할 수 있는 분명한 결함이 있다는 점을 지적했다(1944년 1월 연합군은 결국 안치오Anzio에서 그러한 우회작전을 시도했다). 그러나 그의 반론은 무시되었다.

롬멜의 작전계획 대신 케셀링의 계획을 승인했음에도 불구하고 10월 17일 히틀러는 롬멜에게 그가 이탈리아 총사령관이 되고 케셀링은 노르웨이로 배치할 것이라고 했다. 그러나 한 가지 조건이 있었다. 롬멜은 케셀링이 선택한 로마 남부 방어선을 고수해야 했다. 롬멜은 강하게 반대하며 자유로운 작전권을 달라고 요구했다. 그리고 이탈리아를 오래 방어할 수는 없을 것으로 생각한다는 말도 분명하게 덧붙였다. 이틀 뒤 가르다 호수로 돌아가자마자 롬멜은 총사령관 임명서가 오고 있는 중이라는 말을 요들에게서 들었다. 같은 날 저녁 롬멜은 임명이 보류되었다는 요들의 전화를 받았다. 며칠 뒤 히틀러는 케셀링이 그 보직을 맡을 것이라고 발표했다. 히틀러는 롬멜보다는 미소 짓는 알베르트smiling Albert(케셀링의 별명)를 더 좋아했던 것이다. 롬멜은 루시에에게 보내는 편지에 이렇게 썼다.

"그 보직을 맡으리라고 크게 기대하지 않소. 내가 지휘를 맡는 일을 늦춘 것이 원인일 수도 있겠지. 물론 전혀 다른 이유가 있을지도 모르고."[5]

:: 대서양 방벽을 강화하라

1943년 11월 21일 롬멜은 이탈리아를 떠났다. 같은 날 케셀링은 공식적으로 이탈리아전구 최고사령관이 되어, 자기 휘하의 B집단군의 통제를 받는 부대들을 인수했다. 히틀러는 롬멜에게 서유럽에서 해야 할 새로운 임무를 맡겼다. 서부전구 최고사령관 게르트 폰 룬트슈테트가 10월 말 작성한 상황평가서가 계기가 되어 롬멜이 이 새로운 임무를 맡게 된 것이었다. 그때까지 그의 전구는 적극적인 작전이 없는 지역이었으므로 부대, 특히 기동부대가 비교적 적었다. 룬트슈테트의 병력 대부분은 저급한 보병사단들이거나 동부전선에서 전투를 벌인 뒤 재정비를 받고 있는 병력들로, 그의 휘하에 오래 있던 부대가 아니었다. 1943년 가을 무렵 연합군이 서유럽을 침공하리라는 것이 분명해지자, 그는 독일이 그곳의 병력을 강화할 필요가 있다고 생각했다. 그가 상황평가서에서 지적한 것처럼, 2,600킬로미터의 해안선을 방어해야 하는 상황에서 연속적인 방어선을 구축하는 것은 불가능했으므로, 그가 할 수 있는 것이라고는 해안을 물리적으로 방어하기보다는 관측소들을 통해 해안을 감시하는 것뿐이었다. 그는 이미 구축되어 있는 해안 방어진지인 대서양 방벽Atlantic Wall이 특히 선전용 무기로서 연합군을 막는 데 도움이 된다는 점은 인정했으나, 전투에서 승리하려면 기동예비대가 필요했다. 그러나 그가 보유한 병력은 3개 친위기갑척탄병사단뿐인 데다가 그 중 하나는 이제 겨우 편성되기 시작했다. 이 간절한 호소cri de coeur에 주목한 히틀러는 11월 3일 서유럽 방어선들을 기동성과 대전차능력, 야포 등으로 즉시 강화하라는 총통훈령 51호를 하달했다.

총통훈령이 하달되고 이틀 뒤, 롬멜은 히틀러를 만났다. 히틀러는 롬멜이 방어선들을 살펴보고 강화할 방안을 마련해줄 것을 원했다. 롬멜은 B집단군 사령부를 맡게 되었다. 이로 인해 그는 작전지휘권을 다

대서양 방벽 독일은 영국과 미국의 상륙작전에 대비하여 대서양 해안을 따라 1942년부터 대서양 방벽을 건설하기 시작했다. 프랑스부터 네덜란드까지 연결된 이 방벽을 건설하는 데 수많은 외국 포로들을 동원했다.

시 맡게 될지도 모른다는 희망을 품게 되었다. 롬멜이 올 것이라는 소식을 들은 룬트슈테트는 자신이 인정한 것처럼 전성기도 지났고 건강에도 문제가 있었으므로, 롬멜이 자기 대신 임무를 맡게 되길 바랐다. 그러나 카이텔이 그를 방문하면서 상황은 분명해졌다. 카이텔은 룬트슈테트에게 롬멜은 "로스바흐Rossbach에서 있었던 자이들리츠Seydlitz 식의 공격에만 적합할 뿐, 대규모 전략적 작전에는 부적합하므로"[6] 롬멜에게 그의 뒤를 잇게 할 생각은 전혀 없다고 했다(카이텔은 그에게 프로이센 프리드리히 대왕Frederick the Great의 기병대 지휘관이었으며 1757년 11월 로스바흐에서 전력이 훨씬 우세한 오스트리아와 프랑스 연합군의 측면을 공격하여 프리드리히 대왕에게 놀라운 승리를 안겨준 프리드리히 자이들리츠Friedrich Seydlitz를 암시하고 있었다). 그러나 롬멜은 앞날을 예상하며 크게 기뻐하고 있었고, 히틀러에 의해 분명히 크게 고무되어 있었다. 그는 이탈리아로 돌아가는 길에 일기에 이렇게 썼다.

“그는 얼마나 놀라운 힘을 발산하고 있는가! 그리고 그는 부하들에게 얼마나 놀라운 믿음과 신뢰감을 불어 넣어주고 있는가!”[7]

시찰여행을 떠나기 전 롬멜은 고향인 슈바벤 주 울름Ulm 부근의 한 교외 주택에 잠시 살고 있는 아내 루시에와 아들 만프레트와 며칠 함께 지냈다. 12월 1일 롬멜은 참모진과 함께 뮌헨에서 기차를 타고, 시찰을 시작하기로 되어 있는 덴마크로 향했다. 연합군의 덴마크 침공은 가능성이 없는 것으로 생각되었으나, 롬멜의 임무는 대서양 방벽 전체를 시찰하는 것이었다. 그는 대서양 방벽의 이 구역에는 몇몇 해안포대들이 있을 뿐이며 방어부대들이 해안에서 너무 멀리 떨어져 있다는 것을 알게 되었다. 그는 2주 뒤 그의 공병대장인 빌헬름 마이제Wilhelm Meise와 함께 항공편으로 뮌헨의 사령부로 돌아온 뒤 계획을 세우기 시작했다. 그는 연합군이 제공권에서 압도적인 우위를 차지할 가능성이 있으므로 보급이 매우 어려워질 수도 있다고 생각했다. 이는 독일군이 기동작전을 펼치면서 전투를 할 수 없다는 것을 의미했다. 따라서 연합군의 침공을 해안에서 막기 위해 병력을 최대한 해안 가까이 배치하는 등 해안방어선들을 강화하는 것이 중요했다. 롬멜은 마이제에게 해안에 지뢰를 매설하고 바다에 기뢰를 설치하라고 했다. 그는 아마도 엘알라메인을 떠올렸을 것이다.

롬멜이 독일로 돌아갈 무렵 울름 시 당국자들은 그의 가족을 위해 새 집을 마련해주었다. 새 집은 울름 시 외곽 헤를링엔Herrlingen에 있었고, 1942년 몰수되기 전에는 한 유대인 노부부의 소유였다. 롬멜의 가

1943년 12월 19일 조르주 생크 호텔에서 왼쪽에서부터 롬멜, 룬트슈테트, 가우제, 그리고 짐머만. 나중에 짐머만은 "그 자리에 참석한 모든 사람이 결코 잊지 못할 정도로 이상한 침묵이 흘렀다"고 회상했다.

족이 이사하기 전에 수리가 필요했으나, 롬멜은 다시 떠나기 전에 그 집을 살펴볼 수 있었다. 그는 이번에는 프랑스로 갔다.

12월 18일 롬멜은 프랑스에 도착하여 프랑스 파리 외곽 퐁텐블로Fontainbleau에 자리 잡은 한 대저택에서 머물렀다. 다음날 그는 파리의 조르주 생크 호텔Georges Cinq Hotel에 머물고 있던 룬트슈테트에게 가서 보고를 했다. 룬트슈테트는 롬멜에게 상황을 매우 비관적으로 표현했다. 이어서 다수의 고급 참모장교들이 합석했다. 이 자리에 참석했던 룬트슈테트의 작전참모 보도 짐머만Bodo Zimmermann 장군은 나중에 롬멜과 룬트슈테트 모두 대화하려는 노력을 조금도 기울이지 않았으며 "그 자리에 참석한 모든 사람들이 결코 잊지 못할 정도로 이상한 침묵이 흘렀다"[8]고 회상했다.

1943년 12월 19일 룬트슈테트와 함께 나치 선전대는 룬트슈테트를 유럽 요새의 안전은 보장해주는 사람으로, 롬멜은 행동가로서 최전방에서 지휘하는 사람으로 묘사했다.

사실 이 두 사람은 성격이 매우 달랐다. 룬트슈테트는 프로이센 장교단의 원로였고 참모진에게 권한을 최대한 위임하고 자화자찬을 질색하는 사람이었다. 또한 다른 많은 사람들처럼 그도 롬멜이 사소한 쇼를 통해 명예를 얻었고 동부전선의 진정한 전투를 치른 경험이 전혀 없다고 생각하고 있었다. 반면에 그는 롬멜의 용기를 존중하고 작전을 지휘하는 능력만큼은 인정했다. 그는 롬멜이 자기 후임이 된다는 것을 받아들일 준비가 되어 있었으나, 롬멜을 고급 지휘관으로 생각하지는 않았다. 또한 그는 롬멜이 히틀러와 긴밀하게 연락한다는 것, 특히 롬멜이 전화기를 들고 총통과 직접 이야기를 한다는 사실을 못마땅하게 여겼다. 그것은 룬트슈테트라면 결코 할 수 없는 일이었다.

반면, 롬멜은 프로이센 귀족 출신 군인들을 대체로 좋아하지 않았

> 롬멜은 프로이센 귀족 출신 군인들을 대체로 좋아하지 않았다. 그는 룬트슈테트 사령부의 무기력함과 호화로운 생활양식을 혐오했다.

다. 그는 룬트슈테트가 전성기에는 훌륭했을 것이라고 생각했으나, 룬트슈테트 사령부의 무기력함과 호화로운 생활양식을 혐오했다. 그러나 두 사람은 함께 일할 수밖에 없었다. 특히 나치 선전대가 롬멜이 서유럽에 도착한 사실을 많이 이용하고 있었기 때문이었다. 룬트슈테트는 "미군과 영국군이 침투하려고 온갖 시도를 하고 있음에도 불구하고 유럽 요새Fortress Europe의 안전을 보장해주는 사람이며, 롬멜은 행동가로서 최전방에서 지휘하는 사람"[9]으로 묘사되고 있었다.

롬멜은 다시 시찰여행을 떠났다. 개인적으로 그는 연합군이 벨기에 해안이나 솜Somme 강을 포함한 프랑스 북쪽으로 침공하여 내려올 것이라고 확신하고 있었기 때문에, 이 지역을 책임지고 있는 한스 폰 살무트Hans von Salmuth 장군의 제5군을 방문했다. 그는 살무트 장군에게 즉각 반격하여 적을 다시 바다로 몰아낼 수 있으려면 부대들을 전진 배치해야 한다고 일깨워주고 지뢰를 넓게 매설해야 한다고 강조했다. 또한 그는 제15군 지휘관에게 전투기 1,000대를 서유럽에 더 배치하겠다고 약속했다. 그런 다음 퐁텐블로로 돌아가, 시찰에서 발견한 내용들을 문서로 작성했다.

크리스마스 날 그는 사령부에서 참모 및 병사들과 함께 지냈다. 그는 루시에에게 전화를 걸었고, 루시에로부터 이제 15살이 된 아들 만프레트가 대공포를 다루는 공군 보조부대 요원으로 동원될 것이라는 소식을 들었다. 롬멜은 아들에게 조언하는 편지를 썼다.

"너는 상관이 명령하면 토를 달지 말고 복종하는 법을 배워야 한다. 네게 맞지 않거나 네가 이해할 수 없는 명령도 종종 있을 것이다. 상관은 부하와 오랫동안 실랑이를 할 수 없는 법이다. 명령할 때마다 그 이유를 설명할 여유가 없단다."[10]

그 뒤 그는 룬트슈테트에게 돌아가 간략하게 보고하는 시간을 가졌다. 이번 회의는 훨씬 더 부드러운 분위기에서 진행되었다. 룬트슈테트는 롬멜의 전진방어 전략을 승인했다. 그리고 룬트슈테트는 영국 해협이 가장 좁아지는 지역인 파드칼레Pas de Calais도 가능한 대안이라고 생각하기는 했으나, 연합군이 공격할 가능성이 가장 큰 지역은 솜 강의 양안 가운데 하나라는 데 동의했다. 둘 사이에 유일한 차이점이 있다면, 롬멜은 기동사단들을 해안 가까이 배치하고 싶어한 데 반해, 룬트슈테트는 그들을 더 후방에 집결시켜 어떤 방향으로든 대응할 수 있게 하고 싶어했다는 것이었다. 이 문제는 당분간 미결정 상태로 남겨두었다.

그러나 룬트슈테트는 지휘계통에서 롬멜이 차지하는 위치에 대해서는 여전히 분명하지 않았다. 그는 그 문제에 대한 독일 국방군최고사령부의 분명한 입장을 알고 싶어했다. 그러나 독일 국방군최고사령부로부터 현재 롬멜이 그의 휘하에 있으나 덴마크가 침공을 당하거나 헝가리를 점령할 필요가 있는 경우에는 롬멜의 사령부가 그의 휘하에서 벗어날 것이라는 말을 들었다. 이러한 상황은 마침내 1944년 1월 중순 히틀러가 롬멜에게 북쪽의 네덜란드에서부터 프랑스의 루아르Loire 강까지 이어지는 해안지역에 대한 작전권을 부여하고 살무트의 제15군과, 노르망디Normandie와 브르타뉴Bretagne를 맡고 있던 프리드리히 돌만Friedrich Dollmann의 제7군을 롬멜 휘하에 두도록 지시함으로써 해결되었다.

:: 파드칼레냐, 노르망디냐

새해(1944년)로 접어들면서 롬멜은 정신없이 바빠졌다. 그는 끊임없이 돌아다녔다. 그는 살무트의 병력에게 해안 방어진지를 준비하는 데 더 열심히 노력하라고 촉구했다. 살무트는 자기 부하들이 너무 열심히 준비하고 있어서 다른 훈련을 받을 시간이 없다고 생각했다. 그는 롬멜에게 불만을 토로하면서 롬멜의 프로그램은 의욕이 너무 지나치다고 했다. 두 사람은 서로 화를 내며 논쟁을 벌이다가 땅거미가 진 뒤에야 잠잠해졌다.

1월 22일 롬멜은 돌만을 방문했다. 돌만은 노르망디가 연합군의 상륙지점이 될 가능성이 있다는 점을 롬멜에게 설득하려고 했고, 자신의 부대들이 맡은 해안을 방어하려면 어떻게 배치되어야 하는지를 지적했다. 확신을 갖지 못한 롬멜은 살무트가 맡은 지역은 독일의 주요 산업지역인 루르Ruhr로 가는 최단 통로이므로 이곳이 상륙지점이 될 것이라고 주장했다. 그러면서도 그는 돌만의 병력이 너무 편하게 생활하고 있다고 생각했다. 롬멜을 보고 기뻐한 돌만의 군단 지휘관 중 한 사람은 소련에서 한쪽 다리를 잃고 영국군의 공습에 가족 대부분을 잃어버린 에리히 마르크스Erich Marcks였다. 그는 살아남은 아들에게 이렇게 썼다.

> 대서양 방벽의 방어선들은 해안에 지뢰를 비롯하여 수많은 장애물들이 설치되는 등 착실하게 개선되었으나, 모든 것을 계속 가동하기 위해서는 여전히 롬멜의 과감한 추진력이 필요했다.

"그(롬멜)는 매우 솔직하고 진지하다. 그리고 변덕스럽지 않다. 그는 진정한 지휘관이다. AH(아돌프 히틀러)가 그의 직설적인 면에도 불구하고 그를 많이 생각하고 그에게 이런 중요한 임무들을 맡긴다는 것은 바람직한 일이다."[11]

대서양 방벽의 방어선들은 해안에 지뢰를 비롯하여 수많은 장애물들이 설치되는 등 착실하게 개선되었으나, 모든 것을 계속 가동하기 위해서는 여전히 롬멜의 과감한 추진력이 필요했다. 1월 말 롬멜은 루시에에게 보내는 편지에 이렇게 썼다.

"새롭고 진보적인 모든 것에 저항하는 관료적이고 경직된 사람들과 부딪치는 일은 늘 있기 마련이오. 그러나 우리는 기필코 그 일을 해낼 거요."[12]

그가 돌아다닌 거리는 엄청났다. 2월 7일~11일 그는 차를 몰고 2,300킬로미터를 달려가 프랑스 남부지역을 책임진 G집단군이 맡고 있는 대서양과 지중해의 해안선들을 시찰했다. 이 지역을 방어하는 일은 그의 책임이 아니었다. 그러나 그 시찰여행은 연합군과 독일 국민에게 롬멜이 모든 곳을 담당하고 있다고 믿게 만들기 위한 것이었다. 분명히 어떤 장애물이 있더라도 일을 마무리 짓겠다는 롬멜의 결정은 극적인 결과들을 낳았다. 그러나 해결하지 못한 문제가 두 가지 있었다.

첫 번째 문제는 연합군이 침공할 지점에 대한 논쟁이었다. 롬멜은 여전히 단호하게 제15군이 맡은 지역일 것이라고 생각했으나, 히틀러는 돌만처럼 노르망디나 브르타뉴가 될 것이라고 생각하기 시작했다. 연합군은 독일군이 그들의 딜레마를 해결하지 못하게 철저하게 방해했다. 그들은 보디가드Bodyguard라는 포괄적인 암호명으로 모든 곳의 독일군 부대들을 묶어두고 노르망디에서 관심을 돌리게 하려는 일련의 기만작전들을 계획했다. 그 실례를 들면, 대규모 독일군이 주둔하고 있는 노르웨이를 위협하기 위해 스코틀랜드에 가공의 영국군을 배치하고 잉글랜드 남동부에 또 다른 가공의 부대를 배치했다. 이 부대의 지휘관은 독일군이 가장 대담한 연합군 장군으로 생각하고 있는 조지 패튼이었다. 그를 임명한 것은 독일군이 연합군의 상륙지점을 파드칼레일 것이라고 믿게 만들기 위해서였다. 이보다 규모는 작지만, 1991년 사막의 폭풍 작전Operation Desert Storm에 앞서 펼쳤던 기만작전들도 보디가

1944년 2월 르트레포르Le Tréport 시찰 어떤 장애물이 있더라도 일을 마무리 짓겠다는 롬멜의 결정은 극적인 결과들을 낳았다.

드와 비슷한 점이 많았다. 주요 공격지점이 쿠웨이트가 될 것이라는 사실을 감추기 위해 슈워츠코프 장군은 이라크로 하여금 주공격부대가 사우디아라비아와 쿠웨이트의 국경을 직접 건널 것이고, 페르시아만Persian Gulf 해상에서 공개적으로 상륙작전 예행연습을 하고 있는 미군 제4·제5해병여단이 수륙양면 상륙작전을 펴서 합류할 것이라고 믿게 만들었다.

두 번째 문제 역시 상륙지점과 연관된 것으로, 이것은 전차를 배치하는 어려운 문제였다. 히틀러의 훈령 51호 덕분에 룬트슈테트는 자기가 요청한 증원군을 받아서, 1944년 3월에 8개 기갑사단과 2개 기갑척탄병사단을 보유하게 되었다. 또한 히틀러는 동부전선에서 기갑전을 상당히 많이 경험한 가이어 폰 슈베펜부르크Geyr von Schweppenburg를 룬트슈테트가 직접 통제하는 서부기갑집단Panzer Group West의 지휘관으로 임명했다. 슈베펜부르크는 전차를 파리 지역에 집결시켜 연합군이 어느 곳에 상륙하든 그들의 상륙에 대응할 수 있게 해야 한다고 끈질기게 주장했다. 롬멜은 전차를 해안 가까이 배치해야 한다고 계속 주장했는데, 이는 전차를 분산 배치한다는 것을 의미했다. 그는 프랑스에 배치된 대부분의 지휘관들은 서구 연합군이 육지와 바다, 하늘에 동원할 수 있는 화력의 힘을 거의 깨닫지 못하고 있으며, 전차를 후방에 묶어둘 경우 전차 배치가 거의 불가능하다는 말을 계속 되풀이했다. 두 사람은 뜨거운 논쟁을 벌였고, 어느 누구도 양보하려 하지 않았다. 결국 룬트슈테트가 개입하여 일부 사단들을 롬멜에게 맡기고 나머지 사단들을 슈베펜부르크에게 맡기자는 절충안을 제시했다. 그러나 두 사람 모두 이 절충안을 받아들이지 않았다. 당시 룬트슈테트도 롬멜이 그의 전차를 분산 배치하는 방법을 좋아하지 않았다는 증거가 있다. 룬트슈테트의 참모장 귄터 블루멘트리트Günther Blumentritt는 제2기갑사단을 배치하는 문제를 놓고 두 사람이 벌인 논쟁을 떠올렸다. 롬멜은 제2기갑사단이 그에게 주어지자, 솜강 한쪽에 사단의 절반을 배치하고 나머지 절반은 반대쪽에 배치하려고 했다. 룬트슈테트는 자기라면 아미앵Amiens 지역에 사단 전체를 집결시키겠지만, "당신의 빌어먹을 일은 당신 방식대로 하라"고 했다. 또 블루멘트리트에 따르면, 룬트슈테트는 롬멜이 "늘 버릇없는 풋내기처럼 행동했기 때문에"[13] 그를 가리켜 풋내기 육군 원수Field Marshal Cub라고 했다. 그러나 결국 히틀러가 개입하여 B집단군과 C집단군은 각각 3개 사단을 보유하고, 슈베펜부르크는 나머지 4개 사단을 예비대로 보유하라고 결정했다. 그러나 서부기갑집단의 사단들은 히틀러의 허락이 없으면 이동할 수 없었다. 이러한 조치는 디데이D-Day에 중대한 문제들을 야기하게 된다.

1944년 3월 21일 대서양 방벽에서 해안 방어선들이 점점 견고해지자, 롬멜은 자신감이 차올랐다. 그는 편지에 "우리는 여전히 많은 약점을 안고 있으나 자신감을 갖고 앞으로 다가올 일을 기다리고 있다"고 썼다.

전차 논쟁에도 불구하고 몇 주일이 지나면서 해안 방어선들이 점점 견고해지자, 롬멜은 자신감이 차올랐다. 3월 말 그는 루시에에게 이렇게 썼다.

"어제 이곳에는 기분 좋은 일들이 많았소. 우리는 여전히 많은 약점을 안고 있으나 자신감을 갖고 앞으로 다가올 일을 기다리고 있다오."[14]

:: 신임 참모장 한스 슈파이델을 만나다

이 무렵 그는 해안 근처의 새로운 사령부로 옮겨가 있었다. 망트Mantes와 베르농Vernon 사이에 있는 센Seine 강변의 작은 마을 라로슈기용La Roche-Guyon에 자리 잡은 그림 같은 이 대저택은 본래 드라로슈푸코de la Rochefoucauld 공작의 저택이었다. 그곳에서 가족과 함께 살고 있던 그를 보는 순간 롬멜은 그에게서 호감을 느꼈다. 또한 그는 신임 참모장 한스 슈파이델Hans Speidel을 맞이했다. 1944년 3월 롬멜은 열흘간 휴가를 얻어 헤를링엔으로 가서 가우제 부부를 초대하여 함께 머물렀던 적이 있었다. 루시에는 가우제의 부인과 사이가 좋지 못해 롬멜에게 참모장을 바꾸는 것이 어떻겠냐고 물었다. 그리고 롬멜은 아내의 요청에 응했던 것으로 보인다. 그는 독일 육군최고사령부가 제시한 두 인물 중에서 고향인 슈바벤 출신이며 1915년에 처음 만나 두 대전 사이의 기간에 알게 된 슈파이델을 선택했다. 그는 학구적이고 세련된 매너를 지녔으며 예술을 좋아했다. 그는 롬멜을 돋보이게 할 수 있는 완벽한 참모였다. 롬멜은 도착 직후 루시에에게 이렇게 썼다.

"그의 인상은 아주 참신했소. 그와 잘 지낼 수 있을 것 같소."

그러나 그는 슈파이델이 히틀러를 제거할 음모를 꾸미고 있는 사람들 가운데 한 명이었다는 사실을 몰랐다. 슈파이델이 성공한 것 한 가지는 롬멜을 편히 쉴 수 있게 만들어주었다는 것이었다. 이는 롬멜이 늘 조금도 쉬지 못하고 있던 상황을 고려하면 작지 않은 성과라고 할 수 있었다. 그는 롬멜에게 전에 얻은 테리직terry(수분 흡수가 잘 되도록 짠 천—옮긴이) 수건을 2개 들고 산책을 하고, 롬멜이 늘 좋아하던 사냥을 현지 프랑스 영주들과 함께 하도록 권했다.

한스 슈파이델 1944년 롬멜이 맞은 신임 참모장 한스 슈파이델은 히틀러를 제거할 음모를 꾸미고 있는 사람들 가운데 한 명이었고, 롬멜은 이 사실을 몰랐다.

5월 초가 되자 사람들 사이에 연합군이 그 달에 침공할 것이라는 말이 널리 퍼졌다. 히틀러는 여전히 노르망디가 상륙지점이라고 확신하고는 적의 공수부대를 처리하는 훈련을 특별히 받은 제91공수사단을 돌만에게 보냈다. 롬멜은 노르망디를 다시 방문했으나, 그곳에는 살무트가 맡은 지역보다 연합군 공군의 활동이 상당히 적다는 사실을 알게 되었다. 이 사실을 근거로 제15군이 연합군의 침공에 직면하게 될 것이라는 그의 견해는 더욱 굳어졌다. 사실 연합군 공군은 노르망디로 이어지는 도로와 철도를 차단하고 서유럽에 주둔한 독일 공군을 최대한 많이 괴멸시키려는 작전에 이미 착수한 상태였다. 그들은 노르망디로 이어지는 도로와 철도를 차단하는 작전을 숨기기 위해 벨기에와 프랑스 북부 및 중부 전역의 목표물들을 공격했다. 그러나 5월의 시간이 흘러가면서 연합군은 조금도 움직이지 않았으므로 긴장이 느슨해졌다. 일부 사람들은 연합군이 진짜 침공해올 것인지 의아해했고, 그들의 활동은 다른 곳에 임박한 작전을 감추기 위한 속임수일지도 모른다고 생각하게 되었다. 5월 30일 룬트슈테트는 독일 국방군최고사령부에 연합군이 곧 침공해올 위험은 없다고 알렸다. 게다가 앞으로 며칠 동안은 날씨가 계속 나빠질 것이라는 일기예보 때문에 침공이 임박하지 않았다는 생각은 더욱 굳어졌다. 룬트슈테트는 롬멜이 며칠 더 휴가를 즐기고 히틀러를 만나 증원군도 더 요청할 겸 6월 5일에 독일로 돌아가도 좋다고 했다. 최고사령관인 룬트슈테트는 마침내 롬멜을 좋아하게 된 것이 틀림없었다. 이는 5월 27일 두 사람이 만나 서로를 더 잘 알 수 있게 된 비공식 오찬 모임 덕분이었다. 6월 5일 돌만은 렌Rennes에서 고위 지휘관들을 위해 도상연습을 실시할 계획이었다. 룬트슈테트는 6월 6일에 출발하는 시찰여행 계획을 세웠다.

:: 연합군의 노르망디 상륙작전으로 허를 찔리다

6월 5일 저녁 프랑스 레지스탕스Registance에게 보내는 BBC 암호 방송과 함께 침공이 실제로 진행되고 있다는 최초의 징후들이 나타나기 시작

노르망디 상륙작전 중 가장 피해가 컸던 오마하 해변 미 제1보병사단 제16연대장 조지 테일러George Taylor 대령은 오마하 해변Omaha Beach의 상황을 보고 이렇게 말했다. "이 해안에는 두 종류의 사람이 있다. 이미 죽은 자와 곧 죽을 자다."

했다. 룬트슈테트는 경계 수준을 높이고, 적의 고의적 파괴행위 증가 가능성에 대해 경고했다. 그 뒤 낙하산부대들이 코탕탱 반도Cotentin Peninsular의 기저부와 캉Caen 동쪽에 강하했다는 보고가 들어왔다. 분명히 노르망디가 공격을 받고 있었다.

룬트슈테트는 독일 국방군최고사령부에 전화를 걸어, 기갑예비대들을 자기 휘하에 배치해달라고 요청했다. 그러나 그가 들은 말은 히틀러가 취침 중이므로 방해할 수 없다는 것이었다. 이어서 전문을 보냈으나 즉각적인 응답이 없었다. 이 무렵 동이 트고 있었으므로 해안포대들이 공습을 받고 있었다. 그 뒤 해안포대들은 해군의 함포사격을 받았고, 상륙정들이 해변으로 밀려왔다. 방어선들은 2003년 이라크 침

노르망디 상륙작전 Invasion of Normandie

노르망디 상륙작전은 그동안 북아프리카와 시칠리아, 이탈리아 본토에서 경험을 쌓은 미군과 오랫동안 대륙 진공을 준비해온 영국이 벌인 유럽 진공의 시작이었다.

2차 세계대전 중인 1944년 6월 6일 영미 연합군(총사령관 아이젠하워)이 북프랑스 노르망디 해안에서 감행한 사상 최대 상륙작전이다. 정식 작전명은 오버로드 작전Operation Overlord이다. 이 작전은 전쟁 초기 서부전선에서 패하여 유럽 대륙으로부터 퇴각한 연합군이 독일 본토로 진공하기 위한 발판을 유럽 대륙에 마련하고자 감행한 것이다. 1941년 독소전 개전 이래 독일의 주력부대를 맞아 치열한 싸움을 계속하던 소련은 영국과 미국 양측에 북프랑스에 제2전선을 구축할 것을 강력히 요구했으나, 영국 수상 처칠을 중심으로 한 영국의 신중론 때문에 지연되었다.

1943년 11월 말 미국의 루스벨트, 영국의 처칠, 소련의 스탈린은 테헤란 회담에서 1944년 5월 1일까지 북프랑스에서 상륙작전을 실행할 것을 확인했다. 이후 디데이는 5월이 아닌 6월 5일로 정해졌으나 악천후로 하루가 연기되어 6월 6일 자정 영국의 프랑스 북부 공격이 시작되었으며, 미국 아이젠하워 대장의 총지휘 아래 미국 제1군, 영국 제2군, 캐나다 제1

군이 주축이 된 연합군 병사 약 15만5,000명이 북프랑스의 노르망디에 상륙했다. 이날 연합군은 노르망디 해안을 초토화하면서 7개 사단을 상륙시키는 데 성공했다. 당시 독일군은 파드칼레 방면이 상륙지점일 것으로 여겨 그곳에 정예부대를 배치했고, 악천후로 인해 상륙 날짜도 늦춰질 것이라고 예상했었다. 결국 전술적 기습효과를 톡톡히 본 노르망디 상륙작전은 2차 세계대전에서 연합군이 승리하는 결정적인 계기가 되었다.

공 직전에 있었던 것 같은 '충격과 공포' 를 겪고 있었다.

그 지역에 주둔하고 있던 1개 기동사단은 재편성된 제21기갑사단이었다. 이 기갑사단의 지휘관은 파리에 머물고 있었으므로 오전 6시가 되어서야 사령부로 돌아갔다. 제21기갑사단은 처음에는 캉 동쪽에 침투한 영국군 공수부대를 처리하도록 투입되었으나, 영국군이 도시 남쪽에 상륙하기 시작하자 그들을 막으라는 명령을 받았다. 제21기갑사단은 처음에는 부대들이 흩어져 있어서 그들을 모으는 데 시간이 걸린 데다가 임무까지 바뀌자 혼란이 가중되었다. 이로 인해 오후 늦은 시각이 되어서야 비로소 공격을 시작할 수 있었다. 한 전투단은 영국군의 해안교두보와 인근의 캐나다군 해안교두보 사이에 있는 해안에 도달하는 데는 성공했으나, 수송기가 낙하산을 투하하는 모습을 보자 고립될까 봐 두려워 뒤로 돌아섰다. 이것이 연합군을 다시 바다로 몰아낼 것이라고 롬멜이 생각했던, 디데이에 있었던 반격의 전부였다.

기갑예비대의 경우, 카이텔은 히틀러와 이야기를 나눈 뒤 오전 10시에 룬트슈테트에게 전화를 걸어, 기갑예비대들을 자기 휘하로 넘겨달라는 요청이 거부되었다는 말을 전했다. 그러나 룬트슈테트는 히틀러에 대한 광적인 충성심으로 무장한 히틀러유겐트 출신들로 편성된 제12친위기갑척탄병사단을 해안 쪽으로 더 가까이 이동시킬 수 있었고, 롬멜의 옛 부하 프리츠 바이얼라인이 지휘하는 정예사단인 기갑교도사단Panzer Lehr도 배치되어 언제라도 이동할 태세를 갖출 예정이었다. 오후에는 좀 더 기분 좋은 소식이 전달되었다. 독일 국방군최고사령부는 룬트슈테트가 이제 제17친위기갑척탄병사단과 라이프슈탄다르테사단을 보유할 수 있을 것이라고 했다. 라이프슈탄다르테사단은 히틀러유겐트사단과 함께 제프 디트리히의 제1친위기갑군단을 구성하고 있는 부대였다. 그러나 라이프슈탄다르테사단은 벨기에에서 재보급을 받고 있었으므로 당분간은 투입될 수 없었다. 그러므로 룬트슈테트는 6월 7일에 반격을 하기 위해 기갑교도사단과 제21기갑사단을 디트리히의 휘하에 배치하고, 제17친위기갑척탄병사단을 보내 서쪽의 미군과 대치하게 했다. 6월 6일 밤까지 연합군은 48킬로미터의 전선에 있는 5개 해안교두보의 해변에 약 15만5,000명의 병력을 상륙시켰다. 기습을 당한 독일군은 연합군의 기만 조치들이 계속 파드칼레를 가리키고 있었으므로 상륙한 그 연합군 병력이 상륙본대라고 확신할 수 없었다.

그러면 당시 롬멜은 무엇을 하고 있었는가? 그는 공교롭게도 6월 6일이면 50세가 되는 루시에의 생일을 축하해주기 위해 헤를링엔으로 달려갔다. 그가 아내를 위해 준비한 선물 중에는 파리에서 특별 주문한 구두도 있었다. 그는 침공이 시작되었다고 하는 슈파이델의 전화를 받았다. 그 전화 때문에 루시에의 생일파티는 갑자기 중단되었다. 롬멜은 즉시 프랑스로 출발하여 그날 밤 10시 라로슈기용에 도착했다. 그의 포병 지휘관 한스 로트만Hans Lottmann은 일기에 이렇게 썼다.

"롬멜은 평상시처럼 지칠 줄 모르고 직접 최전방까지 찾아다니면서 단호하게 저항하도록 격려하며 사기를 높였다."

"롬멜은 예상했던 것처럼 침착하고 태연했으며 엄숙한 얼굴을 하고 있었다."[15]

롬멜은 상황에 대해 간단하게 보고받은 뒤 아침에 반격을 개시하자는 디트리히의 계획에 찬성했다. 그러나 연합군 공군의 활동 때문에 히틀러유겐트사단의 도착이 지체되는 바람에 공격은 정해진 시간에 이루어지지 못했다.

연합군은 속속 해안교두보에 합류하여 내륙으로 진격하기 시작했다. 연합군은 독일군이 필사적으로 저항하여 진격 속도가 느렸으나, 그 정도면 방어하는 독일군을 아주 넓게 산개한 채로 묶어두기에 충분했다. 예비기동사단들은 연합군의 공습과 프랑스 레지스탕스의 활동으로 인해 도로와 철도 교량들이 파괴되어 이동하는 데 어려움을 겪었다. 그 결과, 이 사단들은 뒤로 물러나 대규모 반격작전을 펴지 못하고 방어선만 유지하고 있었다. 이런 상황에서도 롬멜과 룬트슈테트는 앞으로 연합군이 파드칼레로 상륙할 것이라고 한동안 믿고 있었으므로 상황에 도움을 주지 못했다. 그러므로 제15군에 배치된 2개 기갑사단은 물론 살무트 휘하의 다른 부대들도 며칠 동안 노르망디에 투입되지 못했다. 롬멜은 평상시처럼 지칠 줄 모르고 직접 최전방까지 찾아다니면서 단호하게 저항하도록 격려하며 사기를 높였다. 롬멜 휘하의 부대들이 받고 있는 엄청난 압박을 고려하여 대규모 반격작전을 펼치라는 히틀러의 명령과 한 발자국도 물러서지 말라는 요구는 도저히 실행이 불가능했다. 엘알라메인에서 있었던 것 같은 상황이 그대로 재현되고 있었다. 룬트슈테트와 롬멜은 크게 좌절하여 직접 와서 보라고 히틀러에게 요구했다.

:: 또다시 히틀러에 대한 환멸을 느끼다

마침내 히틀러는 6월 17일 수아송Soissons 부근 마기발Margival에서 두 육군 원수를 만나겠다고 했다. 그들은 1940년 결국 해프닝으로 끝난 영국 침공을 위해 히틀러의 야전사령부를 설치하려고 만들었던 벙커들이 모여 있는 곳의 지하 철도 터널에서 만났다. 히틀러를 제외한 모든 사람들이 서 있는 가운데 히틀러는 등받이가 없는 의자에 앉아 있었다. 당시 미군은 북쪽으로 진격하여 셰르부르를 점령하기 전에 먼저 코탕탱 반도의 기저부를 봉쇄하려고 위협하고 있었다. 그들은 셰르부르를 연합군의 주요 보급항으로 삼으려고 했다. 그러나 히틀러는 셰르부르는 반드시 지켜야 한다고 선언했다.

룬트슈테트는 몇 마디 한 뒤, 롬멜에게 발언권을 넘겨주었다. 롬멜은 셰르부르를 지키려고 하는 것은 병력 낭비일 뿐이라고 말했다. 연합군이 다른 모든 곳에서 압박을 가하고 있다는 것은, 특히 파괴적인 것으로 밝혀진 연합군 해군 함포의 사정거리에서 벗어날 수 있게 독일군이 제한적으로 철수하는 것이 유일한 해결책이라는 것을 의미했다.

따라서 롬멜은 기갑사단들을 양쪽 측면에 배치하여 이중으로 포위망을 형성하고 반격할 계획이라고 선언했다. 또한 그는 전세가 회복할 수 없을 정도로 기울어지지 않게 하려면 노르망디로 증원군을 보내야 한다는 점도 강조했다. 그는 자기와 룬트슈테트가 원하는 대로 싸울 수 있는 자유로운 작전권을 요구했다.

히틀러는 자기 휘하 장군들의 말에는 거의 귀 기울이지 않고 습관적인 긴 독백을 늘어놓기 시작했다. 히틀러는 V 계열 미사일로 영국을 공격하기 시작만 해도 영국은 무릎을 꿇을 것이라고 주장했다. 그때 공습경보가 울리자, 그들은 더욱 안전한 방공호로 자리를 옮겼다. 이때인지 아니면 히틀러가 회의를 마치고 차를 타려고 걸어가고 있을 때인지 확실하지 않지만, 두 육군 원수는 서방 연합군에게 평화협상을 타진하는 문제를 제시했다. 그러나 히틀러는 무조건 항복을 요구하는 연합군의 태도로 볼 때 남아 있는 길은 '결사항전' 밖에 없다는 반응을 보였다.[16]

룬트슈테트는 침울해하며 회의 장소를 떠났다. 반면에 롬멜은 희망에 찬 듯 보였다. 다음날 그는 루시에에게 이렇게 썼다.

"신속하게 돌파하여 파리로 가는 것은 이제 거의 불가능해졌소. 그러나 우리에게는 많은 승부수가 있소. 총통은 나에게 매우 우호적이고 기분도 아주 좋은 상태요. 그는 사태의 심각성을 인식하고 있소."[17]

롬멜이 이렇게 쓰게 된 데는 세 가지 이유가 있었다. 그는 히틀러의 말에 다시 최면이 걸렸다. 그는 회의에 참석했던 요들로부터 2개 친위 기갑사단을 포함하여 증원군이 더 오고 있는 중이며, 히틀러가 다음날 라로슈기용으로 롬멜을 방문하겠다고 동의했다는 말을 들었다. 그러나 그 방문은 이루어지지 않았다. 그날 저녁 결함이 있는 V-1 미사일

1944년 셰르부르 거리에서 적의 사격을 피하는 미군 6월 27일 셰르부르가 함락되었다. 셰르부르 함락 전날 룬트슈테트와 롬멜은 자유로운 작전권을 허락해달라고 다시 요청했지만 묵살당했다.

(제2차 세계대전 때 독일이 개발한 펄스제트 엔진Pulse-jet engine 미사일—옮긴이) 1발이 마기발에 떨어지자, 히틀러와 그의 수행원들이 룬트슈테트나 롬멜에게는 한 마디도 없이 즉시 독일로 떠났던 것이다.

히틀러는 셰르부르를 반드시 지켜야 하며 후퇴는 없을 것이라고 계속 주장했다. 롬멜은 또다시 환멸을 느끼기 시작했다. 분명히 슈파이델이 부추겼을 것이다. 6월 27일 셰르부르가 함락되었고, 주전선인 노르망디에 가해지는 압박은 조금도 줄어들지 않고 계속되었다. 셰르부르 함락 전날 룬트슈테트와 롬멜은 자유로운 작전권을 허락해달라고 다시 요청했다. 그러나 독일 국방군최고사령부는 그것에 대한 대답으로 두 사람 모두 6월 29일 베르히테스가덴Berchtesgaden에서 히틀러가 참석하는 회의에 참석하라는 소환 명령을 내렸다. 그들에게는 비행기나

기차 편을 이용하는 일이 허락되지 않았다. 그래서 그들은 966킬로미터나 되는 거리를 자동차를 타고 가야 했다. 또다시 히틀러는 전쟁의 흐름을 바꿔줄 경이적 무기Wunderwaffe에 대한 독백을 늘어놓기 시작했다. 그들은 노르망디에 대해서는 반드시 연합군을 정지시킨 뒤 그들의 해안교두보를 없애버려야 했다. 설상가상으로 소련군이 이미 대공세를 펼친 상태였으므로 룬트슈테트와 롬멜은 증원군을 더 받을 가능성이 없다는 것을 알고 있었다. 상황은 불가능한 것처럼 보였다. 따라서 그들은 더욱 우울해졌다. 히틀러는 셰르부르가 함락된 이유를 조사하라고 요구하고는 셰르부르 항이 제7군의 책임이었으므로 돌만의 목을 원했다. 사실 룬트슈테트와 롬멜은 그가 심장마비로 사망했다는 소식을 방금 들은 상태였기 때문에, 조사를 철회하도록 요청했다. 그들은 또다시 연합군에게 평화협상을 타진해볼 것을 제안했다. 히틀러는 또다시 이 제안을 즉각 묵살했다.

룬트슈테트와 롬멜은 6월 30일 늦은 시각에 각자의 사령부로 돌아갔으나, 반격하라는 히틀러의 요구 때문에 다시 만났다. 이번에는 암호명 엡섬Epsom이라는 작전으로 어느 정도 진격한 영국군이 그 대상이었다. 그들 휘하의 지휘관들은 철수할 것을 강력하게 요구하고 있었다. 특히 슈베펜부르크는 앞으로 있을 공격작전을 위해 전투에 시달린 자기 휘하의 기갑사단들에게 숨 돌릴 여유를 주고 싶어했다. 룬트슈테트는 독일 국방군최고사령부에 그 문제를 제기했으나, 어떤 상황에서도 후퇴할 수 없다는 답신을 받았다. 이제 완전히 화가 난 룬트슈테트는 카이텔에게 전화를 걸어, 이러한 상황에서는 더 이상 싸울 수 없다고 했다. 다음날인 7월 2일 아침 룬트슈테트는 롬멜과 함께 파리로 가서 돌만의 장례식에 참석했다. 그 뒤 룬트슈테트는 자기가 해임되고 후임으로 귄터 폰 클루게가 임명되었으며, 히틀러가 그에게 작별 선물로 오크나뭇잎 기장 기사십자훈장을 주었다는 소식을 들었다.

롬멜은 자기가 룬트슈테트의 보직을 인수받게 되길 바랐을지도 모른다. 그러나 그는 이제 새로운 임명자를 받아들여야 했다. 클루게는 지난 며칠 동안 히틀러의 사령부에 머물면서 그 보직을 맡을 준비를 하고 있었다. 이는 룬트슈테트가 카이텔에게 분노를 터뜨리기 전에 히틀러가 이미 룬트슈테트를 해임하기로 결정했다는 것을 암시한다. 다음날 클루게는 사령부로 롬멜을 찾아와, 철수는 없을 것이며 자기를 제쳐놓고 히틀러에게 직접 이야기하지 말라고 분명하게 말했다. 당연히 롬멜은 그 즉시 새로운 상관을 싫어하게 되었다. 슈파이델은 계속 롬멜에게 직접 평화협상을 타진하고 국제적십자사를 통해 연합군과 내통할 방법을 마련하라고 설득했다. 또한 또 다른 암살음모자인 공군 대령 캐자르 폰 호파커Cäsar von Hofacker가 롬멜을 방문했으나, 그들이 대화를 나눴다는 증거는 남아 있지 않다. 그러나 롬멜은 직접 행동에 나설 준비가 되어 있지 않았고, 서부전선의 다른 상급 지휘관의 지지가 반드시 필요하다고 생각했으나, 클루게는 그것을 지지할 준비가 되어 있지 않았다. 더구나 롬멜은 캉을 놓고 필사적인 전투를 벌이고 있었다. 영국군은 캉을 손에 넣으려고 했으나 히틀러유겐트사단의 강력한 저항에 부딪쳐 뜻을 이루지 못하고 있었다. 그 다음 열흘 동안 롬멜은 캉 전투와 서부에서 미군이 지속적으로 가해오는 압박에 대처하느라 정신없이 매달려 있었다. 그 뒤 영국군이 마침내 캉을 집어삼키려고 대공세를 취할 것이라는 조짐들이 보였다. 7월 17일 롬멜은 차를 몰고

> 롬멜은 디트리히에게 자기가 내리는 명령이 히틀러의 명령과 상반되더라도 자신의 명령에 따르겠냐고 물었고, 롬멜을 크게 존경하고 있던 디트리히는 그 질문에 긍정적인 대답을 했다. 롬멜은 일단 차로 돌아온 뒤, 랑에게 '디트리히의 마음을 얻었다' 고 말했다.

가서 디트리히를 만나, 그가 공격을 감당할 준비가 되어 있는지 확인했다. 롬멜의 부관 헬무트 랑Helmuth Lang의 기록에 따르면, 롬멜은 디트리히에게 자기가 내리는 명령이 히틀러의 명령과 상반되더라도 자신의 명령에 따르겠냐고 물었고, 롬멜을 크게 존경하고 있던 디트리히는 그 질문에 긍정적인 대답을 했다. 롬멜은 일단 차로 돌아온 뒤, 랑에게 "디트리히의 마음을 얻었다"[18]고 말했다. 그 직후, 사냥감을 찾아다니던 연합군 전폭기 1대가 롬멜이 탄 차를 발견하고는 공격했다. 운전병과 롬멜 모두가 큰 부상을 당했다. 운전병이 치명상을 입자, 차가 길을 벗어나 나무에 부딪친 뒤 도랑에 처박히면서 타고 있던 사람들이 밖으로 튕겨나갔다. 롬멜은 두개골이 골절되어 48킬로미터 떨어진 공군병원으로 옮겨졌다.

:: 실패로 끝난 히틀러 암살 음모 사건

사흘 뒤(1944년 7월 20일) 늑대소굴에서 멀리 떨어진 곳에서 히틀러가

7·20 히틀러 암살 미수 사건 직후 폭파된 회의실 히틀러에 반대하는 반나치 인사들이 히틀러를 암살하기 위해 폭탄을 사용했으나, 히틀러는 살아남았고 오히려 대규모 검거 선풍이 불어 많은 장성과 정치인들이 숙청당했다.

회의를 하는 도중에 폭탄이 터졌다. 파리에서는 히틀러 암살 음모에 가담한 독일 총독 하인리히 폰 슈틸프나겔Heinrich von Stülpnagel 장군이 즉각 그곳의 모든 친위대원들을 체포한 뒤, 노르망디에서 벌어지고 있는 일을 보고 곧 환멸을 느끼게 된 클루게에게 지원을 요청했다. 베를린에서는 훈련과 예비대들을 책임지고 있던 본토사령부Heimatkriegsgebiet를 중심으로 음모가 진행되었다. 사령부의 참모진은 히틀러가 사망했다는 것을 확인해주는 소식을 기다리고 있었다. 회의실 테이블 밑에 폭탄을 설치했던 클라우스 폰 슈타우펜베르크Klaus von Stauffenberg 대령은 히틀러가 이미 사망했다고 확신하고 그곳에 도착했다.

그러나 베를린에 있던 괴벨스는 히틀러가 아직 살아 있다는 소식을 듣고는, 열렬한 나치당원이 지휘하는 베를린방위대대Berlin Guard Battalion

에게 음모 가담자들을 체포하도록 명령했다. 슈타우펜베르크를 비롯하여 일부 가담자들이 즉석에서 처형되었다. 한편, 파리에서는 슈튈프나겔이 클루게의 지원을 받지 못했다. 클루게도 히틀러가 살아 있다는 소식을 들었던 것이다. 따라서 슈튈프나겔은 체포했던 사람들을 풀어줄 수밖에 없었고, 그의 운명은 이미 결정된 것이나 다름없었다. 히틀러의 비밀국가경찰 게슈타포Gestapo는 대대적인 수사에 착수하여 곧 수많은 고위 장교들의 신원을 확보했다. 그러나 그들을 민간법원에서 재판할 수 없었으므로 그들의 계급을 박탈할 명예법원이 설립되었다. 그뒤 그들은 베를린의 한 법원에서 심리를 받고 유죄로 판결을 받아 플뢰첸제 교도소Pötzensee Prison에서 정육점에서 고기를 걸 때 사용하는 갈고리에 매달려 교수형을 당했다. 명예법원에서 초기 재판이 몇 번 열리고 나서 게슈타포의 수사망이 점점 더 넓게 확대되자, 히틀러는 절차에 어느 정도 정당성을 부여하기 위해 룬트슈테트를 불러들여 재판을 맡겼다.

그러나 이 모든 소동들은 롬멜을 비켜갔다. 그는 병원으로 옮겨져서 한동안 의식이 혼미한 상태에 있었다. 8월 8일 건강이 많이 회복되자, 그는 다시 헤를링엔으로 옮겨졌다. 그는 많은 친구와 지인들이 체포되었다는 소식을 듣고 슬픔에 잠겨 있었다. 또한 그는 클루게가 8월 중순에 해임된 뒤 베를린으로 소환되었으나 도중에 자살했다는 소식도 들었다. 그러나 그는 히틀러 암살은 독일이 당하고 있는 재앙에 내란을 더할 뿐이라고 생각했으므로 히틀러 암살에 반대하는 입장이었다. 오히려 그는 전장에서 항복하는 것이 유일한 대안이라고 생각했으나, 그러기 위해서는 전투부대들의 전폭적인 지지가 필요했다. 하지만 그들

게슈타포 Gestapo

독일 나치 정권의 비밀국가경찰이다. 나치가 집권한 1933년 프로이센 주의 내무장관이던 헤르만 괴링이 프로이센 정치경찰을 모태로 창설했다. 그 후 괴링은 공군 창설 작업에 집중하기 위해 1934년 하인리히 힘러Heinrich Himmler와 친위대에 게슈타포를 넘겼다. 힘러와 그의 부하 라인하르트 하이드리히Reinhard Heydrich에 이르러 체제가 완성되었다.

게슈타포는 국내는 물론 점령지에까지도 탄압의 손길을 뻗쳤고, 아돌프 아이히만Adolf Eichmann의 유대인과課는 이 게슈타포의 하부기관으로서, 유럽 전역에 있는 유대인들을 폴란드에 있는 강제수용소에 집결시켜 이들을 몰살시키는 임무를 수행했다.

연합군이 리에주Liege를 탈환한 뒤, 시내의 모 시설 골방에 수용된 독일 게슈타포 요원들

이 치열하게 전투를 벌이고 있는 상황에서 그들의 지지를 확보하는 것은 어려운 일이었다.

:: 자살을 선택한 진정한 영웅

이 무렵 독일군은 노르망디 전투에서 패배하여 B집단군의 나머지 병력도 곧 프랑스 북부에서 철수할 예정이었다. 사실 날이 갈수록 점점 더 우울한 소식들이 전해졌다. 슈파이델이 보직에서 해임되었다는 소식을 9월에 듣게 된 롬멜은 자기 주변으로도 수사망이 좁혀 들어오고 있다는 것을 느끼기 시작했다. 슈파이델이 체포되자 이러한 느낌은 훨씬 더 강해졌다.

10월 7일 카이텔이 롬멜에게 특별열차를 보낼 것이니 베를린으로 출두하라고 요구했다. 롬멜이 이유를 묻자, 카이텔은 롬멜의 장래 보직을 의논하기 위해서라고 했다. 롬멜은 건강을 이유로 들며 그 요구를 거절했다. 엿새 뒤 롬멜은 독일 국방군최고사령부에서 보낸 대리인 2명이 그의 집으로 찾아갈 것이라는 전문을 받았다.

10월 14일 롬멜의 아들 만프레트 롬멜은 대공포대에서 잠깐 휴가를 받아 집에 도착했다. 롬멜은 아들에게 그의 장래를 의논하기 위해 장성 2명이 올 것이라고 했다. 그들은 정오 정시에 도착했고, 롬멜은 45분 동안 그들과 함께 있었다. 그들은 롬멜에게 카이텔이 히틀러의 명령을 받고 자기들을 보냈다고 했다. 슈튈프나겔과 슈파이델, 호파커 등으로부터 나온 증거들은 롬멜이 히틀러 암살음모에 연루되었음을 암시하

"롬멜은 히틀러가 제시한 두 가지 안 중 스스로 목숨을 끊는 것을 선택했다. 그는 루시에와 만프레트에게 이것을 설명하고는 자기는 법정에서 무죄를 주장하고 그것을 증명할 수 있으나, 그로 인해 가족이 고통받는 것은 용납할 수 없다고 말했다."

고 있었다. 롬멜은 독일 국민들에게 전쟁 영웅으로서 명성이 자자했기 때문에, 히틀러는 그에게 두 가지 안을 제시했다. 하나는 인민법원에서 재판을 받는 것이었다. 그러면 아내 루시에와 아들 만프레트도 고통을 당할 가능성이 있었다. 또 다른 하나는 스스로 목숨을 끊는 것이었다. 그러면 장례식을 국장으로 치르고 가족은 무사할 수 있었다. 롬멜은 즉시 두 번째 안을 선택했다. 그는 루시에와 만프레트에게 이것을 설명하고는 자기는 법정에서 무죄를 주장하고 그것을 증명할 수 있으나 그로 인해 가족이 고통받는 것은 용납할 수 없다고 말했다. 빌헬름 부르크도르프Wilhelm Burgdorf 장군과 에른스트 마이젤Ernst Meisel 장군이 그에게 청산가리 정제를 주자, 그는 그 알약들을 받아들고 밖으로 나가 차를 탔다. 15분 뒤 그들은 롬멜의 시신과 함께 한 지역 병원에 도착했다. 그들은 롬멜이 심장마비로 사망했다고 말했다.

7장

롬멜이 남긴 유산

임무형 지휘를 통한 임파워먼트empowerment : 권한 이양 리더십

"롬멜은 하급 장교들에게도 어느 정도 재량권을 행사할 수 있도록 허용해야 한다고 굳게 믿고 있었다."

"기갑사단의 장교라면 명령을 받을 때까지 기다리지 말고 전체 작전계획의 틀 안에서 독자적으로 생각하고 행동하는 법을 배워야 한다."

"롬멜은 명령 문서를 짧게 작성하길 좋아했고, 명령은 임무 지향적이었다. 이는 부하들을 위해 지휘관의 목적을 분명하게 주지시키고 부하들이 목적을 달성하기 위해 사용하는 방법에 대해서는 부하들에게 최대한 재량권을 주는 것을 의미한다."

:: 진정한 군인, 비극적으로 잠들다

에르빈 롬멜의 장례식은 국장으로 거행되었다. 나치 고위층은 10월 18일 울름 시청에서 장례식을 치르도록 꼼꼼하게 준비했다. 그들은 저명인사들로 구성된 조문단을 태운 특별열차가 그 전날 베를린을 출발하도록 조치했다. 서부전구 총사령관에 복직된 게르트 폰 룬트슈테트 육군 원수는 히틀러의 개인 특사로 임명되어 오후 10시에 시청에 도착하도록 일정이 잡혀 있었다. 해군과 공군으로 혼합 편성된 1개 중대와 사병 2개 중대, 무장친위대가 호위를 맡았다.

베토벤의 교향곡 3번 〈영웅Eroica〉 2악장이 연주되는 가운데 장례식이 시작되자, 룬트슈테트는 엄청나게 모인 조문객들을 향해 조사弔詞를 낭독했다. 룬트슈테트는 특히 프랑스와 북아프리카에서 이룬 전과를 언급하며 롬멜의 군사적 재능에 대해 이야기했다. 롬멜은 "총통에게

국장으로 거행된 롬멜의 장례식 1944년 10월 18일 울름 시청에서 베토벤의 교향곡 3번 〈영웅〉 2악장이 연주되는 가운데 롬멜의 장례식이 거행되었다.

충성을 다한" 진정한 군인이었다. 이어서 룬트슈테트는 시신이 안치된 관을 향해 이렇게 선언했다.

"고인의 영웅적인 행동은 또다시 우리 모두에게 구호를 외칩니다. '승리할 때까지 싸우라!'"[1]

노르망디에서 롬멜의 참모로 있었던 프리드리히 루게Friedrich Ruge도 장례식에 참석했는데, 그는 이 조사를 두고 이렇게 말했다.

"이상할 정도로 공식적이고 다소 절제된 표현이기는 했으나, 어떤 일이 벌어지고 있는지 모르는 사람들을 대상으로 한 것치고는 훌륭한 연설이었다."[2]

룬트슈테트는 히틀러가 보낸 조화를 바치고 미망인의 옆자리에 앉았다. 관은 화장터로 옮겨졌고, 유골은 헤를링엔 묘지에 안치되었다.

롬멜의 묘 '총통에게 충성을 다한' 롬멜의 유골은 헤를링엔이라는 작은 마을에 안치되었다.

나치 신문에 장문의 사망기사가 실렸다. 런던의 《타임스Times》 지도 사망기사를 실었다. 《타임스》 지는 롬멜의 전술적 능력에 대해서는 낮은 목소리로 칭찬했으나, 특히 롬멜이 나치당이 창당될 때부터 당원이었다고 기술하는 등 몇 가지 부정확한 사실을 주장했다. 히틀러는 특별일일명령을 반포하고 그 뒤 전쟁이 막바지에 도달했던 1945년 3월에는 전쟁이 끝났을 때 롬멜의 동상을 만들도록 의뢰하겠다고 미망인 루시에에게 알렸으나, 말할 필요도 없이 그 일은 이루어지지 않았다.

전쟁이 끝난 뒤 롬멜의 죽음에 대한 진실이 자세하게 드러났다. 그러자 이번에는 그가 1944년 7월 20일의 히틀러 폭탄 암살 음모에 참여하지 않았는데도 불구하고 사람들은 전혀 설명할 수 없는 이유로 그가 암살음모와 관련이 있다고 믿게 되었다. 2차 세계대전의 양 진영은 모

> 용기와 리더십 면에서 롬멜에게 필적할 만한 사람은 거의 없다.

두 롬멜을 '훌륭한 독일인good German'으로 여겼다. 1953년 바실 리델 하트가 롬멜이 2차 세계대전 당시 쓴 글과 편지들을 모아 엮은 『롬멜전사록』을 출간하자, 그 책은 곧 베스트셀러가 되었다. 1950년대 새로운 독일연방공화국은 연방군Bundeswehr이라는 이름으로 독일군을 다시 창설함으로써 히틀러의 국방군Wehrmacht과 연결되는 모든 고리를 끊으려고 했다. 그러나 데트몰트Detmold 부근 아우구스트도르프Augustdorf에 있는 병영만큼은 롬멜의 이름을 따서 '롬멜'로 명명했다. 히틀러 휘하의 독일 육군 원수들 가운데 그러한 영예를 얻은 사람은 없었다. 그리고 한편으로는 롬멜이 긴 전쟁 기간 동안 히틀러와 가까운 관계를 유지했다는 것을 덮어버리려는 경향도 있었다.

:: 롬멜의 교훈

그렇다면 롬멜은 오늘날 우리에게 어떤 교훈을 주는가? 롬멜을 전략의 대가로 볼 수는 없다. 하지만 그를 역사상 위대한 전투 지휘관 중 한 사람으로 내세울 수 있는 것은, 그가 군인들이 소중하게 여기는 많은 자질들을 갖고 있기 때문이다. 용기와 리더십 면에서 롬멜에게 필적할

> 롬멜은 적어도 전장에서 철저하게 스파르타인이었다. 부하들과 똑같은 식사를 하는 것에 만족했고, 사치에 대해서는 거의 관심이 없었다. 이런 점들 때문에 롬멜의 부하들은 그가 자신들 가운데 한 명이라는 연대감을 갖게 되었다.

만한 사람은 거의 없다. 그는 특히 1차 세계대전 중에 그리고 2차 세계대전 중에는 1940년에 프랑스에서, 또 북아프리카에서 여러 번 죽음을 아슬아슬하게 모면했다. 어떤 사람들은 그를 '불사신' 이라고 말하기도 했고, 그가 1944년 7월에 입은 부상을 치료했던 의사들도 롬멜이 네 곳에 두개골 골절을 당하고도 살아난 것을 보고 틀림없이 놀랐을 것이다. 리더십 면에서 롬멜이 남다른 비범한 카리스마를 지닌 것은 의심할 여지가 없다. 이는 상당 부분 그가 자주 보여주었던 개인적인 용맹성에서 나온 것이라고 할 수 있다. 롬멜은 앞장서서 지휘했다. 우리는 이 책에서 그가 전장에서 결정적인 지점으로 돌진하여 부대를 이끌었던 것을 반복해서 보았다. 또한 롬멜은 자기가 할 수 없는 것을 부하들이 할 것이라고 절대 믿지 않았다. 이런 점에서 롬멜은 몸의 건강을 대단히 중요하게 여겼다. 술을 마시기는 했으나 아주 드물었으며, 그마저도 아주 조금씩만 마셨다. 적어도 전장에서 그는 철저하게 스파르타인이었다. 부하들과 똑같은 식사를 하는 것에 만족했고, 사치에 대해서는 거의 관심이 없었다. 이런 점들에 때문에 롬멜의 부하들은 그가 자신들 가운데 한 명이라는 연대감을 갖게 되었다. 또한 그는 흙에 빠

북아프리카에서 흙에 빠진 차를 미는 롬멜 그는 흙에 빠진 멈춘 차량을 끌어내기 위해 미는 것을 돕거나 교통정리를 하는 것을 비롯해 자기 손을 더럽힐 준비가 항상 되어 있었다.

진 차량을 끌어내기 위해 미는 것을 돕거나 교통정리를 하는 것을 비롯해 자기 손을 더럽힐 준비가 항상 되어 있었다. 그는 끊임없이 움직이며 예하부대를 방문하여 명령을 제대로 이행하고 있는지 직접 확인했다. 그런 점에서 그는 사업의 맥박을 가까이서 느끼기 위해 자신이 있어야 할 곳을 집무실이나 회의실로 제한하지 않고 작업장으로 언제든 뛰어나갈 준비가 되어 있는 오늘날의 CEO와 매우 비슷하다. 그리고 롬멜은 자기가 생각하는 바를 직설적으로 말하곤 했다. 그는 화를 내기도 냈으나, 폭발한 분노가 결코 오래가는 일은 없었다.

롬멜은 끊임없이 움직이며 예하부대를 방문하여 명령을 제대로 이행하고 있는지 직접 확인했다. 그런 점에서 그는 사업의 맥박을 가까이서 느끼기 위해 자신이 있어야 할 곳을 집무실이나 회의실로 제한하지 않고 현장으로 언제든 뛰어나갈 준비가 되어 있는 오늘날의 CEO와 매우 비슷하다.

때때로 롬멜은 몸을 상하게 할 정도로 자신과 부하들을 몰아쳤다. 1942년 여름은 이러한 그의 면모를 가장 잘 볼 수 있는 시기였다. 롬멜은 몸을 혹사하여 자신의 건강을 완전히 망가뜨렸다. 그렇게 그의 육체적 건강이 망가지게 되자, 그에게는 어울리지 않는 우유부단한 면이 나타났다. 그는 잠을 자지 않음으로써 몸을 혹사시켰다. 이러한 그의 모습은 똑같이 금욕주의자였던 버나드 몽고메리와 선명한 대조를 이룬다. 몽고메리는 밤잠을 잘 자야 한다고 주장하면서 무슨 일이 있어도 밤잠을 방해받는 일이 없도록 했다. 그렇게 해야만 항상 맑은 정신을 유지할 수 있다고 그는 믿었다. 이러한 대조는 지휘관은 자신을 스스로 돌봐야 한다는 것을 잘 보여준다.

무엇보다도 롬멜의 지휘 방식에서 우리가 주목해야 할 것이 있다. 첫 번째 주목할 점은 롬멜이 정찰의 가치를 굳게 믿고 있었다는 것이다. 롬멜은 자신이 싸워야 할 지역을 가능한 한 직접 점검했다. 바로 이런 점은 그가 1914년부터 1918년까지 프랑스와 루마니아, 이탈리아에서 성공할 수 있었던 결정적인 이유들 가운데 하나라고 할 수 있다. 여

1942년 북아프리카에서 직접 정찰에 나선 롬멜 롬멜은 정찰의 가치를 굳게 믿고 있었다. 그는 자신이 싸워야 할 지역을 가능한 한 직접 점검했다.

건상 지역을 점검하지 못할 경우 그 대안으로 지도를 세밀하게 연구했다. 1940년부터 그는 종종 슈토르히 경비행기를 이용해 공중정찰을 했다. 당시 독일의 관행에 따라 롬멜은 명령 문서를 최대한 짧게 작성하길 좋아했다. 명령은 임무 지향적이었는데, 이는 부하들을 위해 지휘관의 목적을 분명하게 주지시키고 부하들이 목적을 달성하기 위해 사용하는 방법에 대해서는 부하들에게 최대한 재량권을 주는 것을 의미한다. 독일인들은 이러한 것을 '임무형 지휘Auftragstaktik'라고 한다. 이 전술은 특히 2차 세계대전 초기의 전격전에서 좋은 성과를 거두었다.

임무형 지휘 Auftragstaktik

원래 독일 육군에서 발전한 'Auftragstaktik' 개념은 우리말로 직역하면 '임무형 전술'이 되지만, 임무형 지휘라는 용어가 좀 더 보편적으로 쓰이고 있다. 임무형 지휘는 예하 지휘관의 자주성과 행동의 자유를 보장함으로써 보다 적극적 · 능동적 · 창의적으로 임무를 완수할 수 있도록 하는 지휘 개념이다. 특히 상급자가 명령을 하달할 때 목표와 임무를 제시할 뿐 세부적인 방법이나 수단에 대해서는 가급적 하급자에게 위임하는 것이 특징이다.

전쟁터에서 상급자가 지나치게 세부적인 사항까지 일일이 간섭할 경우, 하급자는 작전 지휘에 융통성을 발휘하기 어렵다. 특히 급변하는 전장 상황에서 자주적으로 판단하지 못하고 상급자의 추가 명령만을 기다린다면 승리를 기대하기 어렵다. 임무형 지휘가 잘 운영되기 위해서는 작전에 참여하는 상하급자는 물론이고 동급 지휘관들 사이에서도 상호 신뢰가 필수적이다.

리더십 측면에서 보자면 임무형 지휘는 임파워먼트empowerment 리더십과도 공통 요소가 많다. 이것은 상하급자가 비전과 정보를 공유한 상태에서 하급자에게 권한을 이양, 의욕을 고취하는 동시에 자주성과 창의력을 발휘할 수 있도록 여건을 보장하는 리더십 기법이다.

〈출처 :《국방일보》 2005. 9. 20. 김병륜 기자〉

그 뒤 북대서양조약기구North Atlantic Treaty Organization, NATO가 이 개념을 도입하려고 했으나, 30년 이상 제대로 운용하지 못했다. 하지만 이 개념은 두 차례의 이라크전에서 그 가치를 확실하게 입증했다. 또 롬멜은 상부의 통제를 최소화하는 것을 선호했다. 그는 자유로운 작전권을 허락받지 못할 경우 크게 좌절했다. 롬멜은 특히 1943년 이탈리아와 1944년 노르망디에서 이러한 구속을 느꼈다. 그러나 반드시 지적해야 할

> 롬멜은 전장에서 '예리한 직관력'을 발휘했다. 특히 적의 결정적인 약점을 감지해내는 그의 능력은 다른 사람에게서 배운 것이 아니라 운 좋게도 몸에 밴 본능 같은 것이었다.

것은 오늘날의 지휘관들은 2차 세계대전 때보다 훨씬 더 많은 여러 가지 정치적 제약을 받으며 임무를 수행할 수밖에 없다는 점이다. 이것은 교전규칙이 엄격하다는 것을 의미한다. 교전규칙이 엄격하다는 것은 불가피하게 부하들을 확실히 감시하기 위해 그들을 더욱 가까이에서 감독해야 한다는 것을 의미한다. 1990년대 발칸 지역의 경우가 특히 그러했고, 아프가니스탄의 경우에는 그러한 모습을 보여주는 매우 많은 증거들이 있다. 아프가니스탄에서는 민간인이 사망하고 부상당하는 부수적 피해가 발생했기 때문에 사람들의 마음과 생각이 NATO를 반대하는 쪽으로 돌아서고 있고, 파키스탄의 부족집단 지역에서는 지배층의 협조가 줄고 있다.

또한 롬멜은 전장에서 '예리한 직관력Fingerspitzengefühl'을 발휘했다. 특히 적의 결정적인 약점을 감지해내는 그의 능력은 다른 사람에게서 배운 것이 아니라 운 좋게도 몸에 밴 본능 같은 것이었다. 덕분에 롬멜은 돌파 지점을 재빨리 이용하고 목적을 달성할 수 있었다. 대부분 이런 이유 때문에 그는 아주 작은 이동지휘소에서 지휘하는 것을 선호했다. 이동지휘소는 자신의 차량과 통신트럭, 최소한의 경호원들로 편성되었으며, 지휘본부에는 지휘관이 없을 경우 의사결정을 하고 대신 상급

> 적보다 먼저 상황을 파악하고 계획을 결정하여 행동에 옮겨라.

지휘관에게 보고할 수 있는 권한을 위임받은 참모장을 남겨두었다. 이런 지휘 방식은 1940년 제7기갑사단이 활약한 프랑스 전투와 사막에서 초기에 치른 여러 전투에서 상당한 효과를 보았다. 당시 그는 자신의 손에 들어왔다고 생각하는 승리를 잡아채기 위해 신속하게 움직이도록 그의 부대들을 직접 독려했다. 사실 유령사단의 작전은 1991년 걸프전 당시 배리 맥카프리Barry McCaffrey 장군의 제24(기계화)보병사단이 펼친 작전과 비슷했다. 제24(기계화)보병사단은 겨우 100시간 만에 370킬로미터를 진격하여 쿠웨이트와 이라크의 통신 라인들을 단절시켰다. 롬멜의 이러한 작전 유형에서 벗어난 예외적인 작전은 1941년 11월 리비아에서 영국군이 반격에 나서 크루세이더 작전을 펼치는 동안 실시한 대규모 '철조망 돌파 작전'이었다. 이때 롬멜은 작전 중에 참모장과 동행하는 실수를 범했다. 그러나 지휘 영역이 넓어지면 넓어질수록 자기는 지휘본부에 남아 있어야 한다는 것을 깨닫고 예하 사령부들을 방문하는 것으로 만족해야 했다.

작전 속도는 롬멜의 성공을 결정하는 중요한 요인이었다. 롬멜이 지금도 살아 있다면, 미 공군 전투기 조종사였던 존 보이드John Boyd 대령이 1980년대에 발전시킨 개념을 틀림없이 지지했을 것이다. 전투비행 전술을 연구한 보이드는 적보다 먼저 상황을 파악하고 계획을 결정하여 행동에 옮긴 전투조종사가 적을 격추하게 되어 있다는 결론을 내렸다. 전성기 때 롬멜의 보이드 사이클Boyd Cycle(OODA라고도 한다. OODA는 관찰Observation, 방향설정Orientation, 결정Decision, 실행Action의 약자다)은 늘 적의 사이클보다 앞서 있었다. 이러한 성공의 대부분은 예상치 못한 방향에서 들이닥쳐 기습하는 롬멜의 능력이 낳은 결과였다. 롬멜이 1916년~1917년 산악부대를 이끌고 이루어낸 전과들은 이러한 그의 능력을 잘 보여준다. 사실 그가 2차 세계대전 때 사용한 전투 방식modus operandi의 상당 부분은 1차 세계대전 중 얻은 교훈을 발전시킨 것이었다. 롬멜이 폴란드전을 보고 깨달은 것처럼, 1939년이 되자 그러한 전투 방식을 운용하기에는 보병보다는 전차가 더 나았다.

롬멜은 자기가 펼치는 작전에서 병참이 아주 중요하다는 사실을 충분히 이해하고 있었다. 북아프리카에서 그는 자기가 이루고자 하는 바를 지원할 수 있는 자원이 충분하지 못하다는 딜레마를 안고 있었다. 자신의 부대에게 보급되는 자원을 통제하는 것은 그의 소관이 아니라는 것이 문제였다. 자원을 통제하는 것은 로마에 있는 이탈리아군 최고사령부의 소관이었다. 이탈리아 선박들이 자원을 지중해 건너편으로 수송해야 했기 때문이었다. 하역항인 트리폴리 역시 이탈리아군이 통제하고 있었고, 벵가지와 토브룩이 추축군의 수중에 있을 때도 마찬가지였다. 사실 이탈리아의 관료주의가 보급품을 전선으로 보내는 데 지장을 초래했던 것도 사실이지만, 부분적으로 사막전의 성격에도 그 원인이 있었다. 사막전은 양측이 번갈아가며 극적으로 멀리까지 진격하는 양상을 보였고, 그 결과 보급선이 지나치게 길어짐으로써 공격군을 취약하게 만들었다. 그러나 또 다른 어려움도 있었다. 시간이 걸리

> 롬멜은 보급품이 부족한 상황에 대해 아무리 울분을 터뜨리고 고함을 지르더라도 그 문제를 구실로 손을 놓고 마냥 앉아만 있지 않았다. 그러기보다는 도박이 되더라도 항상 적극적인 행동을 취했다.

기는 했지만 남아프리카의 최남단 희망봉을 도는 항로를 이용하는 영국군의 보급선은 상대적으로 안전했던 반면, 지중해를 건너는 추축군의 경우에는 그렇지 못했다. 또 영국군의 지중해함대와 잠수함은 물론이고 북아프리카와 몰타 섬에서 발진하는 영국군 비행기도 추축군의 보급선을 취약하게 만들었다.

이러한 보급 문제는 울트라로 인해 더욱 악화되었다. 영국군은 울트라를 통해 롬멜에게 특정한 보급품, 특히 연료가 부족하다는 사실을 파악할 수 있었기 때문에, 유조선이 이탈리아 항구에서 출항하는 시기를 미리 알고 격침시킬 수 있었다. 그러나 롬멜은 보급품이 부족한 상황에 대해 아무리 울분을 터뜨리고 고함을 지르더라도 그 문제를 구실로 손을 놓고 마냥 앉아만 있지 않았다. 그러기보다는 도박이 되더라도 항상 적극적인 행동을 취했다. 이것이 그의 성격이었다. 오늘날에는 작전 개시보다 병참에 우선순위를 부여해야 한다는 점을 더욱 강조하겠지만, 위험은 여전히 존재한다. 예컨대 아프가니스탄은 병참 담당자에게는 악몽이다. 아프가니스탄이라는 나라는 사면이 육지로 둘러싸여 있고 유럽에서 멀리 떨어져 있으며 미국에서는 더 멀리 떨어져 있으므로 그곳으로 연료를 수송하는 육상 통로들이 취약하다. 파키스탄을 이용하는 남쪽 통로들은 특히 카이버 고개Khyber Pass에서 탈레반Taliban에게 공격당하기 쉬운 반면, 북쪽 통로들은 러시아가 NATO군이 이용하도록 묵인해주어야 이용이 가능하다. 그러므로 대부분의 보급은 공중을 통해 이루어져야 하는데, 이렇게 하려면 대단히 많은 비용이 든다. 지상군 지휘관들은 작전을 지원할 병참이 없으면 대규모 작전을 개시하려고 하지 않는다. 특히 서방세계가 65년 전에 비해 군 사상자에 대해 정치적으로 훨씬 더 민감해졌기 때문이다.

롬멜은 2차 세계대전 중 북아프리카와 이탈리아에서 지내면서 이탈리아군과 연합작전을 펼쳐야 했다. 그의 문제는 처음부터 이탈리아군을 낮게 평가하고 그 사실이 알려지는 것을 두려워하지 않았다는 것이다. 사실 그는 시간이 지나면서 이탈리아군 지휘관 한두 명, 특히 전차부대를 보유하고 있어서 독일아프리카군단과 밀접하게 협력하며 싸운 제20군단의 지휘관들을 좋아하게 되었다. 제대로 지휘하기만 하면 여느 군대만큼 잘 싸울 수 있다는 것이 이탈리아군 병사에 대한 그의 일반적인 견해였다. 그러나 그들의 능력을 개선하려면 극복해야 할 두 가지 장애물이 있었다. 첫째, 이탈리아군은 무기와 수송 면에서 장비가 매우 빈약하다는 점이었다. 둘째, 롬멜이 생각하기에 이탈리아군 장교들은 대체로 자질이 떨어지며 안락한 생활에 너무 집착한다는 점이었다(1982년 포클랜드 전쟁에 투입된 많은 아르헨티나군 장교들도 이러한 모습을 보였다). 또한 북아프리카의 복잡한 지휘체계도 전혀 도움이 되지 않았다. 롬멜은 명목상 이탈리아군에 예속되어 있었으나, 그에게는 어느 정도의 재량권이 주어졌다. 하지만 그 재량권은 종종 정확하게 정의되어 있지 않았다. 또한 그는 독일 남부전구 사령관인 케셀링에게 보고하는 한편, 독일 국방군최고사령부를 통해 히틀러에게도 직접 보고해야 했다. 1991년 걸프전 당시 슈워츠코프 역시 똑같은 어려운 상황에 놓여 있었다고 할 수 있다. 그는 개인적으로는 워싱턴 D. C.에 보고해야 했고, 동시에 연합군 내의 각 다국적군들은 자국 정부에 자신들의 상황을 호소할 권리가 있다는 사실도 인정해야 했다. 또한 그는 1990년~1991년 사막의 폭풍 작전 때 기지를 제공했던 사우디아라비아를 비롯하여 동맹군 내 아랍 국가들의 민감한 사안에도 각별한 주의를 기울여야 했다. 슈워츠코프는 이러한 상황을 인식하고 재치 있게 외교적 수완을 발휘하여 이들을 결속시키는 데 성공했다. 반면, 롬멜은 너무 성급했고 지나치게 직선적이었다. 사실 적어도 서구 민주국가들에 관한 한 21세기에 들어선 이후 지금까지는 다국적군의 연합작전이 대세다. 그러므로 군인은 임무를 효과적으로 수행하려면 임무와 관련된 정치 현실을 완벽하게 숙지하고 있어야 한다. 그러나 롬멜은 군사적 맥락에서만 생각했다. 이것이 그가 북아프리카에서 계속해서 승리를 거둘 수 없었던 주된 이유였을 것이다.

:: 작전과 전술의 대가

이러한 결론은 롬멜과 나치 정권이라는 주제로 우리를 인도한다. 일단 히틀러가 독일을 재무장하기 시작하자, 독일군 장교단 대부분은 히틀러를 환영했다. 사실 룬트슈테트를 비롯하여 기존의 일부 프로이센 지주계층Jungkers은 상반된 감정을 동시에 갖고 있었다. 요컨대 히틀러는

1차 세계대전 때 일개 상병에 불과했으며, 오스트리아 억양이 심했다. 그러나 그들 중 대부분은 1934년 6월에 있었던 장검의 밤이 지난 뒤에는 마음을 놓았다. 그날 밤 히틀러는 나치 돌격대를 제거하고 제3제국의 진정한 수호자라는 군의 임무를 확인시켜주었던 것이다. 안심한 군인들은 국가가 아닌 히틀러 개인에게 새로운 '충성 서약Vereidigung'을 했다. 하지만 충성 서약 때문에 장교단은 곧 궁지에 몰렸다. 충성 서약은 어떠한 위법행위를 범하더라도 민간법정에 세울 수 없다는 등 특권을 장교들에게 부여하는 대신 절대적인 구속을 요구하는 전통적인 원칙이 배어 있었기 때문이다. 라인란트의 군사적 재점령, 오스트리아 합병, 체코슬로바키아 분할 등 당시 많은 장교들이 보기에 위험한 도박 같은 일들을 히틀러가 아무 일 없이 처리해냈다는 사실 때문에 히틀러에 대한 그들의 존경심은 더욱 커졌다. 장교들은 정치에 중립적인 입장을 취하고 있었기 때문에 유대인 탄압 정책을 비롯하여 나치 정권의 무리한 정책이 늘어나는 현실을 외면할 수 있었다. 롬멜은 히틀러 옆에서 이러한 많은 사건들을 목격하면서 독일을 다시 위대하게 만들고 있는 지도자에 대한 존경심을 키워갔다. 독일군은 폴란드 침공을 폭넓게 지지했다. 동프로이센과 제3제국의 나머지 영토를 물리적으로 분할하고 있던 폴란드 회랑지대는 참을 수 없는 굴욕이었으므로, 폴란드가 그 문제를 해결하기 위해 협상할 준비가 되어 있지 않다면 전쟁만이 유일한 수단이었다. 당시 프랑스와 영국이 전쟁에 개입하자 우려의 목소리가 없지 않았으나, 1940년 여름 히틀러는 이들을 겨우 6주 만에 격파했다(20여 년 전 그의 전임자들은 4년 이상 노력하고도 그 일을 이루어내지 못했다). 많은 사람들은 영국의 완고한 태도만 아니었다면, 전쟁은

작전과 전술의 대가 롬멜은 전략가는 아니었으나 작전과 전술의 대가였다. 오늘날 그는 우리에게 리더십과 전술 면에서 소중한 교훈을 주고 있다.

그때 끝났을 것이라고 생각했다.

롬멜은 개인적으로 히틀러에게 감사해야 할 이유가 많았다. 요컨대 롬멜이 기갑사단을 지휘하도록 조치를 취한 사람이 히틀러였고, 모든 독일인이 아는 유명인사가 된 것도 그 덕분이었다. 또한 롬멜을 북아프리카로 보내 더욱 명성을 얻게 한 사람도 히틀러였고, 그 뒤에도 계속 롬멜에게 많은 관심을 보였다. 그러나 독일이 소련을 침공하자, 여러 가지 의혹이 표면으로 떠오르기 시작했다. 이것은 너무 큰 도박이었다. 히틀러가 군사행동에 점점 더 깊이 개입하자, 이러한 의혹은 더

욱더 커졌다. 결국 1943년 2월 독일군이 스탈린그라드에서 항복하자, 히틀러를 제거하려는 심각한 음모들이 나타나기 시작했다. 그러나 롬멜은 북아프리카에 너무나 몰두한 나머지 동부전선에서 벌어지는 일들을 알지 못했기 때문에 여전히 히틀러를 믿고 있었다. 하지만 히틀러가 자신의 주변에 심어둔 사람들에 대한 롬멜의 혐오감은 점점 커졌다. 특히 그는 카이텔과 요들이 자신의 요청이 전달되지 못하도록 방해한다고 비난했다. 이탈리아에서의 전투를 어떻게 치러야 하는지에 대해 히틀러가 케셀링의 손을 들어주었을 때 특히 더 그랬다. 하지만 이러한 냉대를 받은 뒤에도 롬멜은 총통을 계속 신뢰했다.

그러나 1944년 6월 연합군이 프랑스를 침공하자 비로소 이러한 믿음은 사라졌다. 롬멜은 딜레마에 빠졌다. 그는 히틀러가 평화협상에 대해 생각할 준비가 되어 있지 않으므로 전쟁이 길어질수록 독일이 더 큰 고통을 겪으리라는 것을 알게 되었다. 그러면서도 롬멜은 연합군을 저지하려고 필사적으로 싸웠고, 히틀러를 대신할 뚜렷한 인물이 없었으므로 그를 제거할 경우 권력의 공백이 생길 것을 우려했다. 롬멜은 분명한 해결책을 찾지 못했던 것 같다. 일방적인 항복이 유일한 가능성이었으나, 이는 대다수 전투원들의 지지가 없을 경우 불가능한 일이었다. 그러나 그들이 모든 전선에서 교전 중이라는 상황을 고려할 때 이마저도 이루어낼 방법이 전혀 없었던 것 같다. 그러므로 롬멜이 7월에 당한 부상이 그의 개인적인 딜레마를 해결해주었다고 주장하는 사람도 있을지 모른다. 하지만 그것은 일시적인 것이었을 뿐, 롬멜은 곧 여러 가지 사건에 휘말리게 된다.

롬멜의 딜레마는 서구 민주국가의 고위 지휘관이 직면할 수 있는 문

> 롬멜에게는 여러 가지 결점, 특히 자신이 봉사했던 나치 정권의 사악함에 눈을 감았던 결점이 있었음에도 불구하고, 군인으로서 그의 특별한 자질은 그러한 결점들을 압도한다.

제는 아니지만, 예외가 한 번 있었다. 1960년 샤를 드골이 알제리의 독립을 인정하자 전쟁은 끝났으나, 그곳에서 싸우고 있던 프랑스군 부대들이 잠시 반란을 일으켰던 것이다. 그러나 제2세계와 제3세계의 경우, 이러한 일은 비교적 흔히 나타나는 현상이다. 이러한 곳에서는 군부가 자기들이 보기에 부패한 민간 정부를 뒤엎고는 국민들에게 권력을 넘겨주길 주저하는 일이 종종 벌어진다. 2003년 연합군의 무력에 직면한 사담 후세인Sadam Hussein 휘하의 장성들은 일방적인 항복을 생각했을까, 아니면 그를 암살할 생각을 했을까? 이것은 여전히 추측만 할 수 있을 뿐이다.

롬멜은 전략가는 아니었으나 작전과 전술의 대가였다. 1차 세계대전 때는 하위 지휘자로서, 1940년~1942년에는 사단과 군단, 군의 지휘관으로서 롬멜은 리더십과 전술 면에서 소중한 교훈을 주고 있다. 롬멜에게는 여러 가지 결점, 특히 자신이 봉사했던 나치 정권의 사악함에 대해 눈을 감았던 결점이 있었음에도 불구하고, 군인으로서 그의 특별한 자질은 그러한 결점들을 압도한다. 롬멜은 앞으로도 계속 연구할 가치가 있는 인물이다.

후기

리더 혹은 리더가 되길 원하는 모든 이에게

에르빈 롬멜 독일 육군 원수는 2차 세계대전 때 활동한 가장 카리스마 넘치는 장성들 가운데 한 사람이었다. 이 책에서 찰스 메신저는 롬멜의 전술적인 면에 초점을 맞추고 있다. 메신저가 궁극적으로 보여주고자 한 것은, 탁월한 전술과 용기를 보여준 롬멜이 앞으로도 계속 연구할 가치가 있고 오늘날의 리더들이 모델로 삼아야 할 인물이라는 점이다. 메신저의 이러한 판단은 정확하다.

메신저는 롬멜이 작전 차원에서 여러 가지 어려움을 겪었다는 것을 설명하고 있는데, 당시 그것은 입체적인 전투, 즉 육군, 해군, 공군의 작전에 정통해야 한다는 의미였다. 오늘날의 지휘자들은 추가된 4차원 사이버 공간에 대해서도 정통할 필요가 있다. 롬멜은 전략가는 아니었다. 그가 전략가였다면 아프리카에서 작전을 시작하기 전에 먼저 독일과 이탈리아가 아프리카 전역의 전략적인 목표에 대해 정치적 합의를 하도록 요구했을 것이다. 그러나 그러한 합의가 없었으므로, 롬멜은 오늘날 장교들이 동맹군 연합작전에서 종종 경험하는 것을 겪을 수밖에 없었다. 전략적 목표가 확실하지 않으면 연합합동작전의 어려움은 커질 수밖에 없다. 아프리카에서 롬멜은 명령계통을 우회하여 히틀러에게 직접 접근할 방법을 모색함으로써 문제를 해결했다. 그러나 이것은 본받아야 할 사례가 결코 아니다. 지휘통일은 반드시 지켜야 할 원칙이며 전장에서 입증된 원칙이다. 롬멜은 이 원칙을 유념하지 않았다. 그 덕분에 롬멜은 때때로 전술적으로 승리를 거두기도 했다. 하지만 바로 이러한 태도는 결국 아프리카에서 작전 차원의 실패를 낳는 원인이 되었다. 물론 전략적 수준에서 실패하게 된 것은 말할 필요도 없다.

롬멜은 신화를 창조하려는 나치 정권에게 이용당했다. 그는 나치당원은 아니었으나, 히틀러가 권력을 잡는 것을 환영했으며 히틀러의 전쟁에 반대하지도 않았다. 그는 히틀러에게 저항한 독일 지하저항조직의 일원도 아니었다.

롬멜에 대해 확실하게 알려진 것은 그가 히틀러를 암살하려는 모든 생각에 분명히 반대했고, 서구 열강들과의 평화협상에 찬성했다는 점이다. 어쩌면 평화협상을 주장했던 것이 그를 자살로 이끌었을지도 모른다. 간단히 말해, 나치 정권은 전쟁 영웅 롬멜이 독일이 전쟁에서 패했다고 보는 것을 용납할 수 없었던 것이다.

나치 정권과 롬멜의 자세한 관계 외에도 롬멜이 남긴 유산에서 소중한 교훈을 많이 이끌어낼 수 있다.

1. 임무형 지휘 원칙은 모든 수준의 군 지휘관이 상급자의 의도를 충분히 이해하고 그에 따라 행동하며, 필요한 경우에는 주어진 목표를 독자적으로 달성할 것을 요구한다. 말할 필요도 없이, 이를 가장 잘 달성할 수 있는 경우는 인간이 진정으로 자유로운 때다.

2. 모든 군 지휘관의 변하지 않는 의무는 용감해야 하고, 직접 용맹함의 모범을 보여야 하며, 자기가 할 준비가 되어 있지 않은 것을 부하들에게 요구하지 말아야 한다는 것이다.

3. 결정적인 상황에서 앞장서서 지휘하는 것은 지휘자에게 불변의 필수조건이다. 그러나 이것이 필수불가결한 지휘통제 전장감시 시스템[C4ISR: Command(지휘), Control(통제), Communications(통신), Computers(컴퓨터), Intelligence(정보), Surveillance(감시), Reconnaissance(정찰)]을 버리는 것을 의미해서는 안 된다.

메신저는 사례별로 롬멜의 행동과 현대 작전의 현실을 연결해 설명하고 있다. 전쟁의 성격은 세월이 흐르면서 크게 달라졌다. 현대의 군사작전은 일반적으로 전면전은 아니다. 오늘날의 분쟁은 당사국들의 존립을 좌우하지 않는다. 이 점이 바로 일부 정치가들이 군사작전의 세세한 부분까지 관여하는 통탄할 만한 경향이 나타나고 교전규칙이 엄격해지는 주된 요인일 것이다.

전술적인 차원에서 볼 때 오늘날의 작전 현실에서 가장 잘 적용할 수 있는 롬멜의 자질은 그의 용맹성과 기꺼이 앞장서서 지휘하는 자세다. 이 책은 이런 중요한 교훈을 명쾌한 글로 독자들에게 전달하고 있다. 그러므로 리더이거나 리더가 되길 원하는 사람이라면 반드시 이 책을 읽어야 할 것이다.

클라우스 나우만Klaus Naumann * 장군

* 1991년~1996년 독일 연방군Bundesweh 감찰감이었으며, 1996년~1999년 나토 군사위원회 의장이었다.

주註

_서문

1 Schmidt, With Rommel in the Desert, p.11.

_1장

1 Rommel, Infantry Attacks, p. 52.
2 Ibid., p.75.
3 Ibid., p.175.
4 Ibid., p.265.
5 Irving, Trail of the Fox, pp. 20-21.
6 Fraser, Knight's Cross, p. 98.
7 Irving, p. 33.
8 Ibid., p. 36.

_2장

1 Irving, Trail of the Fox, p. 38.
2 Liddell Hart, ed., Rommel Papers, p. 6.
3 Ibid., p. 7.
4 Ibid., p. 17.
5 Messenger, Last Prussian, p. 113.
6 Liddell Hart, p. 43.

_3장

1 Irving, Trail of the Fox, p. 51.
2 Ibid., p. 57.
3 Liddell Hart, ed., Rommel Papers, p. 99.
4 Ibid., p. 110.
5 Ibid., p. 140.
6 Burdick and Jacobsen, Halder War Diaries, p. 385.
7 Ibid., p. 454.
8 Liddell Hart, p. 150.
9 Ibid., p. 168.
10 Behrendt, Rommel's Intelligence in the Desert Campaign, p. 116.

_4장

1 Liddell Hart, Rommel Papers, p. 180.
2 Ibid., p. 181.
3 Ibid., p. 183.
4 Irving, Trail of the Fox, p. 148.
5 Ibid., p. 151.
6 Fraser, p. 337.
7 Warner, Auchinleck, p. 239n.
8 Liddell Hart, p. 204.
9 Ibid., p. 209.

10 Ibid., p. 212.
11 Fraser, p. 337.
12 Liddell Hart, p. 232.
13 Ibid., p. 239.
14 Ibid., p. 248.
15 Messenger, Unknown Alamein, p. 52.
16 HQ Panzer Army Africa War Diary, Appendices. Copy in author's possession.
17 Liddell Hart, p. 271n.
18 HQ Panzer Army Africa War Diary, op. cit.
19 Liddell Hart, p. 271n.
20 HQ Panzer Army Africa War Diary, op. cit.

_5장

1 Liddell Hart, Rommel Papers, p. 275, 275n.
2 Irving, Trail of the Fox, p. 194.
3 Ibid., pp. 197-198.
4 Ibid.
5 Liddell Hart, p. 302.
6 Ibid., p. 304.
7 Ibid., p. 310.
8 Ibid., p. 314.
9 Irving, p. 209.
10 Ibid., p. 210.
11 Ibid., p. 211.
12 Liddell Hart, p. 322.
13 Irving, p. 215.
14 Liddell Hart, p. 350.
15 Ibid., p. 351.
16 Ibid., p. 352.
17 Irving, p. 227.
18 Ibid.
19 Liddell Hart, p. 385.
20 Ibid., p. 391.
21 Irving, p. 243.
22 Ibid., p. 253.

_6장

1 Liddell Hart, Rommel Papers, p. 40.
2 Irving, Trail of the Fox, p. 269.
3 Ibid., p. 276.
4 Liddell Hart, p. 445.
5 Ibid., p. 447.
6 Messenger, Last Prussian, p. 176.
7 Irving, p. 284.
8 Messenger, p. 177.
9 Ibid.
10 Irving, p. 339.
11 Ibid., p 297.
12 Liddell Hart, p. 462.
13 Messenger, p. 180.
14 Liddell Hart, p. 463.
15 Irving, p. 463.
16 Messenger, p. 194.
17 Liddell Hart, p. 492.

_7장

1 Fraser, Knight's Cross, p. 554.
2 Messenger, Last Prussian, p. 208.

Barnett, Correlli, ed. Hitler's Generals. London: Weidenfeld & Nicolson, 1989.

Behrendt, Hans-Otto. Rommel's Intelligence in the Desert Campaigns. London: William Kimber, 1985.

Brett-Smith, Richard. Hitler's Generals. London: Osprey, 1976.

Burdick, Charles, and Jacobsen, Hans-Adolf, eds. The Halder War Diary 1939-1942. London: Greenhill Books, 1988.

Fraser, David. Knight's Cross: A Life of Field Marshal Erwin Rommel. London: HarperCollins, 1993.

Hamilton, Nigel. Monty: The Making of a General 1887-1942. London: Hamish Hamilton, 1981.

Heiber, Helmut, and Glantz, David M., eds. Hitler and His Generals: Military Conferences, 1942-1945. New York: Enigma Books, 2002.

Irving, David. The Trail of the Fox: The Life of Field-Marshal Erwin Rommel. London: Weidenfeld & Nicolson, 1977.

Liddell Hart, B. H., ed. The Rommel Papers. London: Hamlyn, 1984. Paperback.

Macksey, Kenneth. Guderian, Panzer General. London: Macdonal & Jane's, 1975.

Mellenthin, F. W. Panzer Battles. Norman: University of Oklahoma, 1956.

Messenger, Charles. The Last Prussian: A Biography of Field Marshal Gerd von Rundstedt, 1875-1953. London: Brassey's, 1991.

__________. The Unknown Alamein. Shepperton, U. K.: Ian Allan, 1982.
Rolf, David. The Bloody Road to Tunis: Destruction of the Axis Forces in North Africa, November 1942-May 1943. London: Greenhill Books; Mechanicsburg, Pa: Stackpole, 2001.
Rommel, Erwin. Infantry Attacks. Barton-under-Needwood, U. K.: Wren's Park Publishing, 2002.
Schmidt, Heinz Werner. With Rommel in the Desert. London: Harrap, 1951.
Strawson, John. The Battle for North Africa. New York: Scribner, 1969.
Warner, Philip. Auchinleck: The Lonely Soldier. London: Buchan & Enright, 1981.

사진 출처

※ 이 책 본문에 실린 사진들은 인터넷 백과사전인 위키피디아에서 받아온 것으로, 저작권이 없거나 저작자에 의해 자유로운 사용이 허가된 자료들이다. 저작자가 사용을 허락한 자료들은 GNU나 Deutsches Bundesarchiv(독일 연방 문서보관소)가 협력 프로젝트의 일환으로 위키미디어에 제공한 자료들로, 다음 인가에 의해 사용되었다.

_ 1장

27쪽 Deutsches Bundesarchiv Bild 101I-719-0247-17A / CC-BY-SA
29쪽-1 Public domain
29쪽-2 Public domain
32쪽-1 GNU
32쪽-2 Public domain
32쪽-3 Public domain
32쪽-4 Public domain
32쪽-5 Public domain
39쪽 Deutsches Bundesarchiv Bild 146-2004-0023 / CC-BY-SA
44쪽 Public domain
52쪽 Public domain
53쪽 Public domain
54쪽 Public domain
57쪽 Deutsches Bundesarchiv Bild 102-14271B / CC-BY-SA
59쪽 Deutsches Bundesarchiv Bild 183-1987-0313-503 / CC-BY-SA
61쪽-1 Deutsches Bundesarchiv / CC-BY-SA
61쪽-2 Deutsches Bundesarchiv Bild 136-B0228 / CC-BY-SA
61쪽-3 Deutsches Bundesarchiv Bild 102-14315 / CC-BY-SA
61쪽-4 Deutsches Bundesarchiv Bild 119-1231 / CC-BY-SA
61쪽-5 Public domain
63쪽-1 Public domain
63쪽-2 Public domain
67쪽 Public domain
69쪽 Public domain
71쪽 Deutsches Bundesarchiv Bild 183-R98680 / CC-BY-SA
73쪽 Deutsches Bundesarchiv Bild 146-1974-132-33A / CC-BY-SA
75쪽 Deutsches Bundesarchiv Bild 102-13774 / CC-BY-SA

_ 2장

82쪽 Deutsches Bundesarchiv Bild 119-2406-01 / CC-BY-SA
84쪽 Public domain

85쪽 Deutsches Bundesarchiv Bild 183-H01757 / CC-BY-SA
87쪽 Deutsches Bundesarchiv Bild 101I-124-0242-24 / CC-BY-SA
96쪽 Public domain
99쪽 Deutsches Bundesarchiv Bild 146-1987-047-20 / CC-BY-SA
101쪽 Public domain
106쪽 Deutsches Bundesarchiv Bild 146-1970-045-08 / CC-BY-SA

_3장

112쪽 Deutsches Bundesarchiv Bild 146-1970-076-43 / CC-BY-SA
113쪽 Deutsches Bundesarchiv Bild 183-M1112-500 / CC-BY-SA
115쪽 Public domain
119쪽 Deutsches Bundesarchiv Bild 101I-424-0258-32 / CC-BY-SA
124쪽 Public domain
127쪽 Public domain
135쪽 Deutsches Bundesarchiv Bild 101I-432-0760-10 / CC-BY-SA
136쪽 Public domain
138쪽 Public domain
139쪽 Public domain
143쪽 Public domain

_4장

153쪽 Deutsches Bundesarchiv Bild 183-B18239 / CC-BY-SA
154쪽 Public domain
156쪽 Deutsches Bundesarchiv Bild 146-1977-119-08 / CC-BY-SA
159쪽 Deutsches Bundesarchiv Bild 146-1985-013-07 / CC-BY-SA
161쪽 Public domain
165쪽 Public domain
170쪽 Deutsches Bundesarchiv Bild 101I-785-0299-22A / CC-BY-SA
175쪽 Public domain
177쪽 Public domain
186쪽 Public domain

_5장

192쪽 Deutsches Bundesarchiv Bild 146-1973-012-43 / CC-BY-SA
196쪽 Deutsches Bundesarchiv Bild 146-1980-009-34 / CC-BY-SA
201쪽 Public domain
205쪽 Public domain
208쪽 Deutsches Bundesarchiv Bild 183-S33882 / CC-BY-SA
209쪽 Deutsches Bundesarchiv Bild 146-1977-018-13A / CC-BY-SA
211쪽 Deutsches Bundesarchiv Bild 101I-785-0300-33A / CC-BY-SA
212쪽 Deutsches Bundesarchiv Bild 183-R93434 / CC-BY-SA
222쪽 Deutsches Bundesarchiv Bild 183-B0130-0050-004 / CC-BY-SA
229쪽 Public domain
233쪽 Public domain
235쪽 Public domain

_6장

245쪽 Public domain
248쪽 Public domain
249쪽 Deutsches Bundesarchiv Bild 183-J14813 / CC-BY-SA
254쪽 Public domain
255쪽 Public domain
261쪽 Deutsches Bundesarchiv Bild 101I-719-0243-33 / CC-BY-SA
263쪽 Deutsches Bundesarchiv Bild 101I-718-0149-12A / CC-BY-SA
264쪽 Deutsches Bundesarchiv Bild 101I-718-0149-18A / CC-BY-SA
269쪽 Deutsches Bundesarchiv Bild 101I-719-0206-13 / CC-BY-SA
271쪽 Deutsches Bundesarchiv Bild 101I-719-0223-20 / CC-BY-SA
273쪽 Deutsches Bundesarchiv Bild 146-2004-0024 / CC-BY-SA
275쪽 Public domain
276쪽 Public domain
282쪽 Public domain
286쪽 Deutsches Bundesarchiv Bild 146-1972-025-10 / CC-BY-SA
288쪽 Public domain

_7장

294쪽 Deutsches Bundesarchiv Bild 183-J30704 / CC-BY-SA

295쪽 GNU

298쪽 Deutsches Bundesarchiv Bild 183-B20800 / CC-BY-SA

300쪽 Deutsches Bundesarchiv Bild 101I-784-0238-06A / CC-BY-SA

309쪽 Deutsches Bundesarchiv Bild 183-J16362 / CC-BY-SA

KODEF 안보총서 37

신화로 남은 영웅 **롬멜**

그의 드라마틱한 삶과 카리스마 넘치는 창조적 리더십

개정판 1쇄 인쇄 2018년 2월 12일
개정판 1쇄 발행 2018년 2월 20일

지은이 | 찰스 메신저
옮긴이 | 한상석
펴낸이 | 김세영
펴낸곳 | 도서출판 플래닛미디어

주소 | 04035 서울시 마포구 월드컵로8길 40-9 3층
전화 | 02-3143-3366
팩스 | 02-3143-3360
등록 | 2005년 9월 12일 제 313-2005-000197호
이메일 | webmaster@planetmedia.co.kr

ISBN 979-11-87822-18-9 03390